BIBLIOTHÈQUE DE LA NATURE

publiée sous la direction
DE M. GASTON TISSANDIER

L'OCÉAN AÉRIEN

OUVRAGES DU MÊME AUTEUR

L'Eau. 5ᵉ édition. 1 vol. in-18 illustré.

La Houille. 3ᵉ édition. 1 vol. in-18 illustré.

Les Fossiles. 3ᵉ édition. 1 vol. in-18 illustré.

La Photographie. 3ᵉ édition. 1 vol. in-18 illustré.

Éléments de Chimie. 7ᵉ édition. 4 vol. in-18, avec de nombreuses figures dans le texte. (En collaboration avec M. P. P. Dehérain.)

Causeries sur la Science. 1 vol. in-8 illustré.

Les Poussières de l'air. 1 vol. in-18, avec figures et planches hors texte.

Observations météorologiques en ballon. 1 vol. in-18, avec figures.

Le Grand Ballon captif a vapeur de M. Henry Giffard. 2ᵉ édition. 1 vol. in-18, avec de nombreuses gravures. (*Épuisé.*)

En ballon pendant le siège de Paris, souvenirs d'un aéronaute. 1 vol. in-18.

Histoire de mes ascensions. Récit de 24 voyages aériens, précédé de simples notions sur les ballons. 3ᵉ édition. 1 vol. grand in-8, avec de nombreuses gravures par M. Albert Tissandier.

Les Martyrs de la Science. 2ᵉ édition. 1 vol. grand in-8, avec 20 gravures sur bois par Gilbert.

Les Héros du travail. 1 vol. grand in-8, avec 20 gravures sur bois par Gilbert.

L'Héliogravure, son histoire et ses procédés. Conférence faite au Cercle de la Librairie. 1 brochure in-8.

Histoire de la gravure typographique. Conférence faite au Cercle de la Librairie. 1 brochure in-8.

Le Problème de la direction des aérostats. Application de l'électricité a la navigation aérienne. Conférence faite à la Sorbonne le 3 mars 1883. 1 brochure in-8 avec gravures.

Les Récréations scientifiques ou l'Enseignement par les jeux. 3ᵉ édition. Ouvrage couronné par l'Académie française. 1 vol. in-8 avec 223 gravures dans le texte.

Description du premier aérostat électrique a hélice, expérimenté par MM. A. et G. Tissandier le 8 octobre 1883. 1 vol. in-8°, avec gravures dans le texte.

7905-83. — Corbeil. Typ. et stér. Crété.

La trombe du 30 mai 1870, observée au Kansas (États-Unis). D'après un dessin
fait sur nature, par M. Davidson. (Page 59.)

BIBLIOTHÈQUE DE LA NATURE

L'OCÉAN AÉRIEN

ÉTUDES MÉTÉOROLOGIQUES

PAR

GASTON TISSANDIER

RÉDACTEUR EN CHEF DU JOURNAL *LA NATURE*

LA PRESSION BAROMÉTRIQUE, LA CHALEUR, LA VAPEUR D'EAU
LES NUAGES, L'ÉLECTRICITÉ ET LE MAGNÉTISME, LES PHÉNOMÈNES LUMINEUX
LES POUSSIÈRES DE L'AIR, LES INSTRUMENTS D'OBSERVATION
LA CONQUÊTE DE L'ATMOSPHÈRE

ACCOMPAGNÉ DE DESSINS DES PHÉNOMÈNES AÉRIENS
Par M. Albert TISSANDIER

ET DE PLANCHES ET FIGURES DANS LE TEXTE
Par MM. C. GILBERT, PÉROT et POYET

PARIS

G. MASSON, ÉDITEUR

LIBRAIRE DE L'ACADÉMIE DE MÉDECINE

120, Boulevard Saint-Germain, en face de l'École de Médecine

INTRODUCTION

En écrivant ce livre, nous n'avons pas eu le projet de présenter au lecteur un traité de météorologie, mais bien une série d'études faites sur les phénomènes dont l'Océan aérien est le théâtre.

Cet ouvrage est essentiellement composé sous l'inspiration de la nature même ; il renferme peu de théories, mais beaucoup de faits.

La météorologie est avant tout une science d'observation ; c'est par l'observation qu'elle sera définitivement fondée, et il nous a semblé utile de réunir les documents les plus importants et les plus nouveaux, recueillis sur les phénomènes aériens, dans ces dernières années.

Nous nous sommes étendu avec quelques développements sur les travaux qui nous sont personnels : observations météorologiques en ballon, poussières de l'air, etc., et nous avons donné une large place aux remarquables dessins de notre frère et collaborateur Albert Tissandier, qui s'est fait une spécialité de manier le crayon de l'artiste et de l'observateur dans la nacelle aérostatique ou sur le sommet des montagnes.

Après avoir décrit l'Océan aérien, nous donnons des détails complets sur les instruments d'observations qui doivent être employés par les météorologistes ; le lecteur trouvera dans un chapitre spécial la description d'un grand nombre d'appareils nouveaux et peu connus dont il n'aura qu'à faire un choix.

En terminant, nous disons quelques mots de la future conquête de l'atmosphère, qui sera faite par la navigation aérienne, comme celle de la mer a été accomplie par la navigation maritime, et qui se prépare par les services météorologiques et les observatoires de montagnes, à l'organisation desquels aucune nation civilisée ne reste plus étrangère.

G. T.

L'OCÉAN AÉRIEN

CHAPITRE PREMIER

L'ATMOSPHÈRE ET LA PRESSION BAROMÉTRIQUE

Découverte du baromètre. — Variation des pressions barométriques. — Lignes isobares. — Composition de l'air. — Oxygène, azote, vapeur d'eau, acide carbonique. — Hauteur de l'Océan aérien. — Sa couleur.

Le globe que nous habitons est entouré de deux océans concentriques : l'un liquide, qui ne l'entoure pas complètement et qui laisse émerger les parties saillantes de l'écorce terrestre, c'est l'océan ; l'autre gazeux, qui le recouvre au contraire de toutes parts et qui constitue ce que nous appelons l'air ou l'atmosphère.

C'est au sein de l'atmosphère que se forment les *météores*, dont l'étude est l'objet de la météorologie, science fort ancienne et déjà pratiquée dans l'antiquité. Ces météores peuvent se diviser de la manière suivante :

1° *Météores aériens*, tels que vents, bourrasques, ouragans, cyclones, trombes, etc. ;

2° *Météores aqueux*, qui comprennent le brouillard, les nuages, la pluie, la grêle, la neige, la rosée, le verglas, le grésil, etc. ;

3° *Météores lumineux*, parmi lesquels on peut citer l'arc-en-ciel, les halos, les parhélies, les colonnes de lumière ;

4° *Météores électriques et magnétiques*, dans la classe desquels nous ferons figurer l'éclair, la foudre, les aurores boréales.

Avant de passer en revue ces différents phénomènes, il est indispensable de savoir ce qu'est l'atmosphère qui en est le théâtre.

Pendant longtemps, on n'avait aucune notion précise sur la nature des gaz, qui, lorsqu'ils sont incolores et transparents, échappent à nos yeux, et qui, contrairement aux solides et aux liquides, sont absolument impalpables ; on s'est même souvent demandé autrefois si l'air existait réellement. Aristote, dans l'antiquité, avait bien supposé que l'air est un fluide pondérable, ce qui est manifeste quand on considère les actions mécaniques qu'il exerce quand il est en mouvement, mais il ne sut pas déduire les conséquences qui se dégagent naturellement de ce principe, et il admit que la nature a une certaine aversion pour le vide, ce que l'on traduisit longtemps en disant : La nature a horreur du vide.

Vers le milieu du dix-septième siècle, en 1643, Torricelli démontra la pesanteur de l'air en exécutant l'expérience capitale du baromètre. Il prit un tube de verre fermé à l'une de ses extrémités, et le remplit de mercure ; bouchant la partie ouverte avec le doigt, il le retourna plein du métal liquide, et le plongea verticalement dans une cuve à mercure. Il vit que le mercure dont le tube était plein descendait en partie, et restait suspendu à une hauteur de vingt-huit pouces ou soixante-seize centimètres au-dessus du niveau de la cuve ; le vide se faisant à la partie supérieure du tube. Cette expérience fondamentale permet de mesurer le poids de l'air et de se rendre compte des pressions qu'il exerce à la surface des corps terrestres. Le baromètre ainsi construit par Torricelli peut en effet être considéré comme une balance, la colonne de mercure faisant équilibre à une colonne d'air de même base et ayant toute la hauteur de l'atmosphère.

Lorsque la nouvelle de l'expérience de Torricelli parvint en

France par l'intermédiaire du P. Mersenne, un intendant des fortifications de Rouen, nommé Petit, homme très instruit, fort habile comme expérimentateur, voulut le répéter avec Blaise Pascal qui se trouvait alors à Rouen. Pascal eut l'idée de remplacer le mercure par de l'eau, et il exécuta dans la cour d'une vieille maison la première expérience du baromètre à eau, au moyen d'un grand tube de verre de quarante-six pieds de haut (fig. 1). Ayant fait élever le tuyau rempli d'eau rougie par du vin, en débouchant sa partie inférieure, il vit le liquide descendre environ jusqu'à la hauteur de trente-deux pieds environ au-dessus de la surface liquide du vaisseau inférieur.

L'expérience du baromètre était faite, mais la véritable théorie de cet instrument ne fut donnée qu'un peu plus tard ; c'est à Pascal que revient la gloire de cette importante découverte scientifique. Ce grand physicien reconnut que la colonne barométrique s'abaisse à mesure que l'on s'élève dans l'atmosphère, c'est-à-dire que la pesanteur de l'air diminue à mesure que l'on laisse au-dessous de soi des couches d'air de plus en plus épaisses. Le 19 septembre 1748, il donna la démonstration du fait, en mesurant la hauteur de la colonne barométrique au pied du Puy de Dôme en Auvergne, et à son sommet.

Un peu plus tard, il recommença ses expériences, au sommet de la tour Saint-Jacques, à Paris, où il vérifia pleinement ses précédentes opérations (fig. 2).

On ne tarda pas à reconnaître que si la pesanteur de l'air diminue avec l'altitude, elle peut éprouver d'un moment à l'autre des variations dans le même lieu.

Les notions que le baromètre apportait à la science sur le poids de l'air et sur le vide allaient être bientôt confirmées victorieusement par la découverte de la machine pneumatique imaginée quelques années après par Otto de Guéricke, le savant bourgmestre de Magdebourg. Les expériences d'Otto de Guéricke eurent un retentissement considérable, et rien ne pouvait mieux donner idée de la pesanteur de l'air que les hémisphères de cuivre que le physicien maintenait adhérentes l'une à l'autre par la seule pression de l'air extérieur. Les hémisphères d'abord remplies d'eau étaient vidées par l'intermédiaire d'un tube à robinet communiquant à une pompe ; quand elles étaient vides d'air, des chevaux attelés à chaque hémisphère étaient impuissants à les séparer (fig. 3) [1].

Nous savons aujourd'hui par le baromètre que le poids de l'océan aérien est représenté par une couche de mercure de même surface et de $0^m,76$ de hauteur. La pression de l'atmosphère dépasse par conséquent dix mille kilogrammes par mètre carré. On se demande comment nous pouvons résister à cette pression considérable ; cela tient à ce que tous nos organes contiennent de l'air; ils en sont en quelque sorte imbibés, et l'équilibre se fait du dedans de notre corps au dehors.

La pesanteur de l'air subit des variations perpétuelles. Quand on observe le baromètre pendant un certain nombre de jours consécutifs, on s'aperçoit que le niveau de la surface du mercure est soumis à des oscillations continuelles, le baromètre monte ou descend constamment en quelque sorte. Ces variations, observées en un même point, se distinguent en variations accidentelles, qui sont généralement l'indice de perturbations atmosphériques et de modifications dans l'état du temps, et en oscillations diurnes qui se produisent à certaines heures de la journée et qui, dans les régions tropicales surtout, ont une grande régularité.

La nature du vent exerce une grande influence sur la hauteur du baromètre ; celle-ci atteint son maximum en Europe quand les courants aériens viennent de l'intérieur du continent, et son minimum, au contraire, lorsque les vents équatoriaux du sud-ouest ont balayé la surface de l'Océan avant de passer au-dessus des continents.

La hauteur du baromètre est influencée par les mois de l'année et par les saisons ; elle atteint généralement son maximum en hiver et son minimum au printemps.

---

[1] Voy. pour plus de détails sur *l'air et le vide* une série de très intéressants articles publiés dans *la Nature* par M. Maurice Girard. 6ᵉ année, 1878, 2ᵉ semestre.

Fig. 1. — Expérience du baromètre à eau exécutée à Rouen par Petit et Blaise Pascal. (Page 3.)

Quand on réunit par des lignes continues les hauteurs barométriques moyennes, observées à la surface du globe, on trace une carte des lignes *isobares*, donnant l'indication des points du globe où l'oscillation annuelle moyenne du baromètre est la même. Berghauss a dressé des cartes isobares pour le monde entier, et M. Renou, le savant météorologiste, a exécuté un travail analogue pour la France.

Après avoir résumé les notions de la pression de l'air, nous examinerons actuellement ce que l'on sait de la composition chimique de l'Océan aérien.

Au siècle dernier, on considérait encore l'air comme un élément ; il allait appartenir à notre grand chimiste Lavoisier de démontrer, par l'analyse et par la synthèse, que l'atmosphère est essentiellement formée de deux gaz distincts : l'un, l'oxygène, qui entretient la combustion des corps en combustion, et la respiration des animaux pendant leur vie ; l'autre, l'azote, dans lequel au contraire une flamme s'éteint et un animal meurt. L'air atmosphérique, d'après les mémorables analyses de MM. Dumas et Boussingault, est un mélange composé en poids de 77 p. 100 d'azote et de 23 p. 100 d'oxygène. Ces éminents chimistes et après eux Regnault ont montré par des méthodes irréprochables que ces deux gaz, qui constituent la grande masse de l'air, ne subissaient dans leur proportion que des variations extrêmement faibles, dues principalement à des influences locales.

L'oxygène, comme nous venons de l'indiquer, est doué de propriétés énergiques ; il se combine avec nombre de corps, et souvent cette combinaison est accompagnée d'un violent dégagement de chaleur et de lumière ; l'azote au contraire n'entretient pas la combustion, les corps s'y éteignent. Les propriétés de l'air devront encore être intermédiaires entre celles de ces deux gaz ; on peut dire qu'il est en quelque sorte de l'oxygène *dilué*.

De même qu'on rencontre dans la mer presque toutes les substances solubles qui existent sur le globe, on trouvera dans l'atmosphère « toutes les substances susceptibles de se vaporiser ou plutôt de rester dans l'état aériforme, aux degrés de température

et de pression dans lesquels nous vivons habituellement » (Lavoisier) ; aussi les matières qu'une étude approfondie décèle dans
l'air sont-elles chaque jour plus nombreuses : parmi elles, la vapeur d'eau et l'acide carbonique sont les plus importantes après
l'oxygène et l'azote, qui forment la masse même de l'atmosphère.

Il est facile de mettre en évidence par des expériences très
simples la présence de la vapeur d'eau et de l'acide carbonique
dans l'atmosphère.

Tout le monde sait qu'une carafe remplie de glace ou d'eau
fraîche se couvre de buée quand on la place en été dans une
salle chaude ; au contact de ses parois l'air se refroidit et aban-
donne la vapeur d'eau qu'il renfermait.

Si l'on expose à l'air un vase rempli d'eau de chaux, le liquide,
d'abord limpide, se recouvre bientôt d'une mince couche solide
de carbonate de chaux ; c'est là une preuve manifeste de la présence de l'acide carbonique dans l'air.

Thénard a trouvé, en 1812, que l'air renfermait $\frac{4}{10000}$ d'acide
carbonique.

Plus récemment, MM. Müntz et Aubin, en opérant des dosages
à des altitudes différentes, soit au niveau du sol, soit à 2,877 mètres au sommet du pic du Midi dans les Pyrénées (fig. 4), ont démontré que 10 000 parties d'air contenaient de 2,86 à 2,81 d'acide
carbonique. MM. Müntz et Aubin ont constaté que la proportion
de l'acide carbonique est à son minimum lorsque le ciel est clair
et l'air agité ; elle est à son maximum par les temps couverts et
calmes. Ils ont encore remarqué qu'il se produit une légère augmentation pendant la nuit. Ainsi, dans l'air normal, le minimum
a été de 2,7 et le maximum de 3,17. Ces déterminations très
précises, exécutées par des méthodes nouvelles et très rigoureuses,
vérifient les dosages précédents de M. Reiset et confirment la
théorie de M. Schlœsing sur l'échange de l'acide carbonique
entre les terres et les mers, ces dernières faisant fonction de régulateur.

En effet, les mers sont des réservoirs immenses de bicarbo-

Fig. 2. — Expérience du baromètre à mercure exécutée au sommet de la tour Saint-Jacques, à Paris, par Blaise Pascal. (Page 3.)

nates qui peuvent, suivant que la tension de l'acide carbonique augmente ou diminue dans l'air, absorber ou céder une partie de leur acide carbonique, et rétablir ainsi l'équilibre quand il est rompu, par le fait de la végétation ou de la combustion des matières organiques à la surface du globe[1].

L'acide carbonique, comme l'oxygène et l'azote, est répandu d'une manière uniforme dans l'atmosphère, et sa proportion ne subit, sous l'influence de l'altitude et de la direction des vents, que des variations peu considérables.

D'autres substances gazeuses telles que l'oxyde de carbone, les hydrogènes carbonés, etc., se rencontrent dans l'atmosphère, mais en quantités extrêmement faibles. L'air tient abondamment en suspension des poussières généralement visibles à l'œil nu, d'innombrables germes, des myriades d'animalcules vivants de dimensions extrêmement petites dont le microscope seul peut nous révéler l'existence ; nous étudierons dans un chapitre spécial ces *corps solides* de l'air, véritables sédiments de l'océan aérien.

L'air ordinaire pris à la surface du globe pèse douze cents fois moins que le mercure. Si sa densité restait la même à toute hauteur, la colonne atmosphérique qui fait équilibre à 76 centimètres de mercure serait égale à 76×1200 ou à 912 mètres. Mais il est bien loin d'en être ainsi et la hauteur de l'océan aérien est bien plus considérable. A mesure que l'on monte dans l'atmosphère, chaque couche d'air que l'on rencontre n'a plus à supporter le poids des couches inférieures ; la pression devenant de moins en moins considérable, l'air se dilate de plus en plus ; un même poids d'air occupe ainsi, à mesure que l'on s'élève, un espace de plus en plus grand. Le même effet se continuant sans cesse à toute hauteur, la densité de l'air va en diminuant graduellement, jusqu'à devenir nulle ; on conçoit que la hauteur de l'atmosphère doit être très considérable. En vérité, nous ne savons pas quelle est la véritable épaisseur de l'océan aérien ; Biot admettait,

---

[1] Voy. *la Nature*, n° 468 du 20 mai 1882, p. 395.

d'après la discussion des observations barométriques de Humboldt et Boussingault au Chimboraço, et d'après les décroissances de températures observées par Gay-Lussac lors de son ascension aérostatique, que l'atmosphère devait avoir de 20 000 à 23 000 mètres d'épaisseur ; les phénomènes de réfraction astronomiques ont conduit à des évaluations beaucoup plus considérables, de 60 à 80 kilomètres. D'autres physiciens enfin ont admis des chiffres encore plus élevés.

Quoi qu'il en soit de ces calculs, nous donnons ci-contre (pl. 1) le tableau de l'exploration de l'atmosphère par les ascensions en montagnes ou par les ascensions en ballon ; on voit que l'homme n'a jamais dépassé l'altitude de 6 766 mètres en montagne (ascension des frères Schlagintweit dans l'Himalaya le 18 août 1855) et de 8 900 mètres en ballon (ascension de Glaisher et Coxwell en 1862, et de Crocé-Spinelli, Sivel et G. Tissandier en 1875). A ces dernières altitudes, la pesanteur de l'air n'atteint pas 28 centimètres de mercure : on peut appeler ces régions élevées les limites de l'atmosphère respirable.

L'air est le corps le plus transparent que l'on connaisse ; mais sa transparence n'est pas parfaite, chacune des molécules qui le constitue, absorbe ou réfléchit une partie des rayons solaires qui le traversent, et cette réflexion étant plus appréciable pour les rayons bleus de la lumière, c'est à elle qu'il faut attribuer la couleur bleue de l'Océan aérien quand il est pur.

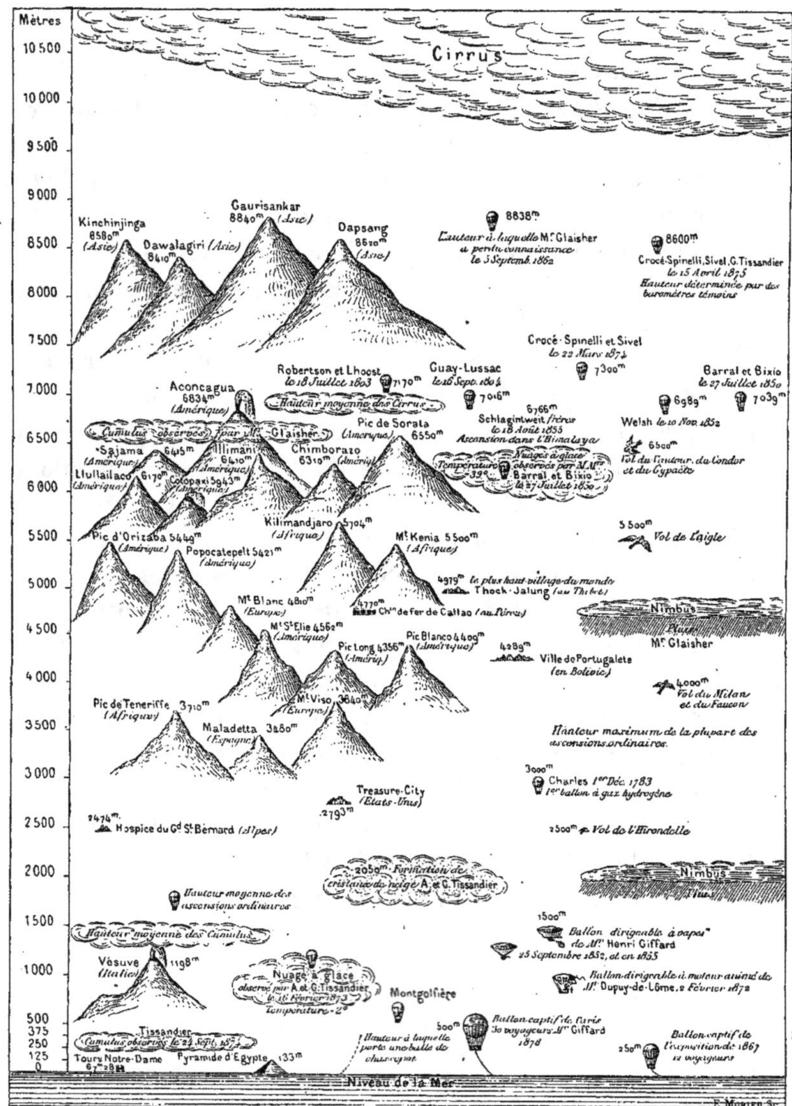

TABLEAU DE L'EXPLORATION DE L'ATMOSPHÈRE ET DES PLUS HAUTES MONTAGNES DU MONDE. (Page 12.)

Fig. 3. — Expérience des hémisphères de Magdebourg exécutée par Otto de Guéricke. (Page 4.)

CHAPITRE II

LA CHALEUR

Action du soleil sur l'atmosphère. —.Les saisons et les climats. —Les grands
étés et les grands froids.

Le soleil, qui est la cause première de tous les phénomènes
atmosphériques, donne à l'atmosphère une température suffisamment élevée pour l'existence des êtres organisés; mais cette
température mesurée par le thermomètre est soumise à des variations constantes pour le même point.

Le soleil étant la source de la chaleur de l'Océan aérien, il est
évident que le thermomètre doit s'élever dans une même journée
à mesure que les rayons solaires acquièrent une intensité plus
considérable, c'est-à-dire à mesure que le soleil s'élève au-dessus
de l'horizon. La température de l'air s'élève à partir du lever du
soleil jusqu'au moment où l'astre, ayant atteint son point le plus
haut, commence à descendre; alors la température diminue.
C'est généralement vers deux heures en hiver et vers trois heures
en été, que le thermomètre se met à descendre, jusqu'à la nuit.
Cette loi de variation diurne des températures ne se vérifie que
lorsque l'atmosphère est limpide; quand elle est traversée par
des nuages qui, en s'interposant entre le soleil et le lieu de l'observation, jouent le rôle d'écrans, les mouvements du thermomètre
en sont influencés et il pourra y avoir des variations très sensibles selon que le ciel est clair, ou nuageux.

Quand le soleil s'est couché, la température a déjà beaucoup
baissé, mais le foyer calorifique ayant disparu, le refroidissement
nocturne commence, la température s'abaisse très rapidement;

elle diminuerait sans cesse par suite du rayonnement terrestre, si le soleil ne revenait le lendemain apporter le foyer de chaleur nouvelle. La terre perd pendant la nuit la chaleur qu'elle a reçue pendant le jour ; on peut la comparer à une masse solide que l'on présenterait devant une source calorifique en l'en rapprochant graduellement pendant 12 heures, et que l'on éloignerait ensuite, pour l'en retirer tout à fait pendant le même espace de temps.

Le raisonnement dont nous venons de nous servir à l'égard des températures pendant le jour va s'appliquer aussi à la marche des températures pendant l'année. Il est évident que la quantité de chaleur que le soleil fournit à la terre dépend de la durée et de l'intensité de son action. Pendant l'hiver, les jours sont courts, le soleil ne brille que pendant huit ou dix heures, et il est en outre toujours bas : la terre ne recevra que peu de chaleur. Pendant l'été, les jours sont d'une durée beaucoup plus considérable, le soleil darde ses rayons pendant quatorze ou seize heures, il s'élève très haut et fournit à la terre une très grande quantité de chaleur.

Mais le passage des jours chauds de l'été aux jours froids de l'hiver ne se fait pas brusquement ; la durée des jours, l'élévation du soleil, et par suite l'intensité de ses rayons, ne diminuent ou n'augmentent que graduellement, de vingt-quatre heures en vingt-quatre heures ; de là, la succession de températures, des mois et des saisons.

La marche annuelle de la température varie suivant les différents points du globe. A l'équateur, la durée du jour est égale à celle de la nuit, les changements de température sont faibles ; ils deviennent au contraire plus appréciables à mesure qu'on s'en éloigne. On observe ainsi entre les divers points du globe une grande inégalité de température ; sous la zone tropicale, la température est presque constante et varie de 25° à 28° ; dans les régions polaires au contraire le voyageur est exposé aux froids les plus rigoureux. La chaleur de la surface terrestre, accumulée vers l'équateur, diminue à mesure que l'on se rapproche des pôles où sont amassées d'immenses calottes de glace. Vers les

Fig. 4. — Dosage de l'acide carbonique de l'air exécuté au sommet du Pic du Midi par MM. Müntz et Aubin. (Page 8.)

points polaires le soleil reste en effet caché pendant une partie de l'année, le sol se refroidit par rayonnement sans aucune compensation. Dans la zone comprise entre les tropiques, la longueur des jours est presque toujours de 12 heures, l'astre s'élève rapidement au-dessus de l'horizon, et inonde ces régions de flots de chaleur et de lumière.

Il résulte de ces circonstances que sous les tropiques le climat ne subit pas de variations importantes ; pendant l'année, il n'y a pour ainsi dire qu'une saison, un été permanent ; vers les régions polaires il n'y a au contraire qu'un hiver éternel. Dans les régions terrestres comprises entre ces deux limites extrêmes, on trouve les zones de climats à quatre saisons, avec des intermédiaires qui dépendent du voisinage de l'équateur ou des pôles.

En notant dans un lieu du globe, au moyen d'observations horaires bien régulières, les températures successives, on a les éléments qui permettent d'obtenir la température moyenne de chaque jour ; à l'aide des températures moyennes de tous les jours de l'année, on forme la température moyenne annuelle. Cette dernière moyenne permet de classer le lieu d'observation parmi les climats chauds, les climats froids ou les climats tempérés.

Alexandre de Humboldt, pour étudier la distribution de la température à la surface du globe, imagina de tracer sur une mappemonde des lignes réunissant tous les points qui jouissaient de la même température. Il obtint ainsi des lignes *isothermes* ou d'égale température. Ces lignes sont sinueuses et portent à la fois sur la mer et sur les continents. On construit aussi des cartes qui représentent les lignes *isothères* (égales températures moyennes de l'été), et les lignes *isochimènes* (égales températures moyennes de l'hiver).

Ces lignes peuvent être réunies ensemble comme on le voit figuré sur la carte ci-contre (fig. 5).

Il est intéressant de se rendre compte, par les faits, des variations extrêmes de la température à la surface du globe.

Le maximum le plus élevé que l'on ait observé en France, d'après Arago[1], a été de 41°,4. Cette température s'est manifestée à Orange le 9 juillet 1849, d'après M. de Gasparin. En Espagne et en Russie (à Tambof et à Varsovie), la chaleur a atteint 39 degrés ; en Grèce et en Italie, 40 degrés ; en Allemagne, 39 degrés et demi. Ainsi, la chaleur la plus forte ne dépassait jamais en Europe 42 degrés centigrades. En Asie (à Pékin, à Pondichéry, à Mascate, etc.), on a observé de 43 à 46 degrés, et dans quelques cas même davantage! on a eu, par exemple, 49 degrés à Bagdad. M. Tamisier dit avoir observé 59 degrés à Bir-el-Barut, en Arabie, et 52 degrés et demi, à Abou-Arich, également en Arabie. Mais l'Afrique nous offre des exemples plus étonnants encore de chaleurs extraordinaires. Déjà au Caire la température atteint quelquefois 44 degrés ; près de Suez, l'expédition française d'Égypte éprouva un jour une chaleur de 52°,5 ; près de Syène, on nota 54 degrés ; enfin, à Murzouk, dans le Fezzan, MM. Lyon et Ritchie ont vu le mercure du thermomètre s'élever jusqu'à 56 degrés à l'ombre. Ce chiffre est le plus élevé qu'on ait observé encore à la surface du globe.

Il est difficile de dire si toutes ces constatations méritent une confiance absolue, et si le rayonnement du sol ou des objets voisins n'a pas, dans quelques cas, considérablement influencé l'indication des instruments destinés à accuser la température de l'air. Le meilleur moyen d'éviter ces influences perturbatrices, c'est d'attacher un thermomètre court à une corde et de le faire tourner comme une fronde, puis de lire immédiatement après la hauteur du mercure.

En réunissant les deux observations qui ont donné 58 degrés au-dessous et 56 degrés au-dessus de zéro, on trouve que l'écart des températures extrêmes que puisse offrir l'atmosphère à la surface de la terre est de 115 degrés centigrades. La variation extrême observée dans un même lieu est de 88 degrés ; elle résulte des températures de — 58 degrés et 30 degrés constatées à

[1] *Étude thermométrique du globe terrestre.* OEuvres complètes d'Arago.

Yakoutsk. A Paris, cette variation n'a pas dépassé 64 degrés.

Nous compléterons ces aperçus en résumant les renseignements donnés par quelques chroniqueurs sur les étés extraordi-

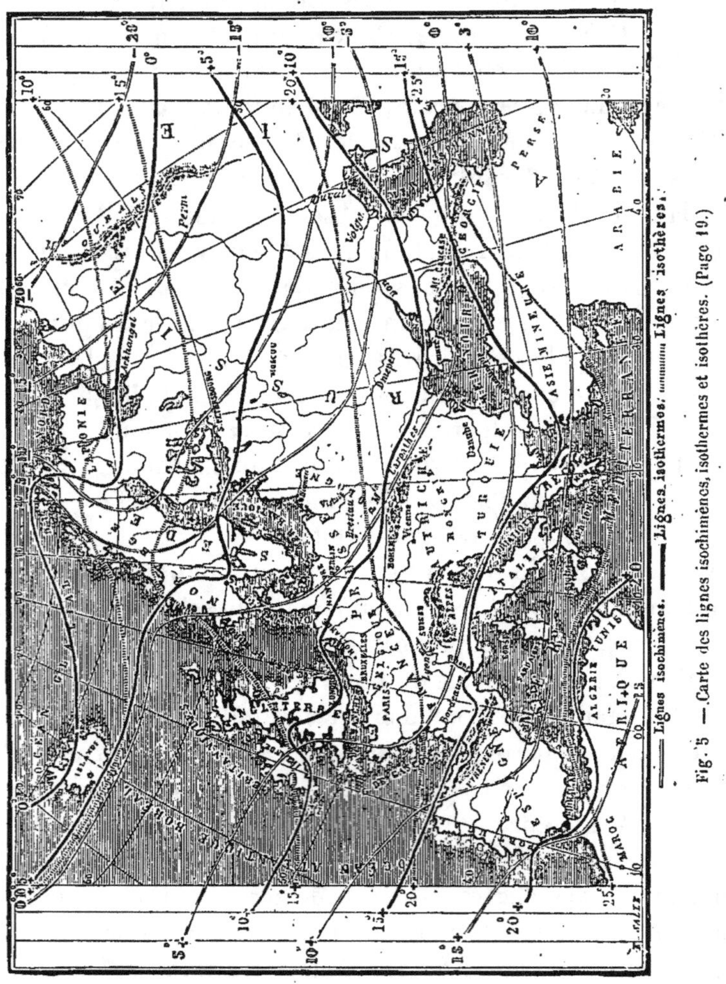

Fig. 5. — Carte des lignes isochimènes, isothermes et isothères. (Page 19.)

naires signalés à Paris depuis le commencement du dix-huitième
siècle.

. L'été de 1705 fut remarquable, et un grand nombre de thermomètres furent cassés par la dilatation du liquide au delà de l'extrémité de la tige. Treize ans après, en 1718, il y eut un autre été très chaud ; on ferma les théâtres à Paris, par mesure d'hygiène. Il ne tomba pas, pendant cinq mois, une goutte de pluie ; l'herbe et les prés étaient calcinés. Les arbres fruitiers fleurirent deux fois.

En 1765, où, comme nous l'avons dit, le thermomètre s'éleva, à Paris, à 40 degrés, le vin fut mauvais. Dans le Midi, la même année fut pluvieuse. La même opposition entre le Nord et le Midi se produisit en 1772. L'année suivante, il n'y eut que vingt et un jours de chaleur forte à Paris, mais, le 14 août, la température dépassa 39 degrés.

L'été de 1793 fut marqué par des chaleurs dont on n'avait eu aucun exemple depuis le siècle précédent. Elles se produisirent en juillet et en août.

Les grandes chaleurs commencèrent à Paris le 1ᵉʳ juillet et augmentèrent rapidement. Le ciel resta beau, clair et sans nuage ; le vent ne soufflait que du nord ; mais ordinairement le vent était nul et le baromètre très élevé. Le 8 juillet 1793, à deux heures, on eut 38 degrés à l'ombre. Le même jour il plut et le tonnerre gronda. Le lendemain, un orage épouvantable dévasta Senlis ; une grêle, grosse comme des œufs, détruisit les récoltes, et le vent renversa 120 maisons. A cette tempête succéda une énorme pluie, qui inonda les campagnes. Le 10 juillet, nouvel orage de grêle. La chaleur continua pendant une partie du mois d'août. Le 7, elle se montra singulièrement générale, pesante, accablante. Le ciel était clair ; le vent, qui soufflait du nord-est, avait une ardeur telle, qu'il semblait sortir d'un brasier ou de la bouche d'un four à chaux. On recevait cette chaleur insolite par bouffées, de distance en distance ; elle était aussi terrible à l'ombre qu'au soleil, et en rase campagne que dans les rues de Paris. La respiration en était paralysée, et bien que le thermomètre ne montât qu'à 36°,3 ce jour-là, la chaleur était plus suffocante que le 8 juillet, où on avait eu 38°,4, c'est-à-dire deux degrés de plus. A Valence (Drôme), la température arriva à 40 degrés le 11 juillet.

Les chaleurs excessives et désastreuses de l'année 1793 s'étendirent sur une grande partie de l'Europe. La sécheresse qui en résulta fut extraordinaire. Dans le jardin du Luxembourg, à Paris, le sol était entièrement à sec à plus d'un mètre de profondeur. Le 1er septembre, les arbres du Palais-Royal avaient perdu toutes leurs feuilles ; cent cinquante d'entre eux étaient complètement nus, l'écorce était gercée et les branches mortes ; la plupart de ces arbres moururent. On sait que 1793 fut une année de disette extrême.

Les étés de 1798, de 1800, de 1802, 1803, 1807, 1808 sont encore mémorables par leur sécheresse excessive.

En 1811, le printemps se montra extraordinairement chaud et sec dans toute l'Europe. 1839 eut encore un été très chaud ; 1841 a eu, en France, l'été le plus froid de notre siècle, tandis qu'en Italie, on éprouva une chaleur suffocante ; à Palerme, on eut jusqu'à 44 degrés.

L'été suivant, 1842, a été l'un des plus chauds de notre siècle, surtout sous le climat de Paris.

En 1846, on observa 40 degrés à Toulouse, et 38 à Quimper. A la foire de Pont-de-Croix, plusieurs personnes éprouvèrent des syncopes ; à Beuzer, une petite fille mourut en quelques minutes d'un coup de soleil. Aux environs de Niort, trois laboureurs moururent de chaleur sur leur sillon.

En 1849, le 9 juillet, le thermomètre à l'ombre, à Orange, marqua 41 degrés. L'été de 1853 a encore été particulièrement chaud.

L'été de 1863 a été aussi tout à fait remarquable par l'élévation de la température et par la sécheresse qui en est résultée. A Paris, on observa plus de 37 degrés, et beaucoup d'accidents signalèrent l'époque de la canicule.

Enfin, tout récemment, en juillet 1881, on a éprouvé en France et à Paris l'action de températures extraordinaires. D'après M. Renou, il y a eu à l'observatoire du parc de Saint-Maur, le 5 juillet 1881, une température parfaitement constatée de 38°,4.

Ce chiffre est tout à fait précis ; malheureusement il y a des contradictions entre des observateurs différents au sujet de ceux que nous avons cités précédemment, et qui n'ont plus le même caractère d'authenticité.

Après avoir constaté les hautes températures, nous résumerons l'histoire des grands froids en étudiant spécialement l'hiver récent de 1879 et les remarquables effets météorologiques qui lui sont dus.

Les grands froids qui ont sévi à Paris dans le courant du mois de décembre 1879 sont presque uniques dans l'histoire de notre capitale. *Le Bulletin international du bureau central météorologique de France* enregistre le mardi 9 décembre, à 8 heures du matin, une température de 23°,9 au-dessous de zéro ; quelques heures auparavant, M. Renou constatait à Saint-Maur, dans son observatoire du parc, une température sur la neige de 28° au-dessous de zéro, et à 1 heure du matin, le thermomètre extérieur dans cette même localité donnait le lendemain 25°,6 au-dessous de zéro. Deux fois seulement en 1788 et en 1795, le froid a sévi d'une façon presque aussi intense ; le thermomètre ayant indiqué 21°,50 et 23°,50 au-dessous de zéro.

Voici ce que l'histoire fournit sur les hivers les plus remarquables. Ils ont été très rigoureux dans les années 763, 801, 1067, 1210, 1305, 1354, 1358, 1361, 1364, 1408, 1420, 1460, 1480, 1493, 1507, 1522, 1600, 1608, 1638, 1657, 1663, 1670, 1677. Dans la suite, l'usage du thermomètre a permis de faire des observations certaines et d'enregistrer des chiffres comparatifs.

Nous publions un tableau qui donne le minimum de température pendant les hivers les plus rigoureux du dix-huitième et du dix-neuvième siècle [1].

---

[1] Ce tableau est dressé d'après l'*Histoire de Paris* de Dulaure, et d'après Arago.

Fig. 6. — La débâcle de la Seine. Aspect du pont des Invalides écroulé le 3 janvier 1880. (D'après nature.) (Page 35.)

TABLEAU DES TEMPÉRATURES MINIMA EN DEGRÉS CENTÉSIMAUX
OBSERVÉES PENDANT LES HIVERS RIGOUREUX DES DIX-HUITIÈME ET DIX-NEUVIÈME SIÈCLES.

ANNÉES.	DEGRÉS CENTÉSIMAUX.	ANNÉES.	DEGRÉS CENTÉSIMAUX.	ANNÉES.	DEGRÉS CENTÉSIMAUX.
1709	— 18°,75	1755	— 15°,60	1798 (décembre).	— 17°,6
1716	— 19°,00	1757	— 13°,10	1820 (11 janvier).	— 14°,3
1720	— 15°,10	1758	— 13°,95	1829-1830 (17 janvier).	— 17°,2
1740	— 12°,00	1763	— 12°,50	1840-1841 (17 déc. et 5 janv.)	— 13°,2
1742	— 16°,40	1766	— 13°,10	1837-1838.	— 19°,0
1745	— 13°,75	1767	— 12°,50	1853 (30 décembre).	— 14°,0
1747	— 16°,00	1768	— 15°,00	1855 (31 janvier).	— 11°,3
1748	— 13°,90	1776	— 19°,30	1858 (7 janvier).	— 9°,0
1751	— 12°,50	1786	— 12°,50	1870-1871 (5 janvier).	— 11°,9
1753	— 13°,20	1788-1789	— 21°,55	1871-1872 (froid peu durable)	— 21°,3
1754	— 15°,74	1794-1795	— 23°,50	1879 (9 décembre).	— 23°,9

Il nous a paru curieux de recueillir quelques détails historiques sur les grands froids qui ont fait sentir leur action depuis le sixième siècle jusqu'à nos jours.

La *Chronique de Saint-Denis* nous apprend que les hivers de 544 et 547 furent d'une excessive rigueur dans les Gaules, au point que les oiseaux gelés se laissaient prendre à la main. « Li oisel furent si destroit de faim et de froidure que on les prenoit sus la noif aus mains sanz nul engin. »

La même *Chronique* signale encore les hivers de 593, de 763, de 859, de 874, qui furent très froids et accompagnés du triste cortège de la famine et des épidémies. Le tiers de la population de la France périt, dit-on, à la suite de fléaux causés par le froid. La neige était d'une abondance telle, que les forêts devenues inaccessibles ne pouvaient plus fournir de bois.

Passons rapidement sur ces lugubres souvenirs, en mentionnant les hivers des années 887, 940, 1020, 1043, 1067, comme ayant été aussi d'une excessive rigueur. En 1068, en Angleterre, la gelée amena une effroyable famine. Les hommes furent contraints de manger du chien, du cheval et même de la chair humaine, celle des victimes qu'abattait pêle-mêle le double fléau de la faim et d'un froid mortel. De 1076 à 1077, les gelées se prolongèrent pendant quatre mois en France, et toutes les récoltes furent perdues. En 1124, on vit des anguilles quitter les étangs gelés du Brabant et se réfugier dans des granges, où le froid vint encore les saisir et les faire périr.

Des froids intolérables marquent encore les hivers de 1134, 1210, 1234, 1316, 1408. Pendant ce dernier, à la fin de janvier 1408, le *Petit-Pont* construit à Paris fut renversé par des glaçons lors de la débâcle de la Seine ainsi que des maisons établies dessus. Le 31 du même mois, le Grand-Pont, dit aujourd'hui *Pont-au-Change*, éprouva une secousse si forte que quatorze boutiques de changeurs, qui y étaient construites, furent ruinées (*Registres du Parlement*). Le même jour le Pont-Neuf, quoique bâti en pierres, céda à la violence des eaux et entraîna avec lui les maisons qui s'y trouvaient. Pendant l'hiver de 1520, les loups affamés firent irruption jusque dans les faubourgs de notre capitale. Les pauvres gens, en proie à toutes les souffrances d'une faim dévorante, cherchaient des aliments dans les tas d'ordures.

Pierre de l'Estoile parle en ces termes de l'hiver de 1564 :

> L'an mil cinq cent soixante-quatre,
> La veille de la sainct Thomas,
> Le grand hyver nous vint combattre,
> Tuant les vieux noiers à tas ;
> Cent ans a qu'on ne vit tel cas ;
> Il dura trois mois sans lascher,
> Un mois outré sainct Macthias ;
> Qui fit beaucoup de gens fascher.

L'hiver de 1608, longtemps appelé aussi le *grand hiver*, frappa de mort un grand nombre de passants dans les rues. Le vin se gela dans un calice à l'église Saint-André-des-Arts. En 1657 tous les fleuves de l'Europe furent pris par la gelée, depuis la Fionie, où Charles X, roi de Suède, fit passer sa cavalerie à pied sec sur le petit Belt, transformé en une plaine de glace, jusqu'en Italie, où les voitures purent traverser le Tibre de la même façon.

En 1683, la Tamise tout entière fut gelée à Londres, et une foire put s'y organiser pendant près d'un mois. Une chasse au renard, un combat de taureaux eurent lieu sur le solide radeau de glace. Citons les hivers extraordinaires de 1709-10, de 1739-40, de 1742, ceux de 1762-63, de 1765-66, de 1767 et de 1776. Dans l'hiver de cette dernière année, la glace de la Seine s'étendait jusqu'à 8 kilomètres en mer à son embouchure, jusqu'au moment où la marée venait briser ce vaste plateau de liquide solidifié. Le courrier de Paris en Picardie fut trouvé mort de froid dans sa voiture quand il arriva à Clermont en Beauvaisis.

En 1710, les arbres gelèrent presque tous. Les blés furent entièrement gelés, et peu de personnes s'en aperçurent. La récolte fut absolument nulle.

Pendant l'hiver de 1788-89, il y eut à Paris plus de deux mois de gelées sans interruption. Louis XVI fit allumer de grands feux dans les carrefours pour que les pauvres gens pussent s'y réchauffer. Ceux-ci, dans leur reconnaissance, construisirent avec de la neige, à la barrière des Sergents, une immense effigie du roi. En 1788 et en 1789, le thermomètre marqua à Paris — 21°,5, et la glace s'étendit sur les rivages de nos côtes. En 1794, en 1795, en 1798, en 1799, en 1800, les hivers furent encore d'un rigueur extrême. Mais ce fut surtout en 1788-89 que le froid sévit avec une violence particulière dans toute l'Europe. La neige, dans les rues de Paris, atteignit une hauteur de 64 centimètres. Le vin gelait dans toutes les caves, et la glace se forma dans les puits les plus profonds. Les rues de Rome et celles de Constantinople furent couvertes de neige pendant plusieurs semaines. Le thermomètre s'abaissa jusqu'à — 17 degrés à Marseille, — 37 à Bâle en Suisse, — 35 à Brême en Allemagne, — 32 à Saint-Pétersbourg.

La plus basse température qu'on ait vue se produire en France est de 31 degrés au-dessous de zéro. En étudiant les basses températures de notre siècle, nous mentionnerons les froids de 1812, si tristement mémorables dans notre histoire. Tandis que notre armée en Russie était soumise à l'action d'un froid de 36 à

37 degrés au-dessous de zéro, le thermomètre à Paris marquait
— 10 degrés. Après 1812, les hivers célèbres de notre siècle sont
celui de 1829 à 1830, le plus précoce et le plus long des hivers
du siècle, et ceux de 1840, 1844, 1846, 1854, qui ont été également
très froids. Depuis cette époque, il semble que nous soyons
entrés momentanément dans une période de températures plus
douces et plus ménagées. Cependant personne n'oubliera l'hiver
1870-71, où pendant la terrible invasion prussienne, la rigueur
des gelées semblait ajouter à la liste de nos ennemis.

Nous ferons remarquer que les hivers rigoureux sont générale-
lement de longue durée. En 1783-84, il y a eu 69 jours consécutifs de gelée; en 1788-89, 50 jours continus; en 1794-95, on en
a compté 42. Depuis le commencement de ce siècle, il est bien
rare que le froid ait duré plus de 30 jours.

Sous des climats plus septentrionaux que le nôtre, l'air peut
atteindre des froids beaucoup plus rigoureux.

Étudions à présent quelques-uns des phénomènes remarquables qu'il a été donné d'observer pendant l'hiver de 1879-1880.

LA DÉBACLE DE LA SEINE ET DE LA SAÔNE EN 1880.

Après plus de trente jours consécutifs d'un froid rigoureux,
la température s'est relevée tout à coup à Paris, le 28 décembre
1879, sous l'action d'un vent chaud du sud-ouest. La neige accumulée sur toute la surface du bassin de la Seine a fondu peu
à peu, l'épaisse couche de glace qui recouvrait le fleuve ne
tarda pas à perdre de sa solidité, et pendant plusieurs jours de
suite elle se trouva soulevée et brisée çà et là.

La débâcle commença partiellement le 2 janvier 1880, et devint générale le samedi 3, dans la matinée, offrant à tous ceux
qui en furent témoins un spectacle imposant, inévitablement
accompagné de nombreux accidents. A dix heures du matin, le
phénomène s'accomplissait dans toute son intensité. L'eau du
fleuve, à Paris, était littéralement cachée sous un monceau de
glaçons accumulés et entassés pêle-mêle ; on les voyait courir

avec une rapidité saisissante, entraînant dès bateaux, dès poutres, des tonneaux, des débris de toute nature, et frappant à la façon de formidables béliers les piliers des ponts qu'ils ébranlaient.

Dans le petit bras de la Seine, les glaces également entraînées par un courant rapide ont produit de nombreux désastres sous les yeux des milliers de spectateurs qui encombraient les quais.

A 2 heures, quelques chalants viennent se briser contre les piles du pont Saint-Michel, et d'énormes poutres provenant de la rupture des trains de bois le barrent complètement. D'énormes blocs s'amoncellent pendant quelques minutes. C'est un amas de glaçons et de bateaux broyés.

La circulation ne tarde pas à être interdite sur plusieurs ponts (pont des Arts, pont des Saints-Pères), tandis que les sergents de ville interdisent de se rassembler sur quelques autres. Tout le petit bras de la Seine est de nouveau obstrué en moins d'une demi-heure, et les glaçons ne s'écoulent plus que par le grand bras. En tête du pont Sully, l'estacade tient bon et protège toute cette partie du fleuve jusqu'au pont Louis-Philippe, rive droite.

« La crue de la Seine, dit le *Journal officiel*, est extraordinaire depuis le matin. Le fleuve semble monter à vue d'œil. Dans l'espace de trois heures seulement, de dix heures à une heure, la crue est de 1^m,50. En amont du Pont-Neuf, une partie des bains froids a sombré. De l'autre côté, entre le pont Saint-Michel et le Pont-Neuf, plusieurs bateaux ont coulé ou ont été broyés. Des familles entières de mariniers déménagent en toute hâte et transportent non sans difficultés leurs mobilier et ustensiles de ménage sur le quai même des Grands-Augustins. En aval du Pont-Neuf, les bains de la Samaritaine, solidement amarrés, résistent bien. Plus bas, un lavoir et un grand bateau de charbon sont en partie submergés. A une heure et demie les eaux marquent 5^m,80 à l'échelle du pont Royal. Le fleuve monte toujours. Le courant est d'une violence extrême. On pourrait comparer sa vitesse à celle d'un cheval au trot. »

C'est au pont des Invalides que le désastre est le plus grand.

On sait que ce pont est en reconstruction depuis quelques mois,

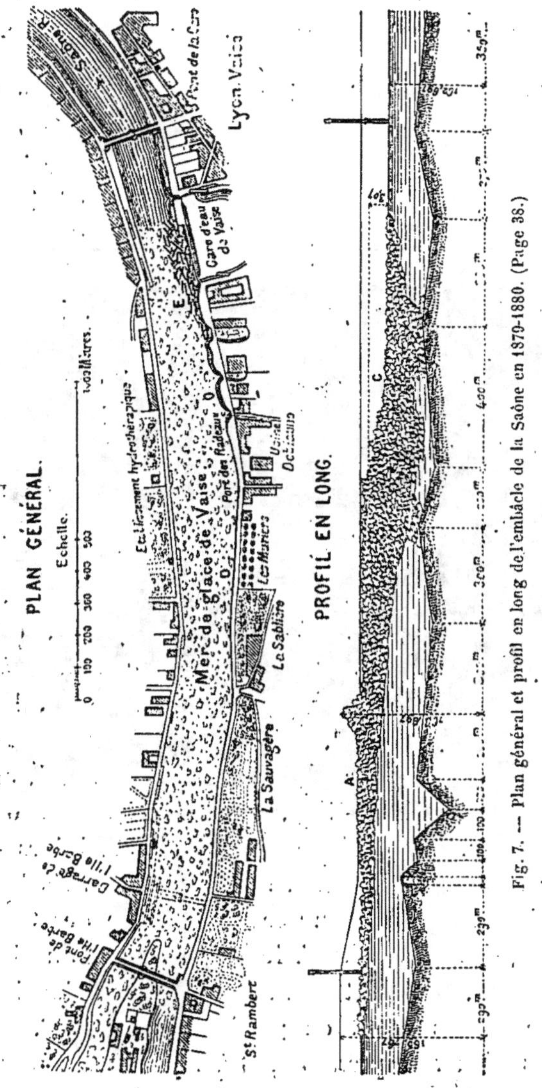

Fig. 7. — Plan général et profil en long de l'emblâcle de la Saône en 1879-1880. (Page 38.)

et qu'on avait dû construire en avant une étroite passerelle de
bois pour la circulation du public. Vendredi soir, 2 janvier,

Fig. 8. — Vue générale de l'embâcle de la Saône en 1879-1880. (D'après une photographie.) (Page 39.)

les glaces amoncelées en amont du pont de Solférino et provenant de la partie du fleuve qui s'étend de ce point jusqu'au Pont-Neuf sont venues s'accumuler dans les deux passes protégeant les travaux de reconstruction. On essaya de faire partir, à l'aide de la dynamite, l'amas énorme de glaçons accumulés et dont la plupart mesuraient de 35 à 40 centimètres d'épaisseur. Un conducteur des ponts et chaussées prit place sur la passerelle avec deux équipes d'ouvriers, et, de ce poste dangereux, fit jeter dans le fleuve de nombreuses cartouches enflammées pour disloquer les glaçons qui faisaient craquer les étais avec un bruit sinistre. Sous l'action brisante des cartouches explosibles, des glaçons épais se disjoignaient et s'écroulaient en certains points, tandis qu'en d'autres l'explosion projetait de hautes gerbes d'eau et de glace. Malgré ces efforts, les deux passes ne tardèrent pas à s'engager; les glissières se rompirent, la passerelle fléchit, et les ouvriers n'eurent que le temps de s'enfuir au plus vite : à 7 heures, tout le milieu de la passerelle s'écroulait dans la Seine, et le tablier venait se dresser contre une des passes et la boucher.

Pendant la nuit, la démolition de la passerelle continua sans trêve; et le samedi il en restait à peine trace.

Cependant les glaçons s'accumulaient contre les piles du pont des Invalides, les ébranlant de coups répétés. De bonne heure, les planches et les cintres, disjoints, tombèrent dans le fleuve.

A 10 h. 40, la seconde arche du pont des Invalides (côté rive droite), incapable de résister plus longtemps à la pression des glaces et au choc des épaves, s'effondra tout entière. A 1 h. 40, au moment où le préfet de la Seine, venu pour se rendre compte du désastre, descendit de voiture et s'avança vers le pont, on vit tout à coup le tablier de la seconde arche du côté gauche s'affaisser et l'arche tout entière s'écrouler [1] (fig. 6).

Tels sont les faits les plus saillants de la grande débâcle de la Seine pendant l'hiver de 1879-1880, qui restera un événement à peu près unique dans l'histoire de la météorologie de Paris.

---

[1] D'après le *Journal officiel*.

Nous reproduisons d'ailleurs, d'après une note publiée par M. Pasqueau dans les *Annales des Ponts et Chaussées*, d'autres détails complémentaires concernant les embâcles de la Saône pendant le terrible hiver de 1879-1880, et les travaux exécutés à cette occasion sous la direction de cet éminent ingénieur pour débarrasser la rivière et creuser un chenal à travers un glacier de 2 kilomètres de longueur. Ces travaux présentent un intérêt général même au point de vue purement scientifique, car ils ont jeté un jour nouveau sur le mode de formation de ces glaciers, et par suite ils ont permis de déterminer exactement les procédés à suivre pour s'en rendre maître, et prévenir ainsi les dangers terribles qu'ils peuvent entraîner dans leur débâcle.

Au mois de décembre 1879, la température était restée pendant quelque temps inférieure à 18° au-dessous de zéro, et la Saône charria de nombreux glaçons qui vinrent s'accumuler en arrivant à Lyon dans une mouille large et profonde située entre Vaise et l'île Barbe, et servant à la fois de port pour les radeaux, et de chantier pour les bateaux en construction. Arrivés là, ces glaçons se soudèrent avec une grande rapidité, et formèrent bientôt une nappe continue, véritable mer de glace qui couvrit entièrement le lit de la rivière sur une longueur de plus de 3 kilomètres, et engloba les nombreux radeaux restés dans la mouille.

On procéda immédiatement au dégagement de ces radeaux, et on creusa un chenal pour les détacher de la glace et les emmener ensuite en aval dans les parties abritées de la rivière. On essaya d'abord à cet effet de briser la glace en se servant de batelets suivant un procédé anciennement usité. Les petits bateaux employés étaient en bois armés à l'avant d'une fourrure en sapin ; on les lançait avec violence contre le massif de glace en les tirant à l'avant avec des cordes, et le bateau cédant à cette impulsion venait s'élever sur la glace de la moitié de sa longueur. Les mariniers qui le montaient sautaient alors en cadence à l'avant du bateau et fendaient la glace par leur poids, ils emmenaient ensuite dans le chenal les blocs ainsi détachés. Ces batelets montés rendirent de grands services pour briser les embâcles flottantes; mais pour attaquer le massif compact lui-même, on dut employer de préférence la dynamite. On perçait à la hache une série de dix à douze trous formant une ligne circulaire qui découpait une banquise de 25 mètres de long sur 5 à 6 mètres de large, et on y déposait des cartouches de dynamite fabriquées spécialement à cet effet dans un petit atelier installé sur le bord de la rivière. Les trous étaient ensuite recouverts de blocs de glace, et on allumait les mèches de manière à obtenir une explosion simultanée qui détachait la banquise sur tout son

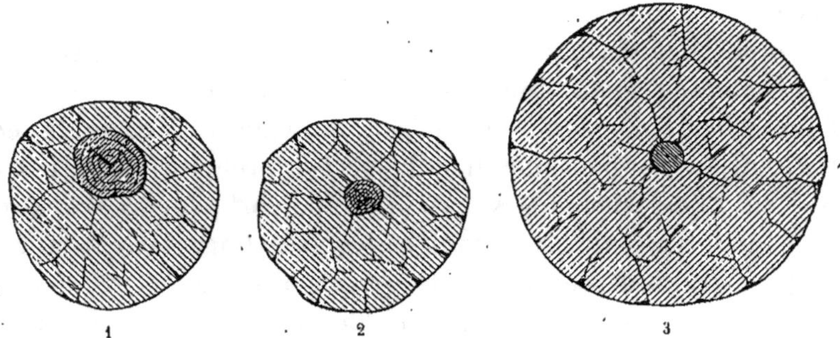

Fig. 9. — Effets du verglas des 22, 23 et 24 janvier 1879. — 1 et 2. Coupes en vraie grandeur de petites branches de bouleau entourées de leurs gaines de glace. — 3. Coupe en vraie grandeur d'un fil télégraphique entouré de sa gaine de glace. (Page 44.)

pourtour, et celle-ci était ensuite emmenée avec des leviers ou avec un batelet monté, ou même un petit remorqueur à vapeur.

Les radeaux dégagés par ces premiers travaux furent amarrés à quelque distance dans les parties un peu abritées par les coudes de la rivière, ainsi que nous l'avons dit plus haut. On essaya de les descendre hors de Lyon, mais il fut impossible de le faire, car ils présentaient à la partie inférieure une couche de glace tellement épaisse qu'ils buttaient contre le fond de la rivière. On se borna donc à les couvrir et à les fixer par des amarres. Malgré ces précautions, il fut impossible de sauver ces radeaux, et ils se trouvèrent complètement brisés dans la première débâcle partielle survenue le 7 janvier. Sous l'influence d'une crue subite, le glacier se déplaça tout entier d'une seule pièce avec une puissance irrésistible, et broya tout ce qui se trouvait sur son passage. Les poutres des radeaux brisés furent entraînées par le courant et projetées avec fracas contre les piliers des trois ponts de la Saône qu'elles obstruèrent presque complètement.

Pour dégager les ponts, il fallut alors enlever successivement toutes ces pièces entassées dans un amas inextricable, et ce travail fut poursuivi au milieu de dangers et de difficultés sans nombre : quelques-unes de ces pièces avaient plus de 0^m,60 d'équarrissage et 25 mètres de long, en outre elles étaient absolument collées et enchevêtrées les unes dans les autres, et on dut souvent avoir recours à la dynamite pour les détacher. Les pièces qu'on pouvait séparer étaient ensuite tirées avec des cordes soit à la main ou avec des treuils ou même des bateaux à vapeur. Celles qu'on ne put détacher durent être sciées sur place ou brisées à la dynamite, ce qui donnait des résultats encore plus rapides. Les pièces ainsi détachées, dont le nombre dépassait 1500, furent emmenées à l'aval de manière à dégager entièrement la traversée, ce qui permit d'attendre la grande débâcle de la mer de glace proprement dite.

Cet énorme glacier, qui était depuis longtemps déjà une menace permanente pour la ville, ne cubait pas, d'après les calculs et les relevés de M. Pasqueau, moins de 3 à 4 millions de mètres cubes, et il avait une épaisseur qui allait en diminuant de l'aval vers l'amont, depuis 12 mètres jusqu'à 4 ou 5 mètres seulement. C'est là un fait d'une grande importance qui a exercé, comme on va le voir, une influence décisive sur les travaux et qui est d'autant plus remarquable que le niveau du glacier allait au contraire en s'élevant depuis l'aval jusqu'à l'amont, de sorte que le glacier présentait en coupe la forme d'une voûte appuyée à l'aval sur le lit de la rivière, comme l'indique la figure 7.

La surface supérieure du glacier était toute hérissée de blocs amoncelés et soudés entre eux par la glace, et la circulation y était presque impossible, comme on peut s'en rendre compte d'après la figure 8 qui reproduit une vue photographique dont nous devons la communication à l'obligeance de M. Pasqueau.

La mer de glace, dont le niveau allait en se relevant vers l'amont, comme nous l'avons déjà dit, couvrait entièrement le barrage de l'île Barbe, elle s'étendait sur une longueur de 2100 mètres et formait un barrage qui tendait les eaux à l'amont sur une étendue très considérable : M. Pasqueau a constaté au moyen des échelles d'étiage que la hauteur de chute ainsi produite a atteint $3^m,67$ le 9 janvier. Dans de pareilles conditions, si ce barrage s'était trouvé brisé subitement dans un dégel, une débâcle, ou sous l'influence d'une crue importante, l'énorme masse d'eau qu'il soutenait se serait écoulée tout à coup en se ruant sur les ponts, brisant tous les obstacles, et, en un mot, entraînant avec elle les plus grands ravages.

Pour prévenir un pareil désastre, on dut donc entreprendre d'ouvrir un chenal à travers tout le massif du glacier, malgré les difficultés énormes et insurmontables en apparence que présentait un pareil travail. Comme il devenait impossible de se servir encore des batelets à la main ou des remorqueurs à vapeur, on dut employer exclusivement la dynamite. La préparation des cartouches, le dégelage et l'amorçage exigèrent, comme on le comprend, des précautions toutes spéciales, qui sont exposées dans la *Note* de M. Paqueau, mais nous ne pouvons nous y arrêter ici; disons seulement qu'on consomma par jour 1000 kilogr. de dynamite répartis entre 600 à 800 pots. On traça ainsi un chenal de 40 mètres de largeur qu'on agrandissait ensuite au fur et à mesure de l'avancement des travaux pour laisser un libre passage aux banquises lancées en dérive; du reste, celles-ci, dont le volume dépassait souvent 1000 mètres cubes, étaient encore divisées après avoir été détachées du massif du glacier. Des mineurs s'embarquaient sur ces îles flottantes et creusaient des trous dans lesquels ils déposaient les pots de dynamite dont ils allumaient les mèches, ils s'éloignaient ensuite rapidement en batelets, et l'explosion brisait les banquises.

dont les morceaux passaient librement sous les arches des ponts.

A l'aval du glacier, le massif des glaces était complètement adhérent sur le sol, et il fallut abattre la glace sur toute la hauteur, comme on aurait fait dans une véritable carrière.

Les travaux furent poussés avec une activité infatigable au milieu de toutes ces difficultés, et au bout de sept jours, le chenal n'avait pas moins de 800 mètres de long sur 80 de large, et il occupait ainsi seulement la moitié de la longueur du glacier ; mais alors ces travaux amenèrent un résultat tout à fait inespéré : le lac supérieur se vida, le glacier dont les lames de fond avaient été coupées par ces travaux s'affaissa et se creusa suivant une vallée dont les bords avaient 5 à 6 mètres de hauteur, les eaux pénétrèrent alors dans cette vallée, et formèrent ainsi un chenal qui vint à la rencontre du canal artificiel déjà creusé et supprima la moitié du travail dans toute la partie d'amont où le niveau des glaces était le plus élevé.

Ces beaux travaux conduits avec tant de persévérance et d'habileté, outre qu'ils protégèrent la ville contre les désastres que la débâcle aurait pu entraîner, fournirent en même temps, comme nous le disions, sur le mode de formation des glaciers des données très précieuses déjà au point de vue purement scientifique et qui pourront être utilisées avantageusement dans les circonstances analogues.

D'après les recherches de M. Pasqueau, il faut admettre que la formation du glacier s'opère de la manière suivante : La rivière se barre d'abord au niveau de l'eau en un point déterminé, et les glaces venant d'amont doivent alors passer sous la nappe ainsi formée dont elles suivent la face inférieure jusqu'à ce qu'elles soient arrêtées par un obstacle quelconque, un rétrécissement du lit, un haut-gond, etc. Elles s'agglomèrent en ce point et forment bientôt un barrage étanche ; dès lors les eaux sont arrêtées et tendent à refluer par-dessus la nappe de glace, le niveau s'élève peu à peu, les nouveaux glaçons qui surviennent se soudent au-dessus de la première nappe et surélèvent encore le barrage. On comprend qu'il se produit ainsi une série

Fig. 10. — Effets du verglas des 22, 23 et 24 janvier 1879, à Fontainebleau. — A gauche, branche de rhododendron. Poids : chargée de glace, 360 grammes ; glace étant fondue, 13 grammes. — A droite, branche de bouleau. Poids : chargée de glace, 700 grammes ; glace étant fondue, 50 grammes. — 2/3 grandeur naturelle. (Page 45.)

d'étages surhaussés qui font du massif une véritable voûte relevée à l'amont et arc-boutée à l'aval sur le lit de la rivière, ce qui donne bien l'aspect observé dans le glacier de la Saône. Dès lors on voit immédiatement que c'est à l'aval qu'il faut attaquer le glacier pour enlever à cette voûte le point d'appui qui la soutient. Dès qu'elle est ébranlée, la glace s'affaisse d'elle-même dans la partie haute de la voûte, comme le fait s'est produit à Lyon, le chenal se poursuit de lui-même jusqu'à l'amont, et traverse ainsi complètement le glacier. Autrement, si on attaquait à l'amont, la voûte resterait toujours debout jusqu'à ce qu'on arrive à l'aval, les travaux exigeraient donc ainsi un temps deux fois plus long, et la débâcle se produirait souvent avant que le chenal soit complètement terminé [1].

L'un des phénomènes les plus curieux de l'hiver 1879 a été constaté par les désastreux effets d'un verglas exceptionnel que nous étudierons spécialement dans les localités les moins favorisées.

LE VERGLAS DES 22, 23 ET 24 JANVIER 1879. EFFETS PRODUITS A FONTAINEBLEAU ET A ORLÉANS [2].

Le 22 janvier 1879, vers 10 heures du matin, une pluie froide commença à tomber; quelques minutes après, le sol était déjà devenu assez glissant pour rendre la marche difficile. Cette pluie continua presque sans interruption jusqu'au lendemain, vers 10 heures du soir, c'est-à-dire pendant une durée de trente-six heures; la température a d'ailleurs, pendant tout ce temps, été à peu près constante, de 3 degrés seulement au-dessous de zéro.

Une couche de glace, de 2 à 3 centimètres d'épaisseur, a cou-

---

[1] D'après un résumé publié dans *la Nature* par M. Baclé (11 mars 1882).

[2] Note présentée à l'Académie des sciences dans sa séance du 3 février 1879, par M. Decaisne.

Nous devons la communication des dessins qui accompagnent le texte à l'obligeance de l'éminent botaniste, que la mort a enlevé à la science en 1882.

vert complètement le sol. Cette couche de glace adhérait aux toits, s'attachait aux parois verticales des murs ; en a vu des perrons dont les contre-marches en étaient revêtues sur une épaisseur presque aussi grande que les marches elles-mêmes. A toutes les parties horizontales et saillantes des édifices étaient suspendues des stalactites, de longueur et d'espacement très réguliers.

Sur les pelouses, chaque brin d'herbe était entouré d'une gaine de glace, atteignant parfois jusqu'à 3 centimètres de diamètre (fig. 9).

Des massifs d'arbustes à feuilles persistantes, tels que rhododendrons, alaternes, lauriers-cerises, etc., ne formaient qu'un seul bloc de glace, à travers lequel on distinguait assez nettement les feuilles et les branches.

Quant aux arbres verts, tels que sapins, épicéas, etc., chaque couronne de branches s'était affaissée sur la couronne immédiatement inférieure, la plus basse reposant elle-même sur le sol, et le tout ne formant qu'une immense pyramide de glace ; les branches se soutenaient ainsi mutuellement : aussi, ces arbres ont-ils généralement pu résister à l'énorme poids qui les surchargeait.

Les branches des arbres à feuilles caduques étaient complètement entourées d'une gaine de glace d'une grande épaisseur. Pour les menus branchages, le diamètre de cette gaine allait jusqu'à quatre ou cinq fois celui de la partie enveloppée ; quant aux troncs, quoique verticaux, quelques-uns portaient une couche variant de 1 à 2 centimètres, mais généralement cette couche n'était pas continue et adhérait du côté exposé à l'est et au nord-est. L'énorme poids de cette glace a fait ployer et rompre un nombre considérable de branches de toute dimension, et même des arbres tout entiers, parmi les plus gros du parc, ont été soit brisés avec fracas, soit courbés jusqu'à voir leur cime toucher la terre, soit enfin arrachés, dans les endroits où le sol sablonneux était moins résistant ; on en a mesuré un entre autres, qui n'avait pas moins de $2^m,20$ de circonférence à la base et de 37 mètres de hauteur, lequel était rompu à 4^m,50 environ au-dessus du sol (fig. 10 et 11).

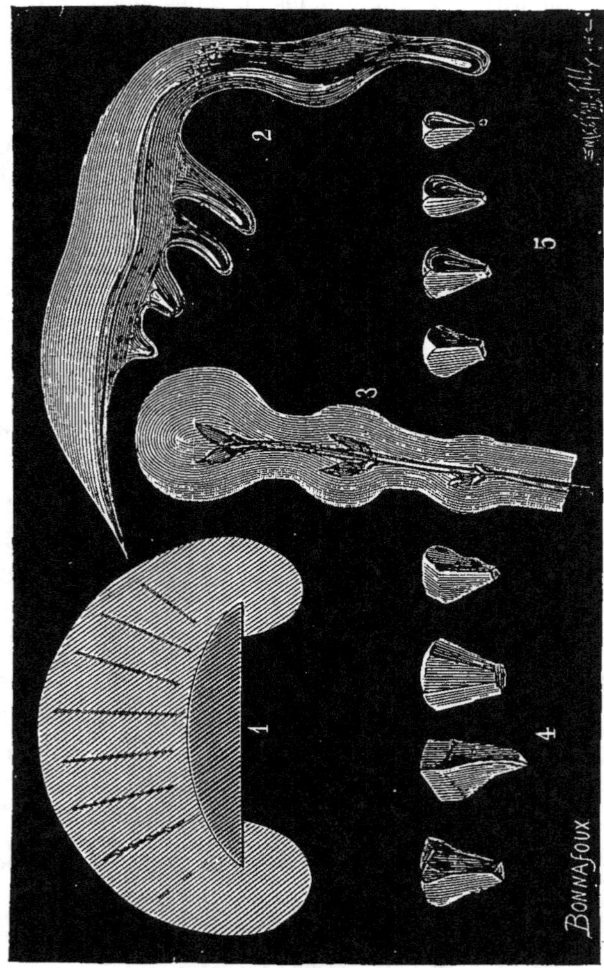

Fig. 11. — Effets du verglas des 22 et 23 janvier 1879, à Orléans. — 1. Coupe de la tige de fer d'une balustrade avec sa gaine de glace. — 2. Feuille de laurier ; 3, branche de syringa, enveloppées de glace. — 4 et 5. Fragments de verglas jonchant le sol plusieurs jours après le dégel. — Grandeur naturelle. (Page 45.)

Voici quelques résultats numériques, indiquant le rapport entre le poids de certaines branches et celui de la glace qu'elles avaient à supporter :

	Poids avec la charge de glace.	Poids après avoir fait fondre la glace.
Branche d'alaterne.......................	200gr	7gr
Autre branche d'alaterne...............	210	11
Branche de rhododendron...............	360	13
Branche d'épicéa..........................	660	30
Branche de bouleau......................	700	50
Branche de bouleau (de 5 centimètres de diamètre, ayant rompu sous le poids)........	29kg	4kg

La température étant montée à zéro le samedi 25, vers midi, le dégel a commencé, et a continué pendant les jours suivants. Il ne paraît pas qu'il ait occasionné de nouveaux bris d'arbres à feuilles caduques ; mais il n'en a pas été de même des arbustes à feuilles persistantes : la glace qui reliait entre elles les différentes têtes de rhododendrons, par exemple, ayant fondu d'abord, chaque branche a été entraînée par le poids de la tête, encore chargée d'une couche assez épaisse. Les branches qui ne se sont pas brisées ne paraissent d'ailleurs pas avoir souffert du froid et ont repris l'aspect qu'elles avaient quelques jours auparavant.

Les communications télégraphiques ont été interrompues ; les fils, de 4 millimètres de diamètre, étaient entourés d'une gaine cylindrique de glace d'épaisseur très régulière, de 38 millimètres de diamètre, ce qui fait plus de neuf fois le diamètre du fil lui-même. Il n'est donc pas étonnant que les lignes aient été rompues en un nombre considérable d'endroits.

M. Colladon a eu l'occasion de résumer quelques observations du célèbre verglas de 1879[1] ; nous reproduisons ici ce que le savant météorologiste a publié à ce sujet.

« Les communications faites à l'Académie sur les causes du pro-

---

[1] Les effets de ce verglas, à peu près unique dans les annales de la météorologie contemporaine, ont été déjà signalés à nos lecteurs (voy. n° 300 du 1er mars 1879, page 204). Ils constituent un phénomène exceptionnel, très important ; aussi croyons-nous devoir enregistrer tous les faits intéressants qui nous ont été adressés à ce sujet ; les gravures que nous publions ci-dessus ont été faites d'après les dessins que M. Godefroy a bien voulu nous adresser d'Orléans ; ils forment un complément curieux dés photographies exécutées par M. Piébourg à Fontainebleau, et reproduites dans ce volume (voy. p. 205).

digieux verglas qui a ravagé quelques départements au sud et à l'ouest de Paris, dans les journées des 22 et 23 janvier, ont été suivies de lettres rappelant des faits analogues. D'autre part, on a indiqué, à cette occasion, la connexité probable de cette congélation remarquable avec la formation plus ou moins rapide de volumineux grêlons.

« Les observations de verglas déposés en temps de pluie, sur des corps plus chauds que zéro, sont déjà assez anciennes ; j'en citerai deux exemples, recueillis en février 1830 et en janvier 1838, pendant deux hivers rigoureux.

« M. Boisgiraud a publié [1] la description d'un verglas qu'il avait observé, le 7 février 1830, à la suite de grosses gouttes de pluie tombant sur des corps au-dessus de zéro et déposant d'épaisses couches de glace jusque sur les vêtements et les parapluies, fait qui ne peut s'expliquer qu'en admettant que les gouttes de pluie étaient liquides à une température notablement inférieure à zéro. Dans ce Mémoire, il insiste sur la connexité probable de ce fait avec la formation de la grêle.

« Dans une excursion que je fis, en 1838, dans le département des Bouches-du-Rhône, en compagnie de M. F. Vallès, ingénieur en chef des ponts et chaussées, nous fûmes témoins, dit M. Colladon, d'un verglas analogue. Le matin du 14 janvier, nous partîmes à pied de la petite ville des Martigues, pour nous rendre à Citis, en passant par Saint-Mitre, distant de 6 kilomètres des Martigues. A notre départ le temps était calme et pluvieux, la température de l'air et du sol était au-dessus de zéro. Au tiers de la route, la pluie commença à déposer du verglas sur nos vêtements et sur toutes les plantes qui furent en peu de temps enveloppées d'un fourreau de glace transparent d'environ 3 à 4 millimètres d'épaisseur. Avant d'arriver à Saint-Mitre, les gouttes de pluie, à l'état de surfusion, s'étaient changées en perles sphériques de 3 à 4 millimètres de diamètre, formées d'une glace compacte et transparente.

---

[1] *Annales de chimie et de physique*, t. LXII, p. 97 ; 1836.

« Nous n'avons pas hésité, M. Vallès et moi, à attribuer ces faits au brusque refroidissement des gouttes de pluie à l'état de surfusion. Une heure après notre départ de Saint-Mitre, il s'éleva un vent violent du nord et la température s'abaissa au-dessous de zéro. A Genève, à la même époque, la température était exceptionnellement froide ; les Tableaux météorologiques des *Archives de la Bibliothèque universelle de Genève* montrent que, du 10 au 15 janvier, le thermomètre s'est maintenu sans interruption entre 7 et 20 degrés au-dessous de glace. Ils montrent aussi que du 1er au 15 janvier, il n'y eut qu'un seul jour où il tomba de la neige, soit à Genève, soit au Saint-Bernard.

« J'ai dit que, dès l'année 1836, M. Boisgiraud, de Toulouse, avait indiqué comme très probable une influence prépondérante de grosses gouttes d'eau, à l'état de surfusion dans l'atmosphère, sur le grossissement des grêlons. M. Aug. de la Rive, en reproduisant dans le troisième volume de son *Traité de l'électricité*, en 1858, les remarques et les observations de M. Boisgiraud adopte le principe de la surfusion, dont l'effet peut s'ajouter à d'autres causes dans la formation de la grêle.

« J'ai moi-même fait allusion à ce principe dans mes deux Notices sur des orages de grêle des 7 et 8 juillet 1875 [1].

« En 1861, M. Louis Dufour, professeur de physique à Lausanne, a publié [2] un beau travail sur la surfusion de l'eau et la formation de la grêle. En introduisant de l'eau dans un mélange d'huile d'amandes pure, d'huile de pétrole et d'un peu de chloroforme, mélange qu'on peut maintenir à la densité de l'eau, il a obtenu des sphères d'eau qui flottaient dans le mélange, comme M. Plateau avait obtenu des sphères d'huile dans un liquide composé d'eau et d'alcool. En plaçant le vase qui contenait ces sphères dans un mélange réfrigérant, il a pu refroidir ces boules d'eau liquide jusqu'à 10 et 20 degrés au-dessous de zéro. Dans ces conditions, de petites quantités de poussières

---

[1] *Comptes rendus*, séances des 6 et 13 septembre 1875.

[2] *Bulletin de la Société vaudoise des sciences naturelles*, et *Archives des sciences physiques de Genève*, numéro d'avril, p. 346 à 371.

mises en contact avec ces globules ne les font pas toujours geler,
lors même qu'on les fait tomber à travers les globules. M. Dufour
insiste, en terminant, sur la probabilité du rôle essentiel des
gouttes de pluie à l'état de surfusion, pour la formation rapide
des grêlons.

« Tout en insistant sur cette influence très probable de l'eau
liquide glacée, on ne saurait, selon moi, repousser complètement l'influence de l'énorme tension électrique des nuages sur
la grosseur des grêlons et spécialement sur ceux dans lesquels

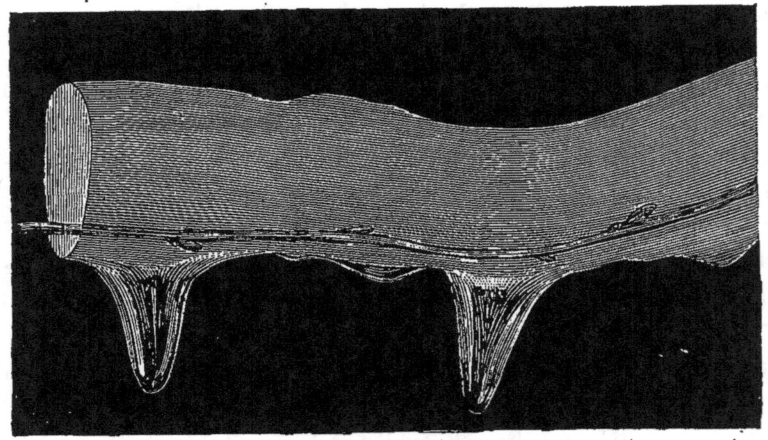

Fig. 12. — Brindille de tilleul recouverte de verglas. — Vue, perspective et coupe. 1 décimètre de
cette brindille pesait 60 grammes avec la glace ; son poids sans la glace était de 0^{gr},5. (Page 44.)

on distingue de très nombreuses couches alternativement opaques et transparentes.

« Mes observations m'ont conduit à admettre que, dans les
grands orages de grêle, les grands cumulus qui les engendrent
se trouvent divisés en plusieurs groupes distincts, et isolés électriquement les uns des autres par des tranches d'un air sec et
froid, en sorte qu'on pourrait les comparer, à quelques égards,
à des colonnes de fumée ou de vapeur qui s'élèveraient simultanément de quelques cheminées ou chaudières à vapeur peu dis-
tantes les unes des autres.

G. Tissandier. — L'Océan aérien.   4

« Certaines cascades, par exemple la Salanche dans le Valais, dont on peut aborder la base inférieure, produisent de haut en bas un vent d'une grande violence; quoique le volume d'eau écoulé par seconde ne soit que de 2 ou 3 mètres cubes, et la section horizontale de l'eau en poussière qui forme la cascade, de quelques mètres carrés. Ce vent vertical de haut en bas produit, à la partie supérieure de la cascade, un appel de l'air supérieur qui est visible en temps de brouillard.

« En tenant compte de la vitesse de translation des colonnes de grêle et de la durée du météore sur une surface donnée, on est forcé de reconnaître que ces colonnes orageuses représentent une section horizontale considérable, qui dépasse quelquefois 50 et même 100 kilomètres carrés. Sur toute cette section, il passe un flot continuel de grêle serrée et de pluie dont l'ensemble représente un immense piston descendant, malgré les nombreux interstices qui séparent entre eux les grêlons. De là ces tourbillons de vent d'une extrême violence qui, près du sol, accompagnent ces orages, et qui rendent indispensable, pour le rétablissement de l'équilibre, un énorme appel d'air sec, froid et puissamment électrisé depuis les régions supérieures. Il est évident que cet air incessamment appelé par la chute de grêle tend à diviser ces nuées en colonnes à peu près verticales, plus ou moins distinctes, séparées par des intervalles isolants qui peuvent avoir peu d'épaisseur. C'est à cela qu'on peut attribuer la nature toute spéciale des traits de foudre pendant ces grands orages, ces éclairs saccadés qui semblent ne pas sortir d'un groupe assez restreint et qui souvent n'atteignent pas la terre, malgré leur multiplicité, ainsi que je l'ai déjà exposé d'une manière détaillée dans ma note du 6 septembre 1875. »

M. Colladon continue à envisager la question au point de vue des phénomènes électriques et orageux; quoique ces détails s'écartent de notre sujet, nous les publions ici en raison de l'intérêt qu'ils présentent :

« Ch. Wheatstone, à la suite de quelques expériences faites avec son photomètre à perles de métal, ajoute le savant physicien, a cru pouvoir annoncer que les coups de foudre ne durent qu'un temps plus petit qu'un millième de seconde.

« Cette loi n'est plus applicable, d'une manière générale, aux éclairs des grands orages. Chacun peut s'en convaincre facilement en remarquant combien il est facile, à la lumière de la plupart de ces éclairs, de distinguer le mouvement des branches agitées par le vent, ce qui serait impossible si la lueur des éclairs ne durait qu'une très petite fraction de seconde. On peut même distinguer la direction dans laquelle se meuvent les traits lumineux, qui ont été quelquefois comparés, dans les grands orages, à des groupes de fusées dont le mouvement de progression est perceptible. Les faits ci-dessus constatent que ces nuages orageux sont composés de parties les unes positives et les autres négatives, séparées par de petits espaces isolants, et, comme la hauteur de ces groupes de cumulus est ordinairement de quelques kilomètres, on peut admettre que les grains de grêle, pendant leur chute, sont alternativement ballotés d'une partie de nuage à une autre par une série de zigzags, pendant lesquels leur volume tend à s'accroître par la rencontre alternative, soit des gouttes d'eau glacée à l'état de surfusion, soit des parties neigeuses formées de petits cristaux de glace. »

Après avoir étudié les phénomènes qui se rattachent aux températures de l'air, nous envisagerons ceux qui dépendent des mouvements dont l'Océan aérien est animé.

CHAPITRE III

LES COURANTS AÉRIENS

Le vent. — Direction des courants aériens. — Vents alizés. —
Vents périodiques. — Vents locaux. — Les cyclones. — Les tempêtes.
— Les trombes.

Le vent est, en réalité, un écoulement de l'air qui se porte
d'un point à un autre de la surface du globe, il est évident que
ce mouvement doit être compensé par un contre-courant. Il
arrive fréquemment que ces courants en sens inverse l'un de
l'autre sont mis en évidence par l'observation.

On voit souvent des nuages qui, à des altitudes différentes,
suivent des directions opposées. Les voyages en ballon ont
surtout permis de constater avec une grande précision l'existence de ces courants superposés. Ils ont lieu très fréquemment sur le bord des océans, en raison de l'inégalité de l'échauf-
fement des eaux et des terres. En 1868, M. J. Duruof et moi,
lors d'un voyage exécuté dans le ballon *le Neptune*, nous avons
pu mettre à profit de tels courants, pour nous aventurer en mer
à deux reprises différentes, et revenir deux fois sur terre à des
hauteurs différentes.

MM. Eloy et Lhoste, lors des remarquables tentatives qu'ils
ont faites pour traverser la Manche en ballon, de France en
Angleterre, ont exécuté un voyage aérien tout à fait analogue,
comme le montre le tracé suivi par l'aérostat à des altitudes
différentes (fig. 13).

Le 24 septembre 1879, mon frère a constaté très nettement
un phénomène tout semblable lors de son ascension du pic de

Néthou. Le diagramme ci-contre (fig. 14) représente très fidèlement les circonstances atmosphériques de ce phénomène. Les cimes de Vénasque, de Sauvegarde, de la Picade forment en quelque sorte une véritable muraille de 2500 mètres d'altitude, que balayait à sa partie supérieure un courant aérien venant de la direction du Nord. Les nuages qui flottaient à la surface de ce courant s'échappaient des défilés taillés dans ce massif à la façon de jets de vapeur ; ils formaient comme une fumée abondante

Fig. 13. — Tracé du voyage aérien de MM. Éloy et Lhoste, le 6 juin 1883. (Page 52.)

sortant d'une gigantesque cheminée. Un vent supérieur venant du Sud passait au-dessus du pic de Néthou et faisait alors rétrograder ces nuages dans une direction tout à fait opposée.

Les courants aériens qui se meuvent au sein de l'atmosphère offrent beaucoup d'analogie avec les courants de la mer qui circulent au milieu de l'Océan. Un temps calme c'est la mer tranquille, un temps agité c'est l'Océan agité de vagues. Les fleuves de l'air traversent l'Océan aérien, ils en mélangent les différentes parties, tendent à égaliser ainsi les températures.

Suivant qu'ils ont balayé la surface des mers, ou la superficie

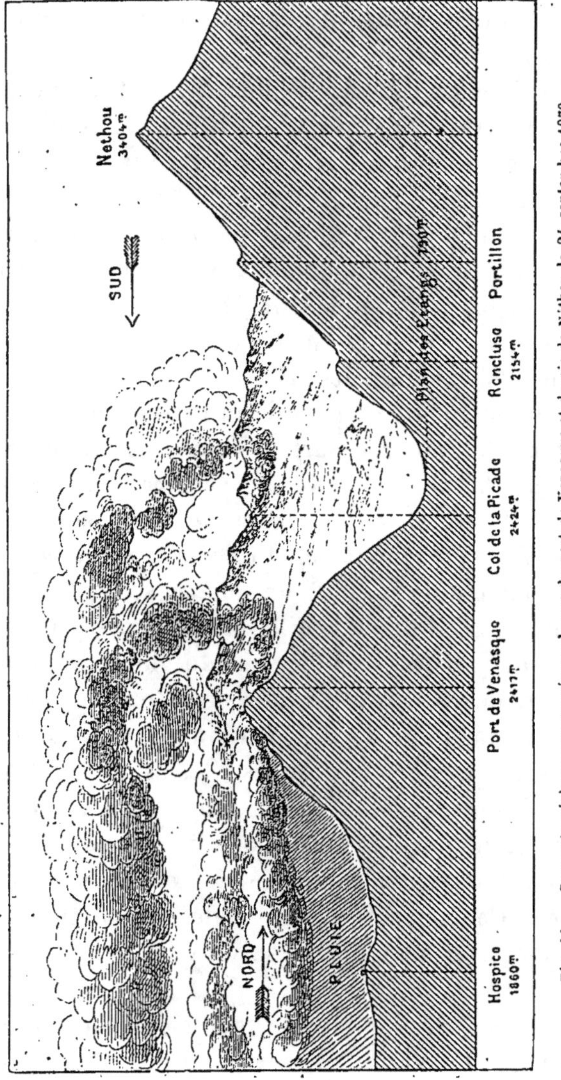

Fig. 14. — Courants aériens superposés au-dessus du port de Venasque et du pic de Néthou le 24 septembre 1879. (Dessin fait d'après nature, par M. Albert Tissandier.) (Page 53.)

des continents, ils apportent l'humidité ou la sécheresse. Ils accomplissent le transport de poussières ténues, minérales.

végétales, organisées, qu'ils entraînent parfois et déposent au loin, comme le sédiment des fleuves terrestres.

L'étude des mouvements de l'atmosphère offre, on le voit, une importance capitale.

Les météorologistes considèrent dans le vent les éléments qui le caractérisent : 1° la *direction* N., E., S., O., et directions intermédiaires, observées par les girouettes, les fumées et la marche des nuages dans les régions élevées de l'atmosphère ; 2° la *force* ou la *vitesse* comptée de 0 à 9, le 0 étant l'air calme (vent nul), le vent 9 l'ouragan, et les numéros intermédiaires comprenant successivement les vents faibles, modérés, forts, etc.

Dans les régions voisines de l'équateur, il règne des vents constants que l'on nomme les *alizés ;* il existe aussi dans l'atmosphère des vents *périodiques* qui soufflent à certaines époques de l'année ; on les observe surtout dans l'océan Indien et en Australie. Dans la mer des Indes, le vent pendant l'hiver vient généralement du N.-E., c'est la *mousson* du N. pendant l'été, il vient du S.-W. ; c'est la mousson du S. Les vents *locaux* dépendent principalement de la configuration du sol.

La force du vent est due à la différence des pressions barométriques entre deux points de la surface du globe ; la masse d'air se déplace d'un de ces points à l'autre, avec une vitesse d'autant plus grande que la différence des pressions est plus considérable.

Quand le vent acquiert de grandes vitesses, et souffle en tempête, il produit des effets désastreux qui sont particulièrement intéressants à étudier et dont nous allons citer quelques exemples, en reproduisant les circonstances météorologiques qui les ont accompagnées. Ces coups de vent terribles sont désignés sous le nom de cyclones ou de typhons, suivant les régions où ils se produisent.

Le 28 septembre 1876, un coup de vent terrible survint presque tout à coup à l'île de Wight, et exerça dans quelques parties de l'île, principalement à Cowes, de terribles ravages. Les premiers symptômes du phénomène atmosphérique furent une dépression barométrique inusitée, on remarqua çà et là que des oiseaux s'enfuyaient comme saisis d'une panique subite. C'était un jeudi matin vers 6 heures. Entre 7 et 8 heures, le vent s'éleva brusquement, violent et impétueux, il soufflait avec fureur vers le Nord-Est, parallèlement au rivage de la mer. Le coup de vent ne dura que quelques secondes et ne dévasta qu'un petit espace ;

Fig. 15. — L'hôtel du Globe, à Cowes (île de Wight), dévasté par le coup de vent du 28 septembre 1876. (D'après nature.) (Page 58.)

mais ce laps de temps si court fut suffisant pour produire une destruction presque incroyable.

Des toitures furent enlevées, des maisons renversées, de grands arbres déracinés ou brisés ; des bateaux retirés de l'eau et jetés sur le rivage, d'autres furent lancés à la mer, chavirés et réduits en pièces ; l'air était obscurci par les ardoises, les branches d'arbres qui volaient emportées par le vent. Dans la métairie de

M. Davis, à Broadfields, les dégâts furent énormes, les granges

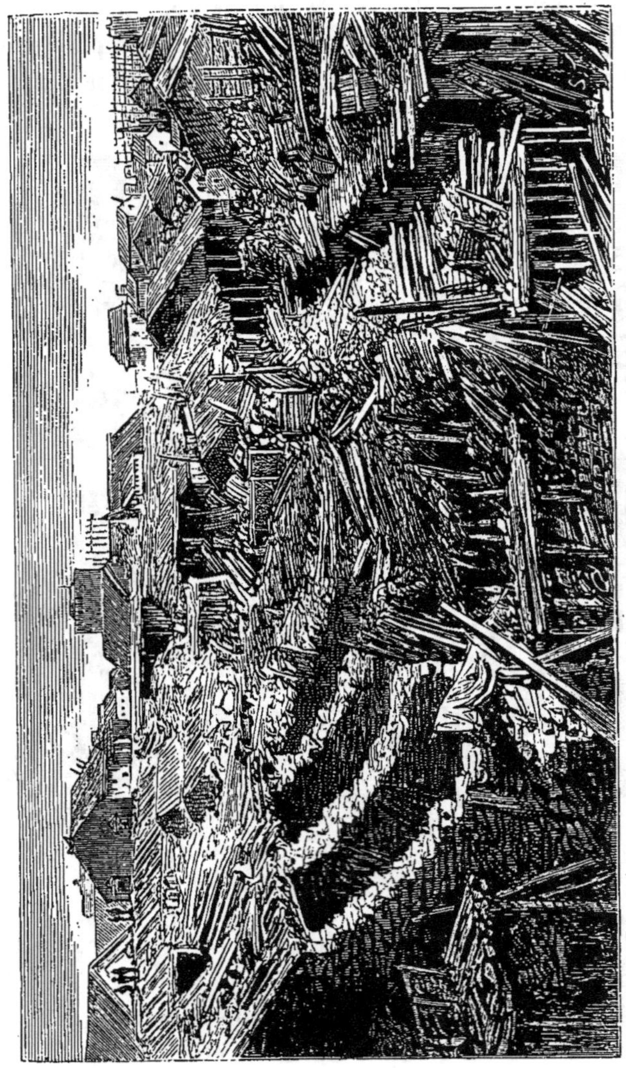

Fig. 16. — Effet du typhon du 11 avril 1878 à Canton (Chine). — D'après une photographie. (Page 58.)

croulèrent, les meules d'orge, de froment et de foin, furent dis-
persées en tous sens. La station du chemin de fer fut démolie, et

des wagons plus ou moins endommagés. Quelques-uns même ont été enlevés des rails. Les hôtels *du Globe* et *de la Marine* furent presque détruits ; enfin la ville entière de Cowes eut beaucoup à souffrir. Il n'y eut heureusement personne de tué ; mais le nombre des blessés est considérable : à la métairie de M. Davis, quatre hommes furent ensevelis sous la grange ; mais on les retira sains et saufs. Le dessinateur, auquel nous devons le curieux croquis ci-joint, rapporte que la ville avait l'air de sortir d'un bombardement ; des navires qui croisaient dans le Solent furent tellement assaillis par l'ouragan, que le yacht *Lalona*, ancré à un demi-mille du rivage, eut une tuile enfoncée dans ses flancs et qu'il fut difficile de l'en arracher.

Le 11 avril 1878, un typhon a dévasté la ville de Canton en Chine. Notre gravure (fig. 16), faite d'après une photographie, donne une idée des désastres causés par ce météore. — En quelques minutes le vent a mis en ruines plus de 2000 maisons, jeté à la côte plus de mille bateaux, et causé la mort de 10,000 habitants. Le typhon se mit à souffler presque subitement avec une violence indicible. La plupart des maisons eurent leurs toitures enlevées ; les arbres se trouvèrent tordus au-dessus de leurs racines. La destruction fut surtout considérable suivant une ligne assez étroite, où se manifesta le passage de l'ouragan. La ruine s'accrut de dégâts produits par l'incendie qui brûla plus de 300 maisons. La terreur des habitants fut à son comble. On passa plusieurs jours à retirer les cadavres sous les décombres [1].

Dans la soirée du 30 mai 1879, une tempête furieuse se déchaîna sur les territoires du Kansas, du Nébraska, du Missouri, et donna naissance à deux ou trois trombes locales, d'une sphère d'action limitée, mais d'une violence effroyable. Les trombes dont nous parlerons en détail un peu plus loin accompagnent souvent les ouragans et les tempêtes. La plus formidable de ces trombes paraît s'être formée sur les rives de la Salina dans le

----

[1] D'après *The Overland China Mail* et *The Graphic.*

Kansas ; elle traversa la contrée jusqu'à la rivière Salomon, et pénétra par le nord-est dans le Nébraska. Une grande partie de ce pays, ravagée par ce météore, n'avait été colonisée que depuis peu de temps.

Cinquante personnes environ ont été tuées ou blessées, un grand nombre de maisons ont été détruites. La route suivie par la trombe a décrit des sinuosités extraordinaires.

Les témoins de ce phénomène effroyable virent se mouvoir à la surface du sol une nuée immense en forme d'entonnoir ; animée d'un terrible mouvement rotatoire et d'un irrésistible pouvoir d'attraction, elle balaya la contrée en tordant tous les obstacles sur son passage, et en laissant derrière elle une ligne sinueuse de débris et d'arbres déracinés. Tout ce qui se trouvait sur son chemin était emporté, mis en pièces et éparpillé à la surface du sol. Tout fut enlevé, tordu et détruit pêle-mêle. Chevaux, bœufs et porcs furent saisis par le tourbillon, enlevés de terre et souvent écrasés par le choc de manière à ne plus former que des masses inertes. Sur quelques points, la trace du météore était rectiligne et d'une faible largeur ; sur d'autres, elle formait des zigzags, par suite desquels la destruction s'opéra sur un demi-mille de largeur. Certains espaces ont été complètement épargnés et formaient comme des oasis au milieu d'une aire de destruction complète.

Notre frontispice montre l'aspect général de ce grand météore. M. Davidson, l'artiste qui l'a dessiné, a déjà eu l'occasion de pouvoir observer de près plusieurs phénomènes analogues. L'imagination la plus vive ne saurait donner une idée exacte de l'imposante majesté et de l'effroyable puissance d'une trombe de ce genre. La marche, en avant, du tourbillon peut n'être pas plus rapide que celle d'une forte brise ; mais la vitesse réelle du vent, qui accompagne la trombe, semble être excessive. Il est impossible de préciser exactement la valeur du mouvement de translation du courant atmosphérique. Les maisons disparaissent emportées comme des brins de paille ; de lourds wagons, de pesantes locomotives sont quelquefois soulevés de terre ; les arbres les plus solides sont rompus et enlevés comme de simples roseaux. L'action de l'électricité, la foudre qui accompagne ces tourbillons meurtriers, se joint à l'ouragan, mais la pluie qui peut tomber en même temps est généralement peu abondante.

Un autre typhon d'une intensité peu commune a traversé

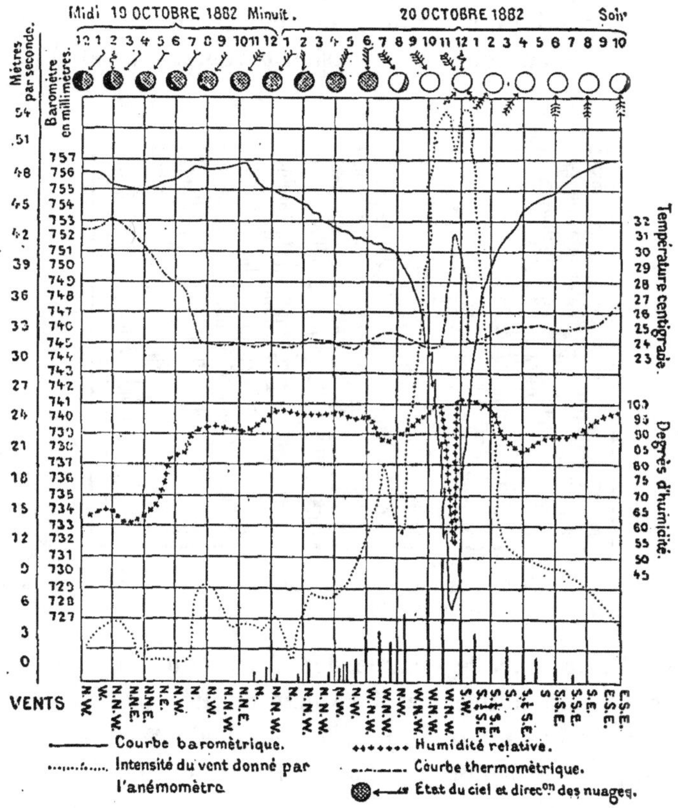

Fig. 17. — Diagramme des observations faites à l'Observatoire de Manille pendant le typhon du 20 octobre 1882. (Page 61.)

l'archipel des îles Philippines le 20 octobre 1882 en exerçant sur son passage de nombreux ravages. Ce typhon a pu être observé très complètement à l'Observatoire de Manille par le P. Faura, à l'aide d'instruments semblables à ceux dont le P. Secchi se servait

à l'Observatoire Romain. Le diagramme que nous publions
(fig. 17) a été obtenu d'après les courbes tracées par les instruments enregistreurs de Manille. Il comprend en outre le résultat
des observations qui ont été faites au bureau de la marine et du
télégraphe de Manille ainsi qu'à l'agence des messageries de cette
ville. On conçoit tout l'intérêt de ce document qui nous donne
l'indication précise d'une vitesse de vent atteignant 54 mètres à
la seconde, pendant que la dépression barométrique était de 728
millimètres !

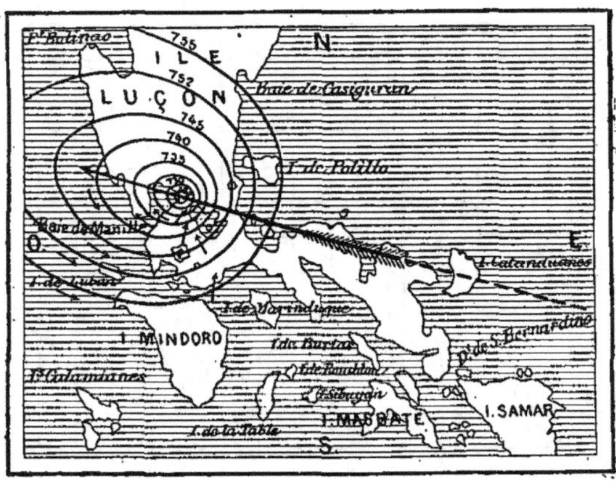

Fig. 18. — Carte de la trajectoire du typhon des îles Philippines et des lignes isobares autour du
centre de dépression. (Page 62.)

Voici d'autre part le résumé des observations que nous empruntons à une notice très complète publiée par M. Samuel
Kneeland dans un nouveau journal américain *Science*.

A midi, le 19 octobre, le baromètre descendait à $0^m,756$ à
Manille ; les variations ne furent pas considérables jusqu'à minuit, mais elles ne tardèrent pas alors à s'accentuer et la colonne
mercurielle s'abaissa dès lors très rapidement. On a remarqué
depuis longtemps que lorsque le baromètre descend en ce point
de l'archipel des îles Philippines, cela indique presque infaillible-
ment la formation d'une tempête à une grande distance. Les
cirro-stratus, les halos solaires, les couleurs caractéristiques du

ciel au coucher du soleil, qui sont généralement les précurseurs
des typhons, n'ont pas été remarqués, à la date du 19. Dès le 19
octobre il fut possible cependant, d'après d'autres indices, de
rédiger à l'Observatoire de Manille l'avis suivant : *Présages d'un
cyclone vers le Sud-Est.* Le cyclone sévissait en effet à ce moment à une distance de 614 kilomètres, exerçant ses ravages sur
une zone de plus de 120 kilomètres de large. Quand on vit le baromètre continuer à descendre dans la matinée du 20, des avertissements furent envoyés à toutes les stations pour annoncer que
le danger était imminent.

L'intensité du vent, déjà très violent dans la matinée, alla en
augmentant jusqu'à midi, où, au plus fort du cyclone, il atteignit
la vitesse de 54 mètres à la seconde. La pluie dès le commencement du jour tomba en véritables torrents, au milieu des rafales
et de quelques éclairs.

Ce typhon est assurément le plus violent qui ait été observé
aux Philippines depuis plus de cinquante ans. Les toits des
maisons ont été enlevés, de nombreux navires ont été jetés à la
côte, des villages entiers ont été dévastés, des arbres tordus et
brisés, des objets divers, vaisselle, objets de ménage, ont été emportés au loin et parfois projetés à de grandes hauteurs dans
l'atmosphère. Un énorme palmier arraché par les rafales a été
transporté par le vent jusqu'à l'Observatoire de Manille, qui se
trouve à plus de 40 mètres au-dessus du niveau de la mer. Des
milliers de propriétés ont été dévastées dans la ville de Manille
et aux environs; un nombre incalculable d'habitants se sont
trouvés tout à coup sans asile et sans abri. La pluie submergea
tout ce que le vent avait respecté : ce qui put échapper au typhon
du 20 octobre fut détruit par un autre cyclone d'une violence
égale, qui sévit encore le 5 novembre dans les mêmes localités.

La carte que nous publions (fig. 18) donne la marche suivie par
le typhon du 20 octobre 1882, et indique la distribution des
lignes isobares autour du centre de dépression.

Les pays lointains n'ont pas seuls le privilège des vents violents ; on les observe malheureusement aussi, quoique avec une intensité moindre, dans nos climats.

Le 26 mars 1882, une dépression dont le centre à passé près Paris a été accompagnée d'une véritable tempête. Le 25 la situation était assez calme en France et les isobares peu rapprochées, le centre des basses pressions se trouvait au large de Bodoë, les hautes pressions s'étendaient sur l'Espagne ; les vents sur toute l'Europe occidentale soufflaient de l'Ouest ou du Nord-Ouest. Sur l'Italie se vòyait un centre de dépression peu intense. A Paris, le baromètre commença à baisser rapidement à partir de quatre heures et atteignit son point le plus bas (739^{mm},7) vers sept heures du matin le 26.

La carte du *Bulletin international* montre qu'un centre de dépression, où le baromètre descendait à 736 millimètres, se trouvait près de Flessingue, étendant son action sur nos régions, où la pluie était générale. Une violente tempête régnait autour de ce minimum barométrique, excepté vers le Nord et le Nord-Est. La dépression de la Méditerranée avait été refoulée vers la Hongrie, mais un petit minimum persistait sur le golfe de Gênes. Le 27, le tourbillon des Pays-Bas avait gagné l'Allemàgne en se comblant.

La dépression du dimanche 26 mars 1882 a été accompagnée de vents du Sud-Ouest très violents, et de grains du Nord-Ouest avec rafales très intenses dues à la hausse rapide du baromètre après le passage du centre du tourbillon. Au parc de Saint-Maur, cette hausse a été de 10 millimètres de six heures à dix heures du matin.

La grande force du vent a causé d'assez nombreux accidents et plusieurs sinistres maritimes.

Au Havre, un canot de sauvetage qui avait déjà réussi à sauver un équipage a chaviré en portant secours à un autre navire. Les dix-neuf personnes qui le montaient ont péri. Un brick a été jeté à la côte près de Cherbourg.

A Paris, une quinzaine de personnes ont été contusionnées par pes débris de cheminées, des branches d'arbre, etc. ; dans le

jardin des Tuileries une malheureuse femme a eu le crâne fra-
cassé par la chute d'un arbre, et n'a pas tardé à succomber. Elle
passait à trois heures environ au moment de la rafale à côté de la
porte qui fait face au pont de Solferino. Elle était accompagnée
de l'un des concierges du Louvre et des deux filles de celui-ci ;
l'arbre en tombant renversa en même temps le concierge, qui en
fut quitte pour des contusions sans gravité.

Fig. 19. — Bec de gaz arraché de son scellement, boulevard Saint-Germain. (Page 66.)

Voici un exemple plus récent encore d'une autre tempête
parisienne.

Le 1ᵉʳ février 1883 au matin, le Bureau central météorologique
de France enregistrait une forte baisse barométrique signalée à
Valentia ; cette baisse barométrique s'est accentuée dans l'après-
midi, et vers deux heures une bourrasque se produisait au sud
de l'Irlande. Le lendemain 2 février cette bourrasque avait son
centre près de Scilly où le baromètre descendait à $0^m,729$; elle
n'a pas tardé à amener une tempête du Sud-Ouest sur toutes les
côtes de l'Atlantique et de la Manche.

L'ouragan a sévi avec une violence rare en Espagne, à Santander, à Bilbao, à Saint-Sébastien ; un grand nombre de maisons ont été endommagées, et il y a eu plusieurs victimes sur terre et sur mer.

La tempête qui s'est fait sentir en France, dans les départements, et surtout sur les côtes de la Manche et de l'Océan, a été aussi d'une intensité peu commune à Paris, où le vent impétueux

Fig. 20. — Voiture renversée par la tempête, rue Saint-Dominique. (Page 66.)

a causé de nombreux accidents dont nous avons cru devoir enregistrer les plus importants.

Le vent S. S. W. a atteint à Paris une grande violence dans la nuit du 1ᵉʳ au 2 février ; mais dans la matinée du 2, vers dix heures, son intensité est devenue considérable ; il soufflait en pleine tempête de dix heures du matin à trois heures de l'après-midi.

L'eau de la Seine habituellement si paisible était soulevée en véritables vagues ; de tous côtés, les ardoises, les tuiles, se détachaient des toitures et venaient se briser sur le pavé ; dans les jardins publics, dans les squares, sur les boulevards, le sol était jonché de branches arrachées aux arbres ; sur plusieurs points, les chevaux, piqués, harcelés, par les débris de toute sorte qui les atteignaient, refusaient d'avancer, puis prenaient tout à coup les allures les plus dangereuses.

Sur le quai de l'Hôtel-de-Ville, au coin de la place, à la suite d'un coup de vent terrible, une large portion de la palissade entourant les travaux du côté du quai s'est abattue avec fracas, recouvrant un passant de ses débris. Ce malheureux fut écrasé par les poutres, et quand on le releva, il était mort.

Au même moment, un pauvre commissionnaire, chargé de cartons, était renversé à la Pointe-Saint-Eustache et si gravement contusionné qu'on dut le faire conduire dans une pharmacie.

Place du Châtelet, la violence du vent était telle, que les jets d'eau de la fontaine se trouvaient projetés de toutes parts, se répandant en pluie fine sur les trottoirs et fouettant le visage des passants.

Vers onze heures du matin, dans un chantier de bois et charbons de La Chapelle, la toiture d'un hangar a été arrachée ; un débris mesurant plus de vingt mètres carrés a été projeté à une grande distance et est tombé sur une voiture chargée de charbon. Le charretier et le cheval ont été blessés.

Boulevard Saint-Germain, à l'angle de la rue Saint-Jacques, un bec de gaz a été renversé (fig. 19). Neuf cheminées sont tombées sur la voie publique.

Rue Saint-Dominique, une voiture de maître attelée d'un cheval a été renversée par le vent. Le cocher a été grièvement contusionné à la jambe gauche (fig. 20).

Dans la même rue, quatre cheminées sont tombées sans occasionner aucun accident.

Rue des Moines, 24, une feuille de zinc s'est détachée de la toiture, quoiqu'elle fût très solidement scellée; les enlèvements de chapeaux se sont comptés par milliers, et les journaux ont raconté l'histoire d'un malheureux qui descendit en courant les

Champs-Élysées presque entièrement pour retrouver son couvre-chef.

Aussitôt après les accidents causés par la tempête, un de nos dessinateurs, M. C. Gilbert, a été sur place faire, d'après les renseignements qu'il s'est procurés, les croquis que nous plaçons sous les yeux de nos lecteurs, et qui nous ont paru de nature à être enregistrés comme des faits exceptionnels à Paris (fig. 19 et 20).

On concevra quelle devait être la force du vent pour faire tomber un homme chargé, renverser une voiture et arracher un bec de gaz de son scellement. Le baromètre était très bas pendant toute la durée de cette tempête, et vers dix heures du matin, il était descendu à $0^m,743$.

On sait du reste que les courants aériens peuvent atteindre parfois des vitesses extraordinaires, qui leur font exercer sur les objets qu'ils rencontrent des pressions énormes ; mais malheureusement les chiffres de mesures précises manquent absolument. Fresnel, dans son *Mémoire sur la construction des phares*, estimait la plus forte pression du vent à 275 kilogrammes par mètre carré ; mais il semblerait que ce chiffre peut encore être dépassé. Le 27 février 1860, une tempête de l'Ouest déchaînée dans la plaine de Narbonne à travers le défilé où passent le canal et le chemin de fer du Midi, eut assez de violence pour renverser en partie deux trains de chemin de fer qu'elle avait pris en travers entre les stations de Salces et de Rivesaltes. On a estimé que la pression exercée avait dû être de 400 kilogrammes par mètre carré.

Rappelons enfin que, dans les cyclones, la pression du vent est telle qu'elle produit des effets auxquels on serait tenté de ne pas croire, s'ils n'avaient été souvent constatés d'une façon certaine dans un grand nombre de localités.

A la Guadeloupe, le 25 juillet 1825, lors d'un ouragan resté mémorable, des maisons solidement bâties ont été entièrement renversées par le vent. Le vent avait imprimé aux tuiles qu'il enlevait une vitesse si considérable que plusieurs de ces tuiles

s'incrustaient dans des portes contre lesquelles elles étaient projetées.

En 1823, un cyclone qui passa près de Calcutta renversa 1239
huttes de pêcheurs et, en quatre heures, causa la mort de 215
personnes.

Tous ces phénomènes s'expliquent par la vitesse que prend
l'air, et malgré sa nature gazeuse ; on ne doit pas oublier que
c'est du gaz en mouvement qui chasse le boulet du canon, d'où
il s'échappe avec tant de force.

Après avoir donné quelques exemples d'ouragans et de cyclones, nous devons parler plus spécialement des trombes.

Les navigateurs ont souvent observé des trombes d'eau sur
l'Océan, mais ces curieux phénomènes météorologiques se manifestent aussi à la surface des fleuves. Un consciencieux observateur, M. R. Peyton, a été témoin, le 16 juin 1874, d'un spectacle étrange, qui s'est offert à ses yeux, aux environs de Cologne. Au lever du soleil, le vent soufflait avec une violence
extrême, le ciel était couvert de nuées épaisses, et la pluie
tombait en abondance.

M. Peyton, en suivant les bords du Rhin, ne tarda pas à être
frappé d'étonnement en remarquant une grande colonne de vapeurs atmosphériques qui descendait des hauteurs de l'atmosphère et tombait jusqu'à la surface du fleuve. Elle formait un
cylindre vaporeux, du plus bel effet, noir et obscur dans ses
parties élevées, clair, brillant et presque éclatant à sa base qui
se perdait dans les eaux. Tout à coup le vent redouble de violence, l'air se précipite avec force à travers le Rhin, et s'élance
de la rive gauche à la rive droite ; la colonne de nuages se met
à tourner sur elle-même avec une vitesse extraordinaire, et bientôt l'eau est aspirée en une spirale légère, qui s'élève avec grâce
jusqu'au milieu des vapeurs aériennes. La trombe ainsi formée
ne tarde pas à s'incliner sur son axe, et se dirige vers la rive
gauche, où l'observateur peut la contempler de très près. Il remarque que l'eau du fleuve, à la base de la colonne liquide, est
dans un état d'agitation extraordinaire, comme si elle était sou-

mise à l'ébullition. Mais voilà que la colonne est rompue subitement ; un intervalle vide la sépare en deux tronçons ; le cône d'eau s'abaisse à vue d'œil, tandis que le cône supérieur de vapeurs s'élève dans les nuages. Il ne reste bientôt plus de vestige de ce remarquable phénomène.

Fig. 21. — Trombe d'eau observée sur le Rhin, le 16 juin 1874. (Page 69.)

Notre gravure (fig. 21) montre l'aspect de la trombe au moment où elle s'offrait dans son développement complet ; c'est à dessein que la colonne d'eau inférieure est représentée tout à fait blanche, car elle présentait presque l'aspect d'une veine de mercure, tant elle était éclatante. Elle était parfaitement cylindrique, comme le jet qui s'échappe du tonneau de nos porteurs d'eau. Cette belle trombe, mince, élancée, se reflétait dans l'eau du fleuve comme dans un miroir, et offrait à l'œil un tableau saisissant.

L'aspect métallique des trombes d'eau a souvent frappé les observateurs, et notamment le célèbre auteur des *Lusiades*, qui nous décrit le phénomène en véritable savant et en grand poète :

« J'ai vu, dit l'écrivain portugais,... non, mes yeux ne m'ont point trompé ; j'ai vu se former sur nos têtes un nuage épais, qui, par un large tube, aspirait les eaux profondes de l'Océan. Le tube à sa naissance n'était qu'une légère vapeur rassemblée par les vents ; elle voltigeait à la surface de l'eau. Bientôt elle s'agite en tourbillon, et sans quitter les flots, s'élève en un long tuyau jusqu'aux cieux, *semblable à un métal docile, qui s'arrondit et s'allonge sous la main de l'ouvrier.* »

M. Duncan Matheson, officier des dragons Inniskilling, lorsqu'il était en résidence à Norwich, en Angleterre, a observé les différentes phases de formation et de dissolution d'une trombe dans le courant du mois de juillet 1880, époque essentiellement orageuse.

« Je me trouvais avec mes soldats, dit M. Duncan Matheson, auprès des fusils réunis en faisceaux, lorsqu'un orage très intense éclata tout à coup. Presque aussitôt je vis se former une trombe qui s'avançait sur nous, ayant l'aspect de la figure 22. Pendant une demi-heure environ, il me fut donné d'observer ce curieux phénomène, qui paraissait se produire à 800 mètres de distance. Après ce temps écoulé, la trombe s'éleva subitement en se contractant, comme le montre la figure 23, puis elle se brisa en deux tronçons et disparut peu à peu, paraissant se dissoudre dans le nuage. Cette trombe était d'un gris métallique assez brillant ; elle se détachait d'un nuage orageux, très foncé, et d'où jaillissaient des éclairs.

« Pendant toute la durée du phénomène, l'atmosphère paraissait très chargée d'électricité, et, suivant l'expression vulgairement usitée, le temps était très lourd. »

Nous n'insisterons pas longuement sur les trombes de mer qui ont été souvent décrites; nous en signalerons une autre encore, d'après les observations qui nous été communiquées par notre ami M. Zurcher, le savant observateur de Toulon.

Après une période de vingt jours de temps variables et pluvieux, avec une prédominance des vents d'Est et de Nord-Est, extraordinaire en février dans notre région, nous avons eu à Toulon la renverse, c'est-à-dire la brusque invasion du Nord-Ouest ou mistral. Le 27 février 1881, de grands cumulus apparaissaient derrière la chaîne montagneuse de la Sainte-Baume, qui s'étend entre Marseille et Toulon, et annonçaient l'affaiblissement des vents d'Est qui soufflaient encore frais sur le littoral. Le 28, vers quatre heures de l'après-midi, la lutte des deux vents contraires présentait sur notre côte un spectacle remarquable. A l'Est, s'amassaient vers la colline Noire des couches d'épais nuages déchiquetés à leur bord inférieur; ils étaient poussés par le vent Sud-Ouest, qui régnait déjà dans les hautes régions de l'atmosphère, pendant que dans les basses régions des couches plus légères suivaient encore l'impulsion du vent d'Est. Sous l'influence de ces courants contraires, deux trombes se formèrent successivement non loin de la côte, dans la couche nuageuse supérieure, tendant à descendre vers la zone où cessait le vent d'Est. La première formait une mince colonne qui s'amincissait en se courbant jusqu'à une petite distance de la mer, où nous distinguions très bien le bouillonnement tourbillonnaire de vapeurs blanchâtres qu'on a nommées *le buisson*. La seconde, plus courte mais d'un plus grand diamètre, descendait en tourbillon d'écume s'élevant plus haut que celui de la première trombe. Toutes deux, se dirigeant vers le Nord-Est, disparurent en ligne droite d'un cône à large base, et plongèrent aussi dans un épais nuage atteignant la côte dans la coupée d'une vallée s'ouvrant sur la plaine de La Garde. En d'autres circonstances analogues, des trombes ont souvent passé par la même coupée; mais, d'après les indications que nous avons pu réunir, celles que nous avons observées se sont dissipées en atteignant la côte, sans y causer de dégâts.

Pendant la nuit, des nuages orageux venant de l'Ouest ont passé rapidement, accompagnés de quelques violents coups de tonnerre, indiquant probablement l'action de l'électricité atmosphérique sur le phénomène dont nous venions d'être témoins. A la suite de ce court orage, le mistral s'est établi, et s'est mis à souffler fortement avec un ciel clair et un refroidissement marqué de la température.

Les observations spéciales que nous venons d'énumérer nous ont éloigné de l'étude des mouvements généraux de l'atmosphère, auxquels nous allons revenir à présent, en parlant des résultats obtenus par les observations du vent faites à la suite de longues années et à la surface du globe tout entière, pendant les traversées maritimes.

On sait que Maury, le premier, entreprit de recueillir et de dépouiller les observations des vents et des courants contenues

Fig. 22. — Trombe observée à Norwich, en Angleterre (d'après un croquis fait sur nature par M. Duncan Matheson). (Page 70.)

dans les journaux du bord. A la suite de ce dépouillement, il publia des cartes des vents et indiqua aux marins des États-Unis de nouvelles routes pour traverser la ligne, pour se rendre en Europe, aller en Californie, etc.

Les travaux de Maury furent vite appréciés en Europe. En 1853, il vint lui-même à Bruxelles, exposer dans une conférence internationale un plan de recherches et d'observations qui fut unanimement adopté.

Voici quelques chiffres qui donneront un aperçu des résultats obtenus par ce novateur. Il avait réduit de 41 à 24 jours la traversée des États-Unis à l'Équateur, de 135 à 110 celle des États-Unis en Californie, et de 240 à 130 celle d'Angleterre à Sydney.

Un pareil succès éveilla l'émulation des nations maritimes. Le *Board of trade*, en Angleterre, se mit immédiatement à l'œuvre et fit graver des cartes où la loi de la direction des vents, telle qu'elle résultait des tableaux chiffrés de Maury, était mise en évidence sous forme graphique.

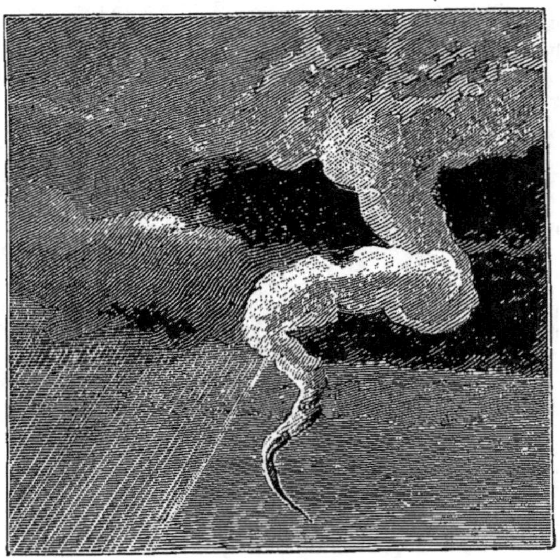

Fig. 23. — Deuxième aspect. (Page 70.)

L'Institut d'Utrecht, sous la direction de M. Buys-Ballot, étudia particulièrement la question des itinéraires maritimes ; on a vu aux Expositions de géographie des cartes publiées par les Pays-Bas, indiquant les routes pour chaque mois de l'année vers les mers des Indes et de la Chine.

L'apport de la France manquait parmi ces publications ; elle n'était cependant pas restée oisive. Dès le mois de février 1869, M. L. Brault, lieutenant de vaisseau, commençait un travail considérable, consistant dans le dépouillement de 20 000 journaux de bord, choisis parmi les meilleurs de ceux qui existent daus nos ports militaires.

Maury s'était borné à étudier la loi de la *direction* ; M. Brault a vérifié et complété l'œuvre de son maître en reprenant la loi de la *direction* sur toute la surface du globe et en étudiant pour la première fois la loi de l'*intensite*.

Nous donnons à nos lecteurs comme spécimen des patients et remarquables travaux que M. Brault poursuit avec une rare persévérance la carte de l'Atlantique Nord pour le trimestre « juillet-août-septembre » (la planche II ci-contre est très réduite ; les cartes de M. Brault ont 0^m,90 de large) ; les indications portées sur la gravure représentent les moyennes obtenues pour chaque carré de 5° en longitude et en latitude. Dans cette partie de la mer, Maury n'avait réuni que 196,791 observations de *direction* ; M. Brault a recueilli 239 896 observations de *direction* et d'*intensité*.

Après ce que nous avons déjà dit, le but pratique de pareils documents est évident : ils apportent de nouveaux éléments à la solution du problème des itinéraires maritimes en permettant aux marins d'éviter les calmes ou de trouver les vents favorables.

Nous insisterons davantage sur le but théorique ; nous retiendrons trois remarques :

1° Si l'on regarde la gravure s'appliquant aux mois de juillet, août, septembre, on y trouve un carré très caractéristique, celui situé entre 35-40° latitude nord et 32-37° longitude ouest qui, au voisinage des Açores, contient l'île Florès. Dans ce carré il souffle autant de vent de la partie O. que de la partie E., autant de la partie N. que de la partie S., et c'est le seul de la carte jouissant de cette propriété. De plus, à droite de ce carré, les vents dominants sont N., N.-N.-E., N.-E. ; au-dessous ils sont E. ; à gauche ils sont S., et S.-S.-O. ; au-dessus S.-O., O.-S.-O et O. Ce carré est donc le centre d'un grand mouvement de rotation atmosphérique. On savait bien déjà qu'il existait comme un centre de rotation vers les Açores, mais la position n'avait

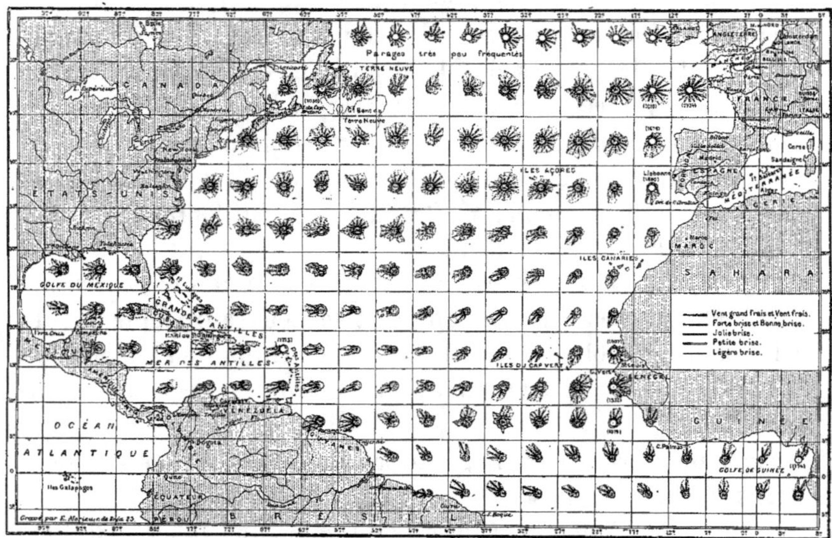

RÉDUCTION D'UNE CARTE DES VENTS DE M. L. BRAULT. (ATLANTIQUE-NORD : JUILLET-AOUT-SEPTEMBRE.) (Page 74.)

pas encore été nettement définie. Les cartes de M. Brault prouvent clairement qu'en juillet-août-septembre ce centre est situé entre 35-40° latitude nord et 32-37° longitude ouest.

2° Si maintenant sur cette même carte d'été de l'Atlantique Nord on considére les alizés dits N.-E., on est frappé de la régularité avec laquelle ils s'infléchissent depuis le cap Finistère jusqu'aux Antilles. Au cap Finistère ils sont N. et N.-N.-E., puis ils se courbent, deviennent N.-E., E.-N.-E. et vont s'engouffrer E. dans le golfe du Mexique. En outre, ces alizés de N.-E. deviennent N., N.-N.-O. et même N.-O., O.-N.-O. et O. sur la côte d'Afrique.

Il en est de même des alizés de S.-E. qui, à cette époque, ont passé la ligne ; ils sont successivement E.-S.-E. et E. en se rapprochant des Antilles, tandis qu'ils s'infléchissent en sens contraire et deviennent S.-S.-E., S., S.-S.-O. et même O.-S. en se rapprochant de la côte d'Afrique. Tout se passe donc comme s'il y avait deux immenses cheminées d'aspirations au Sahara et au golfe du Mexique qui sont, comme on le sait, deux maxima thermiques. Et même la continuité des vents sur la carte est telle qu'on est tenté d'ajouter que tout se passe comme si ces deux grands centres d'aspiration commandaient la circulation des couches inférieures de l'atmosphère dans le grand bassin de l'Atlantique Nord.

3° On puise encore dans la carte de M. Brault des éclaircissements très importants sur une question très débattue, celle des calmes de l'équateur. Ces calmes en été sont en quelque sorte emprisonnés entre 5-10° latitude nord et 32-42° longitude ouest. En hiver ils sont tout près de la côte d'Afrique. Tout, à l'inspection des cartes, fait présumer qu'il existe à chaque instant sur l'équateur une portion d'air en repos qui constitue un centre de calme. Comme l'équilibre est instable, ce centre se déplace, si bien que lorsqu'on fait le dépouillement des journaux par mois, on trouve une bande de calmes. C'est ce qui a trompé Maury ; il a trouvé une bande de calmes à l'équateur, et il en a conclu à l'existence d'une zone pareille sur la surface du globe. Il n'en est pas ainsi ; on peut trouver une bande de calmes par la méthode des moyennes, sans qu'il existe réellement autre chose qu'un centre de calmes qui se promène sur l'équateur et qui dans les moyennes apparaît sous forme de zone, de zone limitée bien entendu. Il n'y a de bande de calmes entourant la terre absolument nulle part.

Nous laisserons à présent M. Brault exposer lui-même le résumé de ses recherches en reproduisant ses travaux d'un autre ordre sur les *isanémones d'été* dans l'Atlantique Nord.

J'appelle *isanémones* les courbes d'égale vitesse du vent.

En général, la force du vent ou sa vitesse (car il est facile de passer de l'une à l'autre) est indiquée dans les journaux de bord de la marine française par les expressions : *vent grand frais, vent frais, forte brise, petite brise, légère brise, presque calme, calme*, expression que le marin inscrit sous la forme abréviative : V. g. F., V. F., F. B., J. B., P. B., L. B., P. C. et C. Cependant il s'est introduit depuis quelques années dans la marine une nouvelle méthode qui consiste à coter la force de la brise d'après une échelle numérique dite de Beaufort; on écrit par exemple : brise 3, brise 4, brise 5, etc... Est-ce à dire que ces chiffres ont donné plus de précision au langage ou à l'observation maritime? Evidemment non. Qu'on se serve de chiffres, de mots, de lettres ou de signes conventionnels, le résultat restera le même, tant qu'il n'existera pas à bord d'instrument capable de mesurer la force du vent, et certes un pareil instrument ne paraît pas facile à construire, étant données les conditions du problème : le roulis, le tangage, les manœuvres, etc.

Il n'en faudrait pourtant pas conclure que les observations maritimes sont à dédaigner, comme trop défectueuses, dans l'étude de la circulation générale de l'atmosphère! Personne n'apprécie mieux le vent que le marin, et sa figure en plein air, quand le vent ne dépasse pas *forte brise*, est une sorte d'anémomètre dont les indications traduites par les mots *légère brise, petite brise*, etc., pourraient bien avoir encore aujourd'hui, au point de vue de la circulation atmosphérique, autant de valeur que celle des instruments d'un bon nombre d'observatoires terrestres, où le vent n'arrive jamais que modifié par la topographie et la végétation des terrains environnants, par les villes, les collines et les montagnes voisines.

Certaines expériences ont été faites pour déterminer la vitesse du

Fig. 24. — Trombes formées en mer en vue de Toulon, le 28 février 1881 (d'après un croquis de M. F. Zurcher). (Page 71.)

vent correspondant aux appellations employées à bord pour désigner
la force du vent. Le résultat de ces expériences a été consigné dans
un tableau publié dans l'*Annuaire des marées* :

Échelle de Beaufort.	Appellations ordinaires.	Vitesse correspondante par seconde et en mètres.
0	Calme............................	0
1	Presque calme.................	1
2	Légère brise....................	2
3	Petite brise........	4
4	Jolie brise.....................	7
5	Bonne brise..................	11
6	Vent frais.....................	16
...	Vent grand frais..............	...

Ce tableau résulte d'expériences faites par des ingénieurs et des
marins, et comme la grande majorité des journaux que nous avons
dépouillés sont des journaux de bâtiments à voiles, que pour les bâtiments mixtes nous ne prenions que les observations faites pendant
que le bâtiment portait des voiles carrées, et qu'enfin nous avons
rejeté toute observation faite à la vapeur seule, ce tableau suffira
pour prouver que parmi les 240000 observations d'intensité que nous
avons recueillies sur l'Atlantique nord, toutes celles comprises entre
calme et *petite brise* inclusivement peuvent être considérées comme
étant données à 1 mètre près.

Lorsqu'à bord le vent souffle franchement *petite brise* ou franchement *jolie brise*, le marin ne s'y trompe pas; il n'inscrit pas P. B.
pour J. B., ni J. B. pour P. B.; il hésitera seulement dans le cas où
la brise soufflera par exemple 5^m,5 par seconde. Mais le tableau précédent montre que, même dans ce cas, si le marin inscrit J. B.. ou
P. B., l'erreur ne dépassera pas 1^m,5 par seconde. Et ce même tableau fait voir encore de la même façon que de jolie brise à bonne
brise, de bonne brise à vent frais, de vent frais à vent grand frais,
l'erreur maximum probable est d'environ 2^m,5.

Telles sont les différentes approximations des observations que l'on
trouve dans les journaux de bord. Ces approximations — jointes à
ce fait qu'il s'établit nécessairement des compensations entre les
erreurs d'observation, lorsqu'on ajoute ensemble des milliers d'observations faites dans les mêmes conditions et pour lesquelles l'erreur
est tantôt dans un sens, tantôt dans un autre — nous ont conduit à
admettre que les nombres que nous avons obtenus comme représentant la vitesse moyenne des vents pour une saison déterminée par

exemple, étaient approchés environ à 1 mètre près quand ils ne dépassent pas 5 mètres, à 1ᵐ,5 quand ils sont compris entre 5 mètres

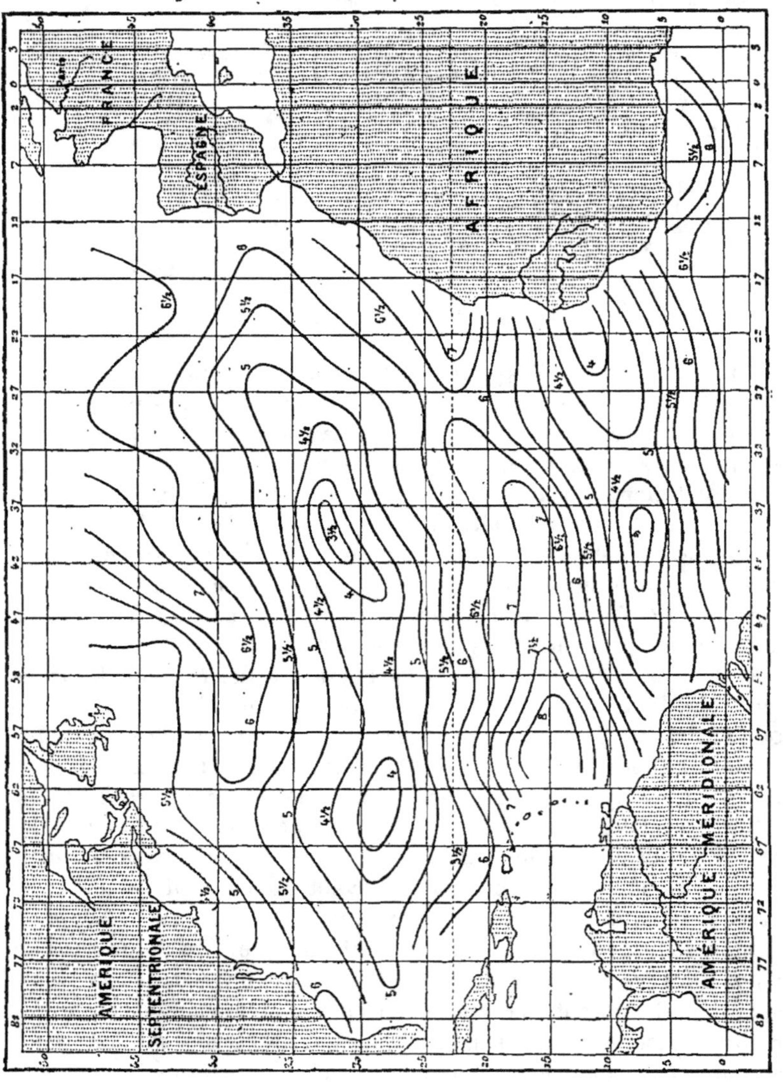

Fig. 25. — Carte des isanémones d'été. (Les chiffres représentent la vitesse du vent en mètres par seconde.) (Page 83.)

et 7 mètres, et enfin à deux mètres quand ils dépassent ce dernier
chiffre.

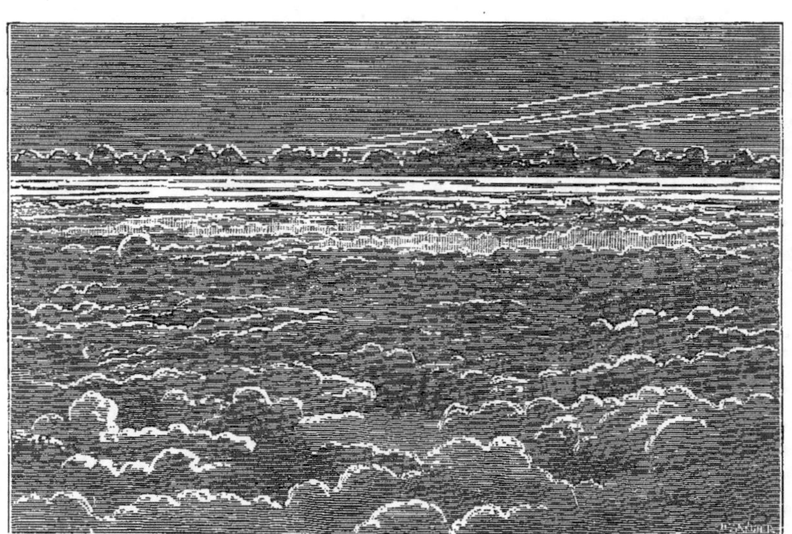

Fig. 26. — Surface supérieure d'un banc de vapeurs, observée en ballon le 24 septembre 1874. (D'après nature, par M. Albert Tissandier.) (Page 86.)

Cela posé, nous avons construit sur une projection de Mercator les courbes d'égale vitesse moyenne du vent dans l'Atlantique nord pour la saison d'été, et nous avons obtenu de là sorte la carte ci-dessus (fig. 25), très remarquable en ce sens qu'elle reproduit presque exactement la carte des isobares moyennes.

Ainsi : pendant la saison d'été, c'est-à-dire alors que l'atmosphère est le plus stable sur le grand bassin de l'Atlantique Nord, et que les *isanémones moyennes* et les *isobares moyennes* sont les mêmes à des différences près égales aux erreurs possibles d'observation et de construction.

Dans quelle mesure cette loi, vérifiée pour l'Atlantique nord, et dont l'importance n'échappe à personne, est-elle générale? Il nous faudra évidemment faire encore de patientes recherches avant de le savoir. Et cependant, dès maintenant, nous croyons pouvoir avancer que cette loi doit être générale pour toute surface du globe se trouvant sous la dépendance de ce que nous avons appelé les *maxima* et les *minima* fondamentaux.

Lorsqu'on examine une suite de *cartes synoptiques*, la première chose qui frappe est certainement le nombre de maxima et de minima qui couvrent la surface du globe. Leurs changements de formes quotidiens, leurs mouvements ou leur disparition sur les cartes font qu'ils ne présentent d'abord à l'esprit qu'une sorte de pêle-mêle inextricable.

Mais une étude attentive permet de distinguer parmi eux trois classes de maxima et de minima ayant chacune des propriétés distinctes.

Première classe. — Les maxima et les minima *fondamentaux* tels que le minimum et le maximum d'Asie, le maximum des Açores, etc., dont la fixité et la permanence sont telles qu'ils forment dans leur ensemble et à six mois d'intervalle deux systèmes distincts qui suffiraient à définir les deux grandes phases de la circulation annuelle.

Deuxième classe. — Les maxima et les minima *éphémères*, tels que ceux qui naissent et disparaissent journellement dans nos latitudes moyennes, et qui sont sans aucun doute causés par cette sorte de remous atmosphérique au milieu duquel nous vivons et à travers lequel il nous est si difficile de distinguer les grandes lois de la météorologie générale.

Troisième classe. — Les minima *mobiles* ou *tempétueux :* tels sont les bourrasques, les cyclones, etc., que leur mouvement rapide ne permet pas de confondre avec les maxima fondamentaux ou éphémères des classes précédentes, mais qui ne sont à vrai dire que des accidents au milieu de la circulation générale.

Telle est la classification qu'on peut faire de tous les maxima et minima atmosphériques.

Et pour en revenir à ce que nous disions tout à l'heure, nous répéterons, en terminant, que la loi, que nous avons énonce plus haut sur les *isanémones* et les *isobares*, doit pouvoir s'appliquer à toute surface du globe qui se trouve sous la dépendance d'un minimum et d'un maximum fondamental.

Les citations que nous venons de faire des travaux de M. Brault sont de nature à donner une idée de l'importance que présente la circulation des courants aériens.

Ces courants obéissent à des lois qui, lorsqu'elles seront connues, contribueront puissamment aux progrès de la météorologie et de la science du temps.

CHAPITRE IV

L'EAU DANS L'ATMOSPHÈRE

Les nuages et les brouillards. — La pluie. — Les inondations. —
La neige. — La grêle.

C'est au commencement de ce siècle, en 1803, que le météorologiste Howard a introduit dans la science la nomenclature des
nuages [1] et les a divisés en quatre types distincts : les *cumulus*,
les *stratus*, les *nimbus* et les *cirrus*. Depuis cette époque, la classification d'Howard a été adoptée d'une façon tout à fait générale
et les traités de physique les plus récents reproduisent encore
aujourd'hui presque textuellement les propres termes employés,
il y a plus de soixante-dix ans, par le savant anglais.

On va voir dans la suite de ce chapitre que dans un grand
nombre de cas les masses de vapeur ou les bancs d'aiguilles de
glace que l'on rencontre en suspension dans l'air ne se rapportent à aucun des quatre types définis par Howard, et que la
nomenclature adoptée par les météorologistes est assurément
incomplète. Nous citerons, par exemple, un cas très fréquent,
où le système de classification actuel est pris en défaut. Le temps
à la surface du sol est clair, mais le bleu du ciel ne se voit pas,
il est caché par une masse de vapeurs qui n'a pas de forme définie, et qui se présente comme un rideau de brume ; on dit que
le ciel est gris. Si l'on traverse en ballon cette masse de vapeurs,
on s'assure qu'elle est séparée de l'air par deux surfaces, l'une
inférieure, un peu confuse, qui se fond graduellement avec l'air.

[1] *Tilloch's Philosophical magazine,* vol. XVI, p. 97.

qui est de couleur grise comme le brouillard, l'autre supérieure, parfaitement plane, d'un blanc éblouissant, comme une nappe de neige en pleine lumière. En bas, sur la terre, l'observateur n'a pu constater qu'une brume plus ou moins épaisse ; en haut, dans l'atmosphère, l'aéronaute considère sous ses pieds un véritable plateau qui rappelle l'aspect, comme éclat, des cumulus d'un beau ciel d'été. Mais, si cette surface supérieure est tout à fait lisse et unie comme celle d'un lac, et le cas se présente assez souvent, il a sous les yeux une sorte de banc de vapeur, brume à sa partie inférieure, nuage à sa partie supérieure, qu'il ne pourra attribuer à aucun des types de la classification. Cet exemple pourrait être suivi par quelques autres, mais il nous suffira pour le présent de l'avoir mentionné isolément.

Pour aborder l'étude des nuages, nous commencerons par examiner les différents aspects de ces nappes de vapeurs à surface supérieure plane, et nous verrons dans la suite à quelle hauteur elles peuvent être suspendues dans l'atmosphère.

La gravure qui précède (fig. 26), exécutée d'après nature par mon frère, représente la surface supérieure d'une semblable brume. A terre (24 septembre 1874), le ciel était gris. A 200 mètres d'altitude, nous entrons en ballon dans la brume, qui avait tout à fait l'aspect d'un brouillard terrestre. Ce banc de vapeur avait 200 mètres d'épaisseur. La lumière était très faible à sa partie médiane. Vers la partie supérieure, la brume devenait blanchâtre, opaline, elle se séparait de l'air à 400 mètres en une couche, non pas tout à fait lisse, mais légèrement mamelonnée, comme le montre le dessin. Ce plateau supérieur était tout à fait blanc et réfléchissait avec tant d'intensité les rayons solaires que l'œil en supportait difficilement l'éclat ; du côté du soleil il était légèrement doré. On y voyait çà et là des crevasses sombres comme celles d'un glacier. A l'horizon, il était dominé par des masses de vapeurs arrondies à la façon des cumulus.

Ce banc de vapeur était très près de terre, puisque sa surface inférieure se rencontrait à 200 mètres du sol, et que sa surface supérieure se séparait de l'air à 400 mètres d'altitude. Il se déplaçait avec une faible vitesse dans une direction faisant un

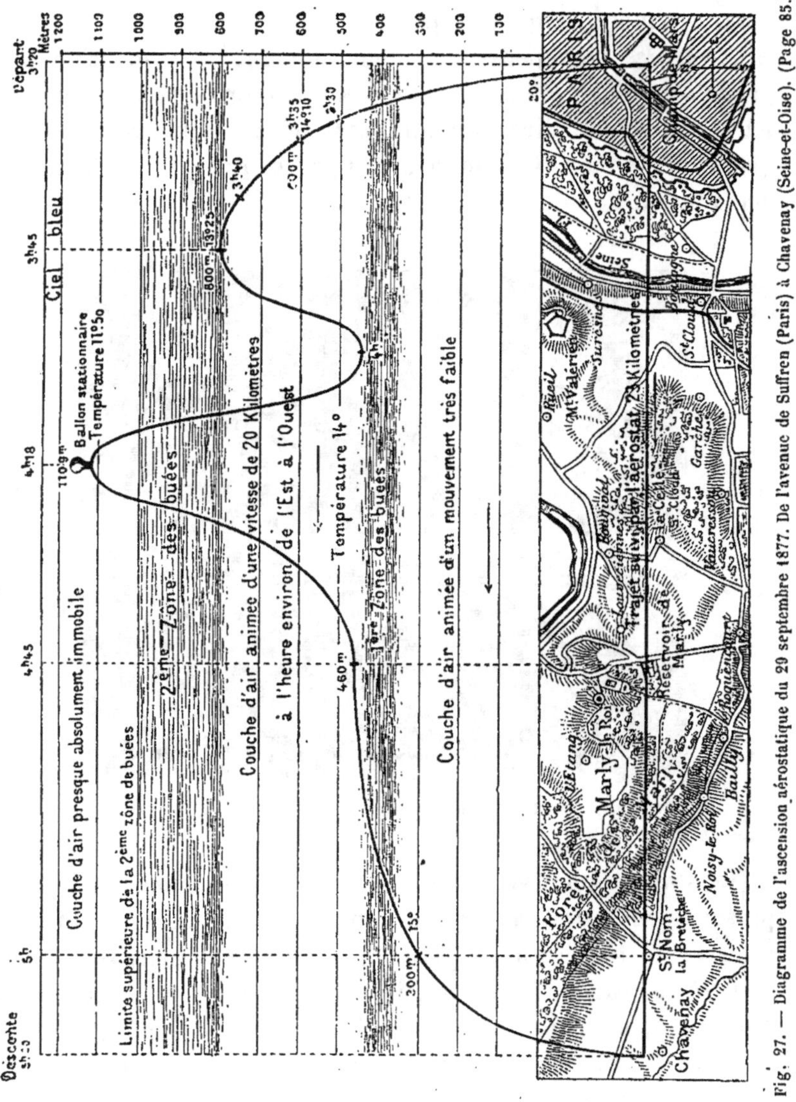

Fig. 27. — Diagramme de l'ascension aérostatique du 29 septembre 1877. De l'avenue de Suffren (Paris) à Chavenay (Seine-et-Oise). (Page 85.)

angle appréciable avec celle du courant supérieur. Il persista
sans variation d'aspect pendant toute la durée de notre voyage

qui fut de trois heures, et probablement pendant toute la journée, puisque l'aspect de l'air, vu de terre, fut constamment le même depuis le matin jusqu'au soir.

Ces bancs de vapeurs sont généralement en suspension à la partie supérieure d'une couche d'air se mouvant la plupart du temps dans une direction différente de celle au-dessous de laquelle elle se trouve; on pourrait les comparer aux bancs de glace flottant à la surface de la mer.

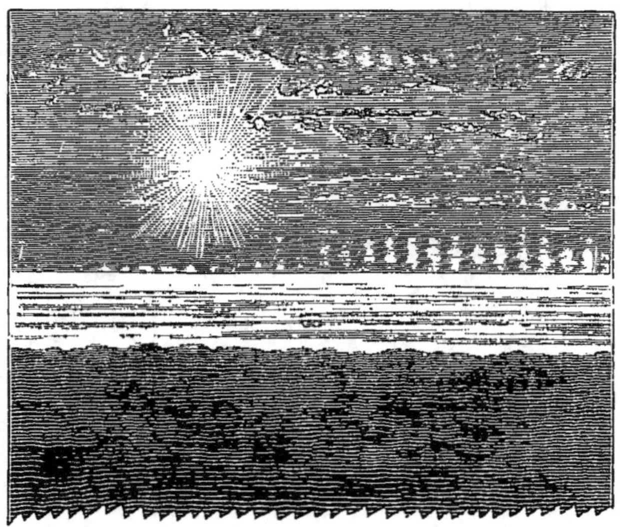

Fig. 28. — Au-dessus d'un banc de nuages. Effet de soleil. (Page 91.)

Nous avons observé, mon frère et moi, un banc de nuages presque tout à fait semblable dans notre ascension du 10 février 1873. Il avait une épaisseur de 380 mètres environ; brumeux à sa partie inférieure, il était formé à son centre d'une nuée blanche opaline toute remplie de paillettes de glace à la température de 2 degrés au-dessous de zéro et sa surface supérieure d'un blanc éblouissant se séparait encore très nettement de la couche d'air superposée. Ce banc de nuages flottant à la surface du courant atmosphérique superficiel se mouvait dans une direction faisant encore un angle appréciable avec le courant supérieur qui se dirigeait du sud-est au sud-ouest. Il était suspendu dans l'atmosphère à une hauteur assez considérable, sa surface supérieure étant à 1 180 mètres au-dessus du niveau de la mer. Le temps se trouvait être gris et sombre à la surface de la terre ; au-dessus du banc de nuages, l'air était limpide, le ciel bleu resplendissant, le soleil ardent.

Il arrive fréquemment que l'atmosphère tient en suspension

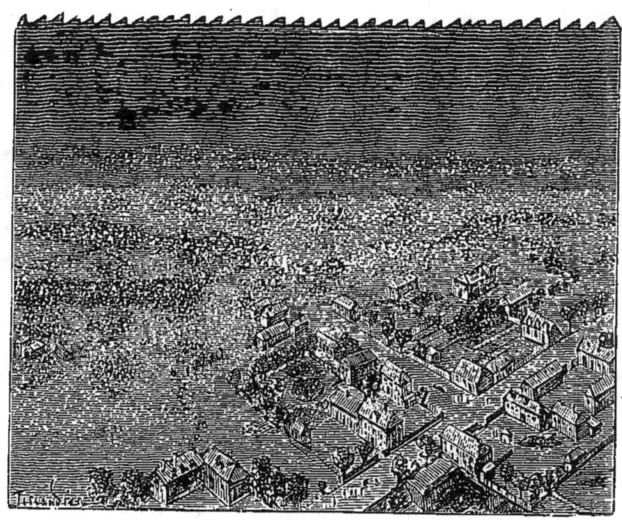

Fig. 29. — Au-dessous du même banc de nuages. Effet de neige. 29 novembre 1875. (Page 91.)

des couches de brouillards très légers, de véritables buées de vapeur : l'ascension que nous avons exécutée, mon frère et moi, le 29 septembre 1877, le montre d'une façon très nette. Le temps était magnifique, le ciel bleu, le soleil ardent ; cependant, l'atmosphère était formée de trois couches distinctes qui se superposaient dans l'ordre suivant :

1° De la surface du sol à 400 mètres, couche d'air animée d'un mouvement très faible de l'est à l'ouest ; elle était limitée à la partie supérieure par une mince nappe de buées tout à fait transparente dans le sens vertical, mais très visible dans le sens horizontal ; .

2° De 400 à 800 mètres, deuxième couche d'air d'une température de 14° (thermomètre fronde) doué d'un mouvement assez rapide de l'est à l'ouest de 20 à 25 kilomètres à l'heure ;

3° De 800 à 1 000 mètres, nous avons traversé une seconde zone de buées nettement limitées à 1 000 mètres d'altitude. Au-dessus, l'air était presque complètement immobile ; à 1 109 mètres, point culminant de l'ascension, le ballon est resté stationnaire, comme nous l'avons constaté en prenant un point de repère sur le sol à l'extrémité du guide-rope pendu sous la nacelle. On distinguait en effet nettement la terre à travers les deux zones de buées.

On voit donc qu'une couche d'air animée d'un mouvement assez rapide et limitée en haut et en bas par de minces couches de buées glissait entre deux nappes d'air presque immobiles. C'est la première fois que nous avons constaté cette particularité atmosphérique.

A l'altitude de 1 100 mètres, l'air ambiant n'était pas à une température élevée (11°,50) ; cependant les rayons solaires étaient très ardents et très chauds.

· Le diagramme précédent (fig. 27) donne le chemin parcouru par l'aérostat. A quatre heures quarante-cinq minutes, le ballon a traversé dans sa longueur le réservoir de Marly, où il se réfléchissait comme dans un miroir, puis il a passé à 300 mètres au-dessus du clocher de Saint-Nom.

Les bancs de nuages, comme les nappes de buées, se trouvent suspendus dans l'atmosphère à des hauteurs très variables. Nous en avons observé plusieurs fois de 1 500 mètres à 3 500 mètres au-dessus du niveau de la mer. Le 24 septembre 1874, comme nous l'avons dit plus haut, le banc de nuages épais de 200 mètres s'étendait à 200 mètres seulement au-dessus du sol. Il arrive quelquefois que des couches de nuages sont superposées les unes au-dessus des autres dans l'atmosphère. Le 8 novembre 1868, quatre bancs de cumulus étaient suspendus au sein de l'air : le premier à 1 500 mètres de haut, le second à 2 000 mètres, le troisième à 3 500 mètres et le quatrième à 5 000 mètres environ. Dans son ascension du 21 juillet 1863, notre vénérable maître et ami M. James Glaisher, directeur de l'Observatoire météorologique de Greenwich, a traversé cinq couches de nuages superposées, séparées par des espaces d'air d'une faible épaisseur. La couche supérieure, située à 1 000 mètres de hauteur, laissait tomber une pluie abondante, qui atteignait les nuages inférieurs situés à 700 mètres, mais qui ne s'étendait pas au delà, n'arrivait pas à la surface du sol, et se dissolvait dans les régions plus voisines de la terre. Ces bancs de nuages séparent souvent l'atmosphère en deux parties distinctes, on peut les comparer à une toiture posée au-dessus de la terre. La pluie, la neige ou la grêle peuvent s'en échapper à leur partie inférieure, tandis qu'au-dessus règne un ciel bleu et brille un soleil ardent. Nous avons plusieurs fois observé ce fait curieux, mais il nous a été donné de le mettre en évidence d'une façon tout à fait remarquable lors de notre ascension aérostatique du 29 novembre 1875. A la surface du sol, il tombait une neige abondante, et l'atmosphère était tout à fait sombre et brumeuse. A 800 mètres de haut, nous pénétrons dans le banc de nuages dont la température était de 4° au-dessous de zéro. Il se séparait nettement des régions supérieures de l'atmosphère en un plateau uni, d'une blancheur éclatante, au-dessus duquel on apercevait un ciel d'un bleu intense, que découpaient les rayons d'un soleil d'été. Mon frère s'est efforcé de rendre compte de cet état de l'air par les deux figures précédentes (fig. 28 et 29). La première montre le ciel au-dessus du banc de nuages, lumière ardente, voûte azurée, rayons brûlants ; la seconde fait voir l'état de l'atmosphère inférieure, celui que l'on observait à la surface du sol, ciel gris sombre, brumes épaisses, d'où tombait une neige abondante.

Il arrive souvent que des paillettes de glace se trouvent suspendues au milieu de cette atmosphère pure des hautes régions : quand le soleil en traverse la masse, on voit miroiter une infinité de parcelles cristallines qui produisent l'aspect d'innombrables pierreries microscopiques. Le dessin publié plus loin (fig. 30) représente un des plus curieux effets de ce genre que nous ayons observés (29 novembre 1875, altitude 1 700 mètres, 1 h. 15 m. soir)[1].

Les halos solaires ou lunaires et les phénomènes qui accompagnent ces météores ont depuis longtemps fait admettre aux physiciens que les hautes régions de notre atmosphère peuvent tenir en suspension des aiguilles de glace cristallisées, dont l'action sur les rayons lumineux est susceptible de fournir la cause de ces apparitions. Huyghens, le premier, en essayant de rendre compte des halos, supposa qu'il se trouvait dans l'air des globules de glace entourés d'eau. Mais cette théorie, que nul fait connu n'accrédite, ne tarda pas à être abandonnée. C'est Mariotte, vers le milieu du dix-huitième siècle, et, un peu plus tard, Venturi qui furent conduits à rechercher la cause des halos et des parhélies dans la présences au sein de l'atmosphère, de prismes de glace à angles réfringents, de 60°. Cette théorie a été reprise par Brewster et par Arago, puis adoptée par tous les physiciens, parmi lesquels nous mentionnerons spécialement Fraunofer, Hyoung, Brandes, Brewster, Galle, Babinet et Bravais[2].

Quoique, d'autre part, les météorologistes aient admis depuis longtemps que les cirrus sont constitués par des aiguilles d'eau solidifiée, il reste bien des incertitudes à l'égard de ces nuages et des autres amas de cristaux de glace aériens. Leur formation au sein de l'atmosphère n'exerce pas seulement son influence sur l'apparition de phénomènes lumineux; elle se traduit par des mouvements calorifiques considérables, elle doit jouer un rôle d'une haute importance dans le mécanisme aérien. Leur étude offre donc un intérêt de premier ordre : les aéronautes seuls jusqu'ici ont pu l'entreprendre directement et apporter à la météorologie, non pas le fruit de conceptions ou de théories plus ou

---

[1] Communication faite à la Société météorologique de France et à la Société de navigation aérienne.

[2] *Annales de chimie et de physique*, 3ᵉ série, t. XXI, p. 36, et *Journal de l'École polytechnique*, t. XVIII.

moins ingénieuses, mais le résultat de faits incontestables et précis. Nous pensons qu'il n'est pas sans intérêt de réunir ces faits généralement peu connus, de les décrire tels qu'ils ont été observés, et de chercher à mettre en relief les conséquences qui s'en dégagent.

Le 27 juillet 1850, MM. Barral et Bixio, lors de leur ascension aérostatique, devenue célèbre, traversèrent un nuage de glace, à l'altitude de 6 000 mètres. « Nous sommes couverts, disent les voyageurs [1], de petits flocons, en aiguilles extrêmement fines, qui s'accumulent dans les plis de nos vêtements. Dans la période descendante de l'oscillation barométrique, par conséquent pendant le mouvement ascendant du ballon, le carnet ouvert devant nous les ramasse de telle façon qu'ils semblent tomber sur lui avec une sorte de crépitation. »

Le 17 août 1852, c'est-à-dire au milieu de l'été, comme dans l'ascension précédente, Welsh et Nicklin, partis de Londres, en ballon, à 3 h. 49 m. du soir, rencontrèrent à 3 000 mètres d'altitude « une neige formée de cristaux étoilés qui tomba de temps à autre sur le ballon [2]. »

Le dimanche 8 novembre 1868, mon frère et moi nous avons exécuté à l'usine à gaz de La Villette une ascension aérostatique, au moment où une neige abondante tombait à gros flocons. Nous étions accompagnés par M. Gabriel Mangin qui avait bien voulu mettre à notre disposition son ballon *l'Union*. Grâce à une abondante provision de lest, nous avons pu nous élever lentement jusqu'à l'altitude de 1 800 mètres, au milieu de flocons de neige qui voltigeaient autour de la nacelle. A mesure que nous nous élevions dans l'atmosphère, les flocons diminuaient de volume. On les voyait s'accroître en tombant, et grossir très sensiblement. A 2 100 mètres, maximum de hauteur que nous ayions pu atteindre, nous nous trouvions pour ainsi dire au lieu même de la production de la neige. L'air était translucide, et tout

---

[1] *Comptés rendus de l'Académie des sciences*, t. XXXI.
[2] *Œuvres* d'Arago. *Voyages scientifiques.*

autour de nous nous apercevions de très petites paillettes de glace, d'un aspect brillant, irisées comme le mica, qui paraissaient se souder ensemble en tombant, pour donner naissance, à un niveau inférieur, à des flocons volumineux. La température était de — 1°[1].

Le 16 février 1873, nous avons traversé, avec le ballon *le Jean-Bart*, un nuage d'une constitution toute particulière et qui rentre bien dans la classe de ceux que nous étudions actuellement ; il avait environ 390 mètres d'épaisseur, et il était suspendu à 1 200 mètres seulement au-dessus de la surface terrestre. Au-dessus de ce nuage, régnait un courant aérien qui se mouvait dans une direction sensiblement différente de celle de la couche d'air inférieure. Ce courant aérien était très chaud, la température y était de 17°,5. A 3 heures 52 minutes nous pénétrons de haut en bas dans le massif du nuage. Des vapeurs blanches, opalines, cachent la vue de l'aérostat suspendu sur nos têtes ; le thermomètre marque — 2°, et un givre abondant se dépose sur nos cordages. Un fil de cuivre long de 200 mètres pendu de la nacelle donne de vives étincelles, comme nous l'avons constaté ainsi que nos compagnons de voyage, et, presque instantanément, il se couvre d'une couche épaisse de paillettes de glace, d'un aspect adamantin. Ces petits cristaux, sans tomber des vapeurs qui nous environnent, paraissent prendre spontanément naissance sur les parois de la nacelle, sur nos vêtements et jusque dans notre barbe[2].

D'autres observations fort intéressantes sont dues à mes regrettés amis Crocé-Spinelli et Sivel, ainsi qu'à MM. Pénaud, Pétard et Jobert. Partis de l'usine à gaz de La Villette à 10 heures 30 du matin, le 26 avril 1873, dans le ballon *l'Etoile polaire*, les voyageurs ont traversé « entre 1 200 et 2 400 mètres une série de

---

[1] *Voyages aériens*, par J. Glaisher, C. Flammarion, W. de Fonvielle et G. Tissandier. — Paris, Hachette et C°, p. 449.

[2] *Comptes rendus de l'Académie des sciences.* Séance du 17 février 1873, t. LXXVI. — *Observations météorologiques en ballon.* — Voy. *la Nature*, 1873, 1re année, p. 321.

nuages composés de petits cristaux prismatiques aiguillés d'environ 4 millimètres de longueur sur 1/4 de millimètre d'épaisseur, généralement verticaux et donnant une image à bords frangés du soleil [1]. »

L'entrée dans ce nuage s'effectua à 1 300 mètres d'altitude : la température s'abaissa à — 7°. Au delà, à 3 400 m., une zone d'air se rencontra dont la température était de — 20°, et l'air humide sortant des poumons produisait de petits cristaux microscopiques qui s'attachaient à la barbe et aux cheveux. — La température à terre était de + 4°,7. — Au-dessus de 1 500 mètres, elle était de — 4°, et allait en s'abaissant régulièrement jusqu'à 4 500 mètres, où elle atteignait —, 7°.

Lors de leur première ascension à grande hauteur, le 22 mars 1874, Crocé-Spinelli et Sivel ont décrit très complètement d'autres faits de même nature [2].

« Il faut signaler, disent les deux voyageurs, la présence de très légers amas de cristaux de glaces très espacés, rencontrés pour une première fois en montant vers 5 000 mètres, et une seconde fois en descendant à la même altitude. Nous aperçûmes, en effet, chaque fois, pendant trois ou quatre minutes et au-dessous du ballon, des cristaux aiguillés distants les uns des autres de 20 à 40 centimètres, qui étincelaient vivement au soleil à tel point que, malgré leur petitesse, ils semblaient très visibles à 100 mètres. Nous n'en vîmes ni au-dessus ni autour de nous. Peut-être la réflexion des rayons solaires sur les facettes se produisait-elle de telle façon qu'ils ne pouvaient être vus qu'en dessous de nous. Il est certain que nous devions les traverser à la descente. Ajoutons que ces légers amas ne semblaient pas diminuer la netteté des lignes du sol. »

Crocé-Spinelli attachait une très grande importance à l'étude des nuages de glace ; aussi a-t-il toujours pris soin de décrire avec beaucoup d'exactitude ceux qui se sont offerts à son obser-

[1] *Comptes rendus de l'Académie des sciences*, t. LXXVI, p. 1472.
[2] *Ibid.*, t. LXXVIII, p. 1060.

vation. Lors de la même ascension, il cite au-dessus de l'aérostat « de légers cirrus formant une nappe assez continue, à reflets plus ou moins nacrés ou soyeux, et dont l'élévation semblait être de 9 000 à 10 000 mètres. Ces nuages, à travers lesquels la lumière se tamisait comme à travers un globe dépoli, ne cachèrent qu'incomplètement et pour très peu de temps le disque du soleil. »

Après l'ascension fatale du *Zénith* (15 avril 1875), j'ai décrit[1] les cirrus abondants que j'ai observés à 4 500 mètres et qui allaient en s'accroissant jusqu'à 8 000 mètres, altitude où ils formaient, autour de la nacelle, comme un cirque immense d'un blanc éblouissant. Cependant à ce moment le ciel était limpide et transparent, pour les observateurs à la surface du sol, comme me l'ont prouvé plusieurs lettres reçues de quelques habitants du département du Loiret, au-dessus duquel l'aérostat planait au moment où il atteignait son altitude maxima de 8 600 mètres. Ces nuées, sans doute formées d'aiguilles de glace espacées, étaient transparentes vues de bas en haut, et n'apparaissaient que pour l'aéronaute qui, situé au même niveau, les considérait horizontalement sur une grande épaisseur.

De ces observations encore peu nombreuses, vu le petit nombre d'ascensions exécutées à grande hauteur, il me semble qu'on peut déduire les résultats suivants :

La présence de cristaux de glace est très fréquente dans les hautes régions de l'atmosphère.

Ces cristaux peuvent exister dans les hautes régions de l'air, sans que la limpidité du ciel soit troublée, pour les observateurs terrestres ; en d'autres termes, de véritables bancs d'aiguilles de glace peuvent être suspendus dans l'atmosphère, sans être visibles à la surface de la terre. L'aéronaute, comme je viens de le dire, les aperçoit de près, et surtout quand il les considère horizontalement sur une grande épaisseur. — J'ajou-

---

[1] Voy. *la Nature*, 1874, 1ᵉʳ semestre, p. 337 et 352.

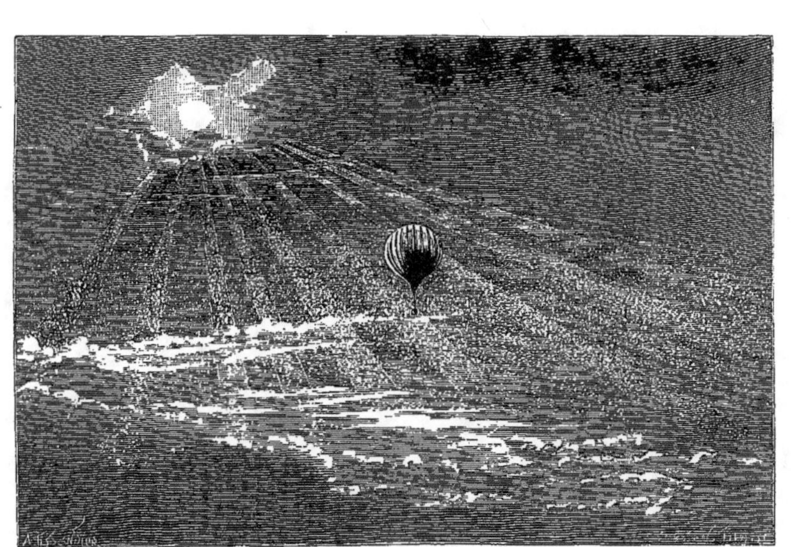

Fig. — 30. Paillettes de glace éclairées par les rayons du soleil, observées en ballon. (D'après nature, par M. Albert Tissandier.) (Page 92.)

terai que, dans les régions polaires, les voyageurs ont souvent

Fig. 31. — Cirrus penniforme observé le 28 juin 1875. (Dessin d'après nature.) (Page 102.)

vu tomber des cristaux glacés sous un ciel limpide et bleu [1].

[1] La transformation subite de la vapeur d'eau en aiguilles glacées est, en

La formation des aiguilles de glace dans les hautes régions de l'atmosphère ne peut se produire que par des mouvements calorifiques considérables, qui ne sont pas sans exercer une influence très importante sur les couches inférieures de l'air. On peut même admettre que ces nuages glacés ne sont pas étrangers aux manifestations électriques de notre atmosphère. Gay-Lussac,

Fig. 32. — Effet de buées de vapeur couvrant la surface du sol, observées en ballon. — 29 septembre 1877, 3 h. 55 soir. Altitude, 800 mètres. (D'après un croquis de M. Albert Tissandier.) (Page 105.)

dans son ascension mémorable, a rapporté des expériences qui semblent démontrer que la tension électrique s'accroît conti-

effet, un phénomène qui s'observe à la surface de la terre, dans les régions boréales. L'explorateur autrichien, M. Payer, rapporte que dans son dernier voyage, par un froid de — 35°, son haleine se condensait subitement en petites aiguilles cristallinés ; ces cristaux se formaient avec un certain bruissement et brillaient vivement au soleil. Ils nous paraissent offrir des analogies frappantes avec les nuages à glace des hautes régions.

nuellement à mesure que l'on s'élève. Or, pour se solidifier dans les hautes régions, la vapeur d'eau doit perdre une quantité de chaleur considérable ; il est vraisemblable que cette déperdition de calorique se traduit par une abondante production d'électricité. N'avons-nous pas vu précédemment que, plongé dans un nuage glacé, un fil de cuivre a laissé jaillir l'étincelle électrique ?

Les cristaux de glace des hautes régions peuvent être considérés en outre, dans certains cas, comme l'origine de la neige et

Fig. 33. — Nuages mamelonnés observés après l'orage. 22 juillet 1877, 7 h. 30 soir.
(D'après nature, par M. Albert Tissandier.) (Page 106.)

de la grêle. A la limite supérieure des couches d'air traversées par la neige, nous avons vu, tout à l'heure, des paillettes extrêmement ténues s'agglomérer et former des flocons toujours grossissant dans leur chute. Ces paillettes étaient en tous points comparables à celles des nuages glacés.

Si la petite aiguille de glace des hautes régions vient à descendre, à tomber dans un nuage de vapeur à — 2°, semblable à celui que nous avons traversé un peu plus tard, et où des cristaux se formaient sur nos vêtements, sur la nacelle, ne pourrat-elle pas y déterminer, comme le faisait l'aérostat, un ébranlement moléculaire, et devenir le centre d'une congélation plus importante pour arriver à former le grêlon ?

Les faits bien constatés sont encore trop rares, pour qu'il soit possible de présenter ces hypothèses autrement que sous une forme dubitative ; mais tels qu'ils sont, ils permettent d'affirmer que les nuages de glace ne sont pas étrangers à la plupart des phénomènes aériens et qu'ils sont dignes de fixer spécialement l'attention des météorologistes.

J'ajouterai, en terminant, que les amas d'aiguilles de glaces espacées les unes des autres, et souvent invisibles à la surface du sol, diffèrent complètement des cirrus très apparents qui affectent, comme on le sait, l'apparence de panaches ou de plumules [1]. La brume opaline, que nous avons observée le 16 février 1873, et où la vapeur d'eau maintenue à une température inférieure à 0° se solidifiait subitement sous l'action d'un ébranlement moléculaire, ne ressemble non plus en rien aux cumulus, aux nimbus et aux stratus. Il y aurait, ce nous semble, à tenir compte de ces faits dans la classification actuelle des nuages.

L'aspect des nuages entrevus de la surface du sol est extrêmement varié, et, comme nous le verrons dans la suite, il semble parfois se caractériser et affecter une apparence spéciale suivant les latitudes. La nature des vapeurs atmosphériques n'est pas moins varié quand on pénètre dans leur masse. On reconnaît que les propriétés des nuages, telles que la couleur et la transparence, offrent de grandes diversités et méritent d'attirer l'attention du physicien. Voici quelques variétés de nuages que nous avons eu l'occasion d'observer à différentes reprises.

---

[1] Dans un certain nombre d'observations de cirrus, faites à la surface du sol, je me suis quelquefois demandé si ces nuages, formés dé prismes géométriques, n'avaient pas eux-mêmes une certaine tendance à prendre un aspect cristallin. Les cirrus rappellent quelquefois' l'aspect des cristallisations de chlorhydrate d'ammoniaque. Le 28 juin 1875, me trouvant en Normandie, j'ai dessiné très exactement un cirrus très remarquable, qui se découpait sur le ciel bleu, et que notre gravure (p. 99) représente très fidèlement. On voit qu'il offrait tout à fait l'aspect de certains sels cristallisés.

1° *Nuages opaques, grisâtres*, produisant sur la peau une sensation de sécheresse, observés notamment le 16 août 1868, à 1500 mètres d'altitude, 6 heures soir. Cette brume sombre nous cachait entièrement la vue de l'aérostat auquel nous étions suspendus ; nous nous distinguions à peine l'un de l'autre, Jules Duruof que j'accompagnais, et moi, quoique nous fussions assis côte à côte dans la nacelle. Ces nuées, vues de terre, ont l'aspect d'une brume sombre d'un gris noirâtre. Il est rare que, dans les hautes régions de l'air, la vapeur d'eau soit humide et mouille la peau comme cela se présente pour le brouillard à la surface du sol. Il ne nous semble donc pas juste de dire, comme on l'a fait quelquefois, que le brouillard est un nuage touchant la terre. Nous croyons, au contraire, qu'il y a là une manière d'être toute spéciale de la vapeur d'eau atmosphérique.

2° *Nuages blancs, opalins, translucides*. Ils constituent les cumulus. Quand on pénètre dans leur masse, on est enveloppé d'une brume tout à fait blanche, souvent opaline, au sein de laquelle on voit très distinctement les objets rapprochés. Il arrive quelquefois que ces nuages sont en quelque sorte brillants et il semblerait que les particules dont ils sont formés aient la propriété de réfléchir la lumière du soleil. Quand ces nuages forment une nappe compacte et épaisse, leur éclat s'accroît à mesure que l'on s'approche de leur surface supérieure.

3° *Nuages transparents*. Nous avons dit que l'air, pour les observateurs terrestres, peut être considéré comme absolument pur, absolument dépourvu de nuages, alors que l'aéronaute en s'élevant dans l'atmosphère est baigné cependant dans des bancs de brume d'une très faible épaisseur dont il constate l'existence quand il les considère horizontalement sous une grande épaisseur. Ces bancs de vapeur sont transparents quand on les considère verticalement de haut en bas ou de bas en haut. Pour l'aéronaute, ils laissent apparaître, à travers leur masse, la surface du sol, et pour l'observateur à terre, ils laissent voir le bleu du ciel. (Le 22 septembre 1877 nous avons constaté l'existence dans l'atmosphère de deux zones de ces buées transparentes su-

perposées, la première à 400 mètres, la seconde à 800 mètres.)
On peut les comparer à une feuille de verre, tout à fait transparente quand on la considère à travers son épaisseur, mais qui est
d'une couleur verte très appréciable quand on la regarde horizontalement suivant sa tranche.

Les nuages, ou plutôt les bancs de vapeur absolument trans-

Fig. 34. — Nuages de glace observés à Cuba en 1864. (D'après un dessin de M. Poëy.) (Page 108.)

parents, semblables à ceux que nous avons décrits plus haut, se
rencontrent assez peu fréquemment en suspension dans l'atmosphère, mais il arrive plus souvent qu'une brume très légère, presque inappréciable à la surface du sol, couvre le sol d'une sorte
de manteau translucide qui se distingue très nettement pour
l'aéronaute situé dans les régions plus élevées de l'air. Le 27
juin 1869, lors de notre ascension exécutée dans le grand ballon

le Pôle nord, quoique le ciel à terre parût tout à fait pur, la surface du sol n'en était pas moins recouverte d'une couche de buées qui s'entrevoyaient distinctement de haut en bas. A 7 heures 45 minutes du soir, nous nous trouvions à l'altitude de 1200 mètres, et un vaste banc de buées recouvrait la terre ; il était limité à sa partie supérieure par une surface parfaitement plane,

Fig. 35. — Nuages de glace observés à Cuba en 1864. (D'après un dessin de M. Poëy.) (Page 108.)

et il était assez opaque pour nous cacher les détails du sol. On apercevait cependant comme à travers une mousseline les deux étangs de Trappes, près de Versailles. Éclairés par les rayons d'un soleil couchant, ils paraissaient en feu. Huit ans après, en 1877, un effet analogue s'offrit à nos yeux au-dessus de Suresnes (fig. 32).

Les voyages aériens ne sont pas encore assez fréquemment exécutés, pour qu'il soit actuellement possible de recourir aux aérostats dans le but d'étudier les nuages d'une façon régulière. Quoique le ballon soit assurément le meilleur observatoire flottant que l'on puisse employer à cet effet, il ne faut pas oublier que l'observation quotidienne des nuages, de leur forme, de leur aspect, de leur direction, de leur marche, peut être entreprise à la surface du sol, et qu'elle ne manquerait pas de fournir à la science un important contingent de faits intéressants, si elle était exécutée avec assiduité dans les stations météorologiques. Nous ne saurions trop engager ceux de nos lecteurs qui s'attachent à l'étude de l'atmosphère, de porter leur attention sur les nuages, et de s'exercer à enregistrer leur forme, à en fixer l'aspect par le dessin ou par la photographie, surtout quand cet aspect offre quelque chose de particulier ou d'inusité. Nous regrettons de ne pouvoir reproduire ici par la gravure la collection complète des dessins de nuages que mon frère Albert Tissandier a exécutés soit aux environs de Paris, soit au bord de la mer ; le lecteur serait surpris de l'étrange tableau que les masses de vapeur offrent parfois ; souvent il passe inaperçu faute de l'habitude et de la pratique de ce mode d'observation. On s'assurerait aussi que, dans bien des cas, certaines formes particulières échappent à la classification actuelle.

Nous nous bornerons à en choisir un exemple frappant qui nous est donné par la figure 33. Cette gravure est d'une exactitude parfaite et représente très fidèlement l'état du ciel à Serris, près Lagny, le 22 juillet 1877, à 7 heures 30 minutes du soir. Les circonstances météorologiques avaient été remarquables et méritent d'être rapportées. Pendant l'après-midi le temps avait été lourd et très chaud ; à 6 heures 30 minutes du soir, à Paris et dans les environs, le ciel se couvrit tout à coup, le tonnerre se mit à gronder ; un vent d'une violence peu commune s'éleva subitement en tourbillons. « Sur le plateau de Charenton, lisions-nous dans les journaux du lendemain, la tempête se déchaînait avec une telle furie qu'on voyait les gens se cramponner aux arbres, pour ne pas être emportés. Sur le plateau de Créteil, plus de trente arbres furent arrachés. »

A Serris, près Lagny, où nous nous trouvions, l'orage offrit une grande intensité. Tout à coup la pluie cessa à 7 heures 30 minutes, et presque instantanément les nuages prirent l'aspect de mamelons arrondis, comme le montre notre gravure (fig. 33). La silhouette de ces nuages était dure, et leur bord inférieur était éclatant de lumière.

Nous ne croyons pas devoir prolonger plus longtemps les quelques aperçus que nous avons présentés au sujet des nuages ; notre but a été surtout d'appeler l'attention sur une étude importante et qui n'entre peut-être pas assez dans la pratique de l'observation. Les météorologistes qui se sont consacrés à l'examen des masses de vapeurs aériennes sont d'accord à proclamer l'insuffisance de la classification actuelle. Parmi les tentatives faites à ce sujet, nous citerons celle de M. Andrey Poëy, directeur de l'observatoire de la Havane, qui a certainement publié l'un des plus intéressants travaux qui aient été écrits sur les nuages [1]. M. Poëy, dans un aperçu historique très complet, rappelle d'abord la première classification établie par Lamarck ; elle est généralement peu connue et mérite d'être rapportée. Le grand naturaliste divisait les nuages en cinq types distincts : en balayures, en barre, pommelés, groupés, en voile. Après cet essai de classification tout à fait incomplète, on a vu paraître les types d'Howard qui depuis longtemps sont devenus classiques. M. Poëy divise les nuages en deux classes qu'il appelle : les nuages de glace et les nuages de vapeur d'eau, puis il subdivise ces deux types fondamentaux en plusieurs catégories distinctes. Les nuages de glace, qui comprennent les *cirrus*, se divisent en trois types fondamentaux : les *cirro-stratus*, les *cirro-cumulus* et les *pallio cirrus*. Les nuages de vapeur d'eau ou les *cumulus* se divisent en deux types : les *pallio-cumulus* et les *fracto-cumulus*. Les *pallio-cumulus* sont les nuages à pluie, quelque chose comme les *nimbus* d'Howard. Les *fracto-cumulus* sont pour M. Poëy les *nuages de vent* (*Wind-Cloud*) déchiquetés par les effets des cou-

[1] *Annual report of the board of regents of the smithsonian institution.* For the yar 1870. Washington, 1871, p. 432, new classification of clouds.

rants aériens. La classification proposée par M. Poëy est complétée par un certain nombre de dessins originaux, qui dénotent un véritable esprit d'observation et qui, à ce titre, sont dignes d'éloges, mais elle laisse cependant encore bien des prises à la critique. M. Poëy accompagne son travail de plusieurs observations curieuses. — Le savant physicien fait remarquer que l'as-

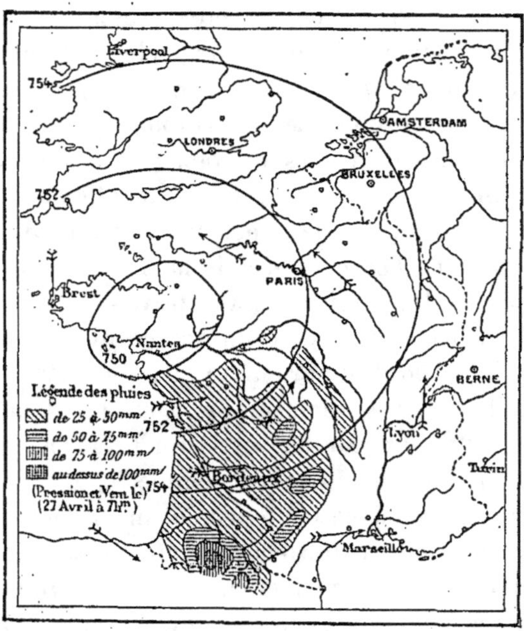

Fig. 36. — Pluies du 26 au 28 avril 1879. (Page 111.)

pect des nuages varie suivant les pays, suivant les latitudes, et il donne quelques dessins très remarquables de nuage de glace, *cirrus, cirro-cumulus-stratus* qu'il a observés à l'île de Cuba en 1864. Nous reproduisons plus haut deux de ces dessins ; ils nous représentent des nuages de glace qui assurément offrent un aspect tout à fait inusité dans l'atmosphère de nos régions (fig. 34 et 35).

Les îles de petite dimension sont des points très favorables pour étudier les nuages qui s'y laissent parfaitement apercevoir

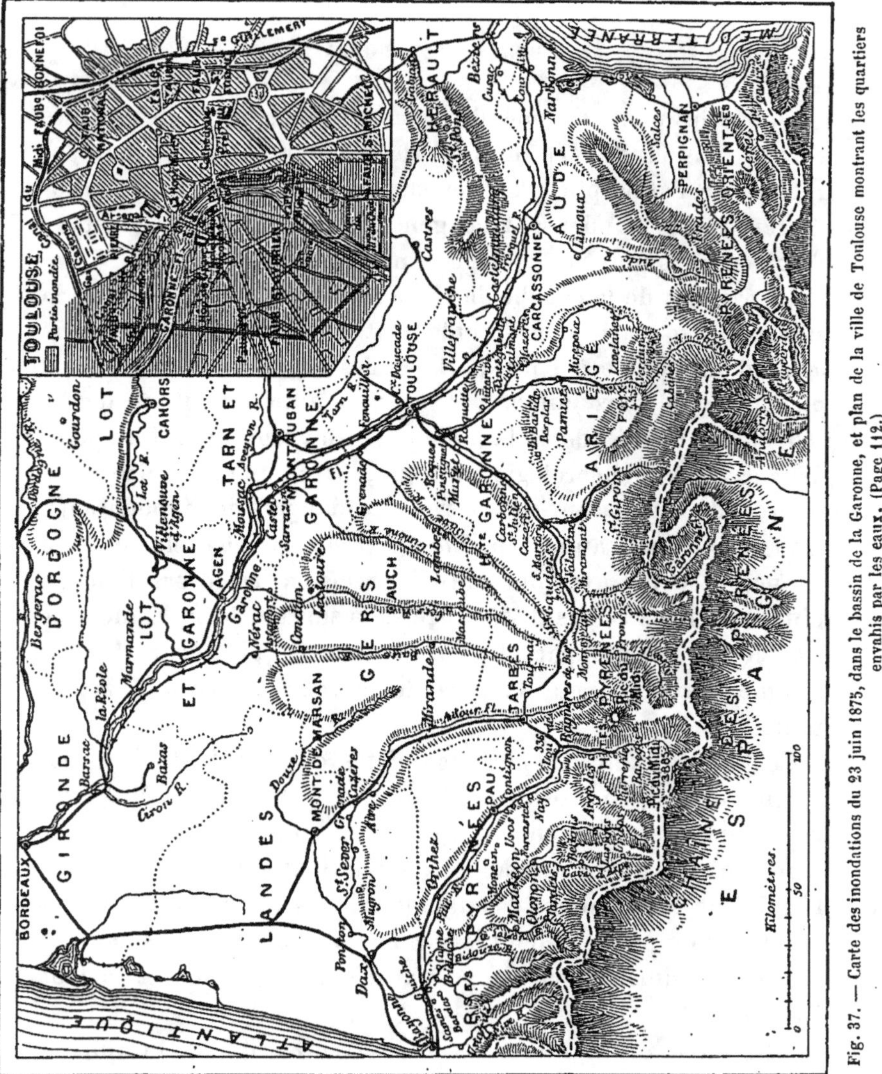

Fig. 37. — Carte des inondations du 23 juin 1875, dans le bassin de la Garonne, et plan de la ville de Toulouse montrant les quartiers envahis par les eaux. (Page 112.)

dans l'étendue de la voûte céleste. J'ai remarqué pour ma part qu'au-dessus de l'île de Jersey les cirrus affectaient des formes qu'on ne leur trouve pas dans l'atmosphère parisienne.

LA PLUIE. — LES INONDATIONS.

Quand les nuages formés de la vapeur d'eau qui se dégage des océans sous l'influence de la chaleur solaire arrivent dans les régions de l'atmosphère où des effets de refroidissement se produisent, ils se condensent en gouttelettes d'eau, ou en cristaux de glace, et la pluie ou la neige se produisent.

L'épaisseur de la couche de pluie qui tombe en une année à la surface du sol varie considérablement selon les localités, et varie aussi d'une année à l'autre; il y a des régions du globe où il pleut presque constamment, il en est d'autres où il ne tombe jamais d'eau. L'étude de la pluie offre un grand intérêt au point de vue de la météorologie pratique, parce qu'elle touche aux intérêts de l'agriculture, et prévoit les dangers des inondations. Depuis quelques années le *Bureau central* météorologique de France recueille avec une grande précision les observations de plus de mille stations disséminées à la surface de la France; ce travail est exécuté par M. Th. Moureaux qui construit pour chaque saison et pour l'année des cartes de distribution des pluies.

Ces cartes sont les plus complètes qui aient été dressées jusqu'ici, et si, en raison de l'irrégularité du phénomène, elles ne comportent pas encore une exactitude rigoureuse, elles montrent du moins nettement les relations qui existent entre l'épaisseur de la tranche d'eau tombée et les causes qui favorisent les chutes de pluie, et dont les principales sont : le voisinage de la mer, la situation par rapport aux vents pluvieux, et surtout l'altitude.

« La pluie, dit M. Moureaux, croît avec l'altitude. On voit en effet à première vue que les régions basses, les plaines, correspondent aux moindres chutes de pluies; ces minima sont constants pendant toute l'année, et en construisant des cartes mensuelles, on retrouve dans chacune d'elles le minimum absolu sur le littoral de la Méditerranée et des minima relatifs correspondant aux grandes vallées, quelle que soit du reste leur orientation. La vallée de la Loire au-dessous d'Orléans et celles de ses affluents de la rive gauche, le bassin de Paris, les vallées de la Garonne, de la Saône, du Rhône inférieur, sont des régions où il tombe relativement peu d'eau.

Dans les pays montagneux, à altitude égale, les pluies sont beaucoup plus abondantes sur le versant exposé à l'action directe des vents humides que sur le versant opposé. Lorsqu'une masse d'air s'élève le long de la pente d'une montagne, elle se refroidit progressivement, son état hygrométrique augmente, et les nuages condensent bientôt leur humidité; cette condensation est d'autant plus active que la différence des températures est plus grande et que l'air venu de la plaine était d'abord plus voisin de son point de saturation. Le phénomène inverse se produit sur l'autre versant; en descendant la pente opposée à la direction du vent, l'air se réchauffe et s'éloigne de plus en plus de son point de rosée; la pluie est faible et quelquefois nulle. »

Quand on analyse chaque période pluvieuse, on reconnaît que la distribution des pluies est en relation avec les grands tourbillons de l'atmosphère. La figure 36 représente par exemple les pluies tombées sous l'influence d'une bourrasque dont le centre a traversé la France du 26 au 28 avril 1879.

Quand les pluies acquièrent, par suite des circonstances atmosphériques qui en favorisent la formation, une abondance inusitée, elles grossissent le lit des cours d'eau et donnent naissance au terrible fléau des inondations.

Pour donner une idée de ces phénomènes, nous prendrons d'abord comme exemple les bassins de l'Adour et de la Garonne, et nous résumerons ensuite l'histoire des principales inondations de la Loire et de la Seine.

Le 23 juin 1875, à la suite de pluies diluviennes et prolongées, les eaux de l'Adour et de la Garonne ont submergé la partie la plus populeuse des rives supérieures de leur bassin. Les crues

de ces fleuves ét de leurs tributaires ont atteint en quelques
heures une hauteur prodigieuse ; leurs eaux se sont précipitées
dans les parties basses des villes qu'ils traversent, dans toutes
les campagnes avoisinantes, enlevant ici les ponts, les maisons;
là, les récoltes, les arbres, les plantations, semant partout, sur
leur passage, la ruine, la dévastation, la mort. A Toulouse, les
maisons se sont écroulées par centaines ; un grand nombre d'habitants ont été engloutis ; plus de vingt mille personnes se sont
trouvées subitement sans asile et sans ressources. A Foix, à
Montauban, à Moissac, à la Réole, et presque partout dans le
vaste bassin de la Garonne, les désastres n'ont pas été moins
considérables (fig. 37 et 38). Sur tout le parcours du fleuve, on
a eu à déplorer alors la perte de récoltes, de biens dont la valeur
a été estimée à plus de cent millions ; on a eu à déplorer la mort
de plusieurs centaines de victimes. Onze des plus riches départements de la France se sont trouvés plus ou moins atteints par
ce fléau, qui restera dans l'histoire comme un des exemples
les plus navrants des sinistres causés par les débordements
fluviaux.

On voit par ce fait, qui malheureusement est loin d'être isolé,
combien le fléau des inondations est digne des préoccupations de
la science.

La France compte environ 9,000 cours d'eau, dont plus de
200 sont des rivières navigables et flottables, distribués avec tant
d'harmonie sur la surface entière du territoire, que dès l'antiquité les géographes avaient compris l'importance d'un tel élément de prospérité. « Il semble, dit Strabon, peu de temps avant
l'avènement de notre ère, qu'un dieu tutélaire ait élevé ces
chaînes, ces montagnes, rapproché ces mers, et dirigé le cours
de tant de fleuves, pour faire un jour de la Gaule le lieu le plus
florissant du monde [1]. »

Mais depuis un temps immémorial, par une inexplicable
négligence, au lieu de diriger nos rivières et nos fleuves, d'en

---

[1] Strabon, lib. I.

Fig. 38. — Vue de la Garonne et du pont Saint-Michel à Toulouse, au moment de la baisse des eaux, 24 juin 1875. (Page 112.)

répandre les eaux sur les terres que fertiliseraient les irrigations, nous nous laissons aveuglément noyer par nos propres richesses.

Par sa situation topographique, le bassin de la Garonne tout entier est sujet plus que tout autre aux inondations : tous les cours d'eau qui le composent sont soumis à des variations très sensibles de niveau, dues à la configuration du sol et à des influences météorologiques particulières. Cette calamité a jadis exercé, comme de nos jours, des désastres importants dans les régions du Midi [1].

La *Chronique de Simon de Montfort* nous apprend que « l'an 1281, la veille de l'Ascension du Seigneur, le dix-neuvième jour de mai, une partie du vieux pont de Toulouse s'écroula au moment où la procession venait de passer l'eau avec la croix, selon la coutume. Deux cents personnes de l'un et l'autre sexe, parmi lesquelles étaient quinze clercs, personnages notables et honorables, furent précipitées dans la chute du pont et submergées dans la Garonne. » En 1310, suivant le même chroniqueur, « il y eut pendant tout le printemps et l'été dans les pays de Toulouse et d'Albi de violentes pluies et de grandes inondations. Il s'ensuivit une grande disette de vin et de blé. »

« Le 5 décembre de l'an 1536, lit-on dans les *Annales de Toulouse*, il advint une chose étrange et inouïe : c'est que sans pluie aucune ny raison apparente, la Garonne crut tant, qu'elle pensa inonder toute la ville, rompit la chaussée du moulin de Bazacle, et gâta force bled. »

Durant le dix-septième siècle, on trouve encore de nombreuses traces de grandes inondations de la Garonne et de ses affluents. L'année 1635, notamment, fut calamiteuse.

« La Garonne ayant emporté les récoltes de 1652 anéantit celle de 1653, et laissa le pays dans un état impossible à décrire ; la guerre, qui vint achever sa ruine, fut bientôt suivie d'une

______

[1] *Des Inondations en France*, par Maurice Champion, 6 vol. in-8°. — Dunod, Paris. — Nous empruntons un grand nombre de dates et de faits à cette savante compilation, la plus complète certainement qui ait été écrite sur les inondations des cours d'eau français.

disette affreuse et d'une peste qui fit mourir la moitié de ses habitants. Il mourait à Agen quatre-vingts personnes dans vingt-quatre heures [1]. »

Le 12 septembre 1727, une inondation extraordinaire de la Garonne causa d'immenses dégâts. On compta 933 maisons détruites ou endommagées, 10,000 sacs de blé perdus, 1,200 familles réduites à l'aumône. Les pertes furent évaluées à 1 million 600 mille livres [2].

En 1750, à Toulouse, le faubourg Saint-Cyprien et l'île de Toulouse furent complètement submergés. En 1768, une forte crue de la Garonne causa des dommages considérables. Mais l'inondation de 1770 est certainement la plus effroyable de toutes celles dont on ait conservé le souvenir.

Le 5 avril 1770, la Garonne commença à grossir et inonda les plaines qui avoisinent Bordeaux, sur une étendue de plus de quarante lieues. « Les eaux s'élevant jusqu'à 30 pieds au-dessus du niveau des basses eaux, et par conséquent jusqu'au faîte des maisons riveraines, les ont renversées et ont occasionné aux autres des dégradations qui les rendent la plupart inhabitables. L'évaluation des pertes constatées par des procès-verbaux s'élève à la somme de 4,154,895 livres [3]. »

Le 17 septembre 1772, il y eut à Toulouse une grande inondation, avec submersion du faubourg; du reste, à cette époque, à la suite de grandes pluies, les inondations furent générales dans tout le midi de la France.

Le nombre des grandes crues de la Garonne depuis le commencement de notre siècle est considérable. En 1802, les inondations se signalèrent par des ravages. En 1816, la Garonne s'éleva à Toulouse à 5^m,10 ; elle déborda à Agen. En 1827, les débordements du fleuve furent généraux dans tout son parcours. Les eaux s'élevèrent à Toulouse à partir de cinq heures du matin, en se précipitant bientôt sur le cours Dillon, sur l'île de

<hr>

[1] *Abrégé chronologique des antiquités d'Agen.*
[2] *Annuaire historique de la haute Garonne.*
[3] *Archives de la Gironde.* (Mémoire de M. de Saint-André.)

Tounis, et en détruisant de fond en comble un grand nombre de constructions.

Le 31 mai 1835, il survint une des plus fortes irruptions du fleuve depuis 1770. Cette crue monta à Agen à $9^m,82$ au-dessus de l'étiage et fit des dommages considérables. La Garonne, à Toulouse, s'éleva à $7^m,50$.

Durant les années 1837 à 1842, il y eut encore de fortes crues; mais sans caractère de gravité. L'inondation qui se produisit au mois de janvier 1843, celle de 1855 et surtout celle de 1856, doivent être rangées parmi les plus importantes du dix-neuvième siècle. En 1856, entre Toulouse et Bordeaux, 46,000 hectares, plusieurs fois ensemencés, ont été autant de fois submergés, et le dommage total dépassa de beaucoup 15 millions [1].

Ces fortes crues si fréquentes de la Garonne, et dont nous reproduisons un tableau très complet d'après les documents recueillis par M. Maurice Champion, sont dues évidemment, comme nous le disions tout à l'heure, à la configuration particulière du bassin de ce fleuve.

[1] *Rapport du préfet de la Gironde au Conseil d'État.* — Session de 1856.

TABLEAU DES GRANDES CRUES ET DES INONDATIONS DE LA GARONNE
DEPUIS LE TREIZIÈME SIÈCLE JUSQU'A NOS JOURS.

ANNÉE.	MOIS.	LOCALITÉ DÉSIGNÉE.	ANNÉE.	MOIS.	LOCALITÉ DÉSIGNÉE.
1212	Octobre.	Muret.	1776	Mars.	La Guienne.
1281	Id.	Toulouse.	1777	Juin.	Agen.
1321	Été.	Id.	1778·	Juillet.	Saint-Béat.
1405	Hiver.	Id.	1783	Mars.	Bordeaux.
1425	Juin.	Id.	1789	Janvier.	Débâcle.
1430	Octobre.	Agen.	1791	Id.	Bordeaux.
1434	Novembre.	Toulouse.	1802	Février.	Agen.
1435	Janvier.	Agen.	1804	Juillet.	Toulouse.
1483	Juillet.	Toulouse.	1806	Janvier.	Id.
1523	Avril.	Id.	1811	Février.	Agen.
1536	Décembre.	Id.	1813.	Décembre.	Id.
1542	Novembre.	Id.	1816	Avril.	Toulouse.
1557	Id.	Languedoc.	1821	Mai.	Agen.
1572	Janvier.	Bordeaux.	1824	Id.	Id.
1574	Décembre.	La Guienne.	1825	Décembre.	Id.
1597	Juin.	Toulouse.	1827	Mai.	Cours entier.
1599	Mai.	Toulouse, Agen.	1833	Février.	Id.
1615	Id.	Sans désignat. précise	1835	Mai.	Id.
1636	Mars.	Id.	1837	Août.	Sans désignat. précise
1652	Juillet.	Agen.	1839	Décembre.	Id.
1653	Id.	Sans désignat. précise	1841	Octobre.	Id.
1677	Janvier.	(Crue de débâcle).	1842	Novembre.	Id.
1678	Juillet.	La Gascogne.	1843	Janvier.	Cours entier.
1709	Janvier.	Bordeaux.	1844	Janv., févr.	Id.
1712	Juin.	Agen, Toulouse.	1845	Janv. à juin	Agen, Toulouse.
1727	Septembre	Cours entier.	1849	Novembre.	D'Agen à Bordeaux.
1750	Août.	Toulouse.	1850	Février.	Toulouse à Bordeaux.
1767	Janvier.	Marmande.	1853	Janvier.	Id.
1768	Id.	Agen, Bordeaux.	1855	Juin.	Cours entier.
1770	Avril.	Cours entier.	1856	Id.	Id.
1771	Mai.	Id.	1858	Décembre.	Sans désignat. précise
1772	Septembre	Toulouse, Agen.	1875	Juin.	Cours entier.

La plaine de la Garonne s'étend des deux côtés de ce cours d'eau sur une surface de 960 kilomètres carrés, ou 48 lieues carrées. Le lit de la Garonne est peu profond. La hauteur moyenne de ses berges n'est que de 4 mètres au-dessus de celles des moyennes eaux : celle-ci n'est que de 2 mètres. Mais, puisque les eaux s'élèvent quelquefois de 8 mètres et plus au-dessus de ce niveau, on voit combien elles doivent s'épancher et s'étendre sur les terres adjacentes. Ses débordements les plus funestes ont été ceux qu'occasionnent la chute et la fonte des neiges amoncelées sur les Pyrénées. Le vent de nord-ouest, qui retient et refoule les eaux, accroît l'intensité et la durée de ces inondations. Quelques observateurs ont pensé que les grands débordements de la Garonne étaient réglés par une période de 19 ans, qui coïncide avec le cycle lunaire. Ceux dont les ravages ont particulièrement consacré la mémoire datent de 1434, 1652, 1712, 1770, 1802, 1816, 1827, 1835, 1843, 1856, 1875; le rapprochement exclut toute idée de périodicité. La largeur moyenne de la Garonne dans le département de Lot-et-Garonne est de 205 mètres, sa pente moyenne de 23 millimètres par mètre. La vitesse de son cours est de 50 mètres par minute [1].

Nous venons de voir que le nombre des grandes crues de la Garonne depuis le commencement de notre siècle est considérable, et que, si on le compare au chiffre restreint des inondations signalées dans le cours des siècles antérieurs, il semblerait *a priori* que les débordements de ce fleuve étaient jadis beaucoup moins fréquents que de nos jours. Mais nous croyons qu'une telle conclusion serait erronée, car il ne faut pas perdre de vue que jadis aucune observation régulière n'était faite sur les variations du niveau de nos fleuves, et que les chroniques anciennes doivent mentionner seulement les débordements qui offraient un caractère d'intensité exceptionnel, et qui se signalaient par des désastres importants. Le sol de notre territoire n'était pas, autrefois, recouvert de moissons comme de nos jours; les villes étaient moins importantes, l'industrie moins générale; aussi les eaux trouvaient-elles encore à se répandre au milieu de forêts ou de terres en friches, d'une étendue considérable, et dépourvues d'habitants. Des inondations importantes ont pu avoir lieu, sans que l'histoire en ait consacré le souvenir.

Les autres cours d'eau importants qui baignent la surface de la France ont été soumis, à travers les siècles, à des débordements non moins considérables que ceux de la Garonne. Depuis l'an 583 jusqu'à 1788, on compte 17 inondations importantes de la Seine; de 379 à 1791, la Loire a été soumise à 23 déborde-

---

[1] *Description statistique du département du Lot-et-Garonne*, par Lafont de Cujula. 1806.

ments calamiteux; de 580 à 1631, le Rhône a inondé un même nombre de fois les campagnes qu'il traverse. Les débordements des fleuves en France offrent donc le caractère d'un phénomène général et malheureusement fréquent.

En 583, Grégoire de Tours mentionne une inondation extraordinaire de la Seine : les eaux de la Marne se réunirent à celles du fleuve parisien, détruisirent un grand nombre d'embarcations et formèrent un lac immense en amont de la Cité. En 886, une inondation causa des dommages importants à la ville de Paris, mais elle délivra en même temps notre métropole d'une invasion normande.

En 1196, Philippe-Auguste fut chassé de son palais par l'invasion de la Seine. En 1556, des débordements de la Seine exercèrent des ravages exceptionnels. Un siècle plus tard, en 1658; une crue considérable effondra le pont Marie, et submergea toute la vallée de la Seine. En 1711, en 1740, l'histoire fait mention de nouvelles inondations. « Du côté de Bercy, lit-on dans le *Journal de Barbier* (1740), c'est une pleine mer. La grève est remplie d'eau, la rivière y tombe par-dessus le parapet : dans les maisons à porte cochère, les bateaux entrent jusqu'à l'escalier, comme les carrosses feraient. »

En 1802, l'eau de la Seine monta en très peu de jours de 1^m,85 à 7^m,45, et plus de la moitié de la capitale fut submergée. En 1836, une grande crue de notre fleuve dépassa 7 mètres; en 1856 et 1866, les eaux de la Seine ont atteint la hauteur menaçante de plus de 6 mètres à l'échelle du pont Royal. Ainsi, malgré sa placidité relative, la Seine s'est souvent signalée par des désastres importants.

Les grandes crues de la Seine, de décembre 1882 et de janvier 1883, sont les plus importantes du siècle, et c'est celles que nous signalerons spécialement sans prolonger l'énumération historique précédente. La crue de décembre a été le résultat de plusieurs crues successives déterminées par des séries de pluies tombées en novembre et en décembre; elle a paru être terminée vers le 20 décembre, quand une nouvelle inondation s'est produite en janvier 1883. Le diagramme ci-dessous retracé d'une façon complète les phases successives de ce phénomène (fig. 39).

Le Rhône a eu aussi ses inondations dont nous nous bornerons à mentionner les dates, assez rares dans les documents du moyen âge. On trouve, dans les archives d'Avignon, des notes qui constatent que cette ville a eu à subir huit débordements du

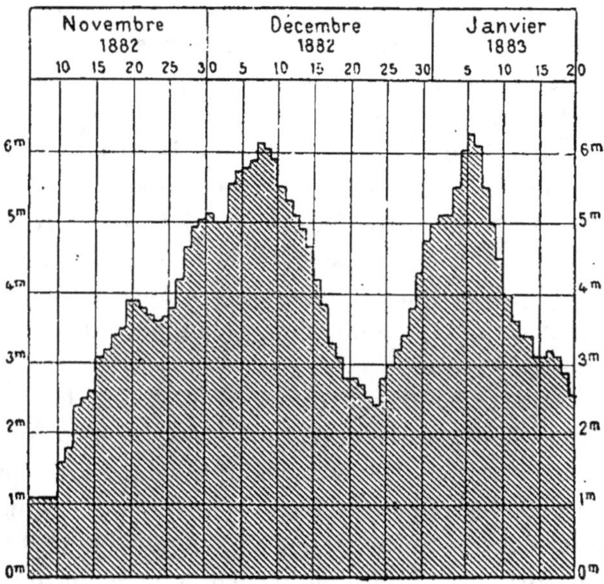

Fig. 39. — Variations du niveau de la Seine à Paris, à l'échelle du pont d'Austerlitz, du 6 novembre 1882 au 20 janvier 1883. (D'après les observations du Service hydrométrique.) (Page 121.)

Rhône et de la Durance, de 1338 à 1362. En 1548, en 1570, en 1711, en 1740, en 1755, les inondations ont été formidables. Dans notre siècle, en 1840, quatorze départements ont été dévastés par les débordements du Rhône; six cents maisons furent effondrées à Lyon et les pertes ont été évaluées à 72 millions. En 1856, toute la plaine de Tarascon et celle d'Arles, c'est-à-dire plus de 35,000 hectares, ont été entièrement submergées, et les dégâts peuvent être estimés à plus de 150 millions. La perte en mûriers seulement a été évaluée à plus de 30 millions.

S'il fallait, pour compléter notre chronologie, énumérer les désastres causés à travers les siècles par la Loire, nous serions obligés de leur consacrer une étendue que ne comporte pas notre recueil. Nous insisterons d'autant moins sur les inondations de ce fleuve, qu'elles sont plus connues, en raison de leur fréquence et de leur nature particulièrement dévastatrice. César parle déjà dans ses *Commentaires* d'un débordement de la Loire, et Grégoire de Tours, de 580 à 591, c'est-à-dire dans l'espace de onze ans, mentionne huit inondations.

L'inondation de la Loire de 819 fut d'une grande gravité, puisqu'elle détermina la construction de la première digue ou *levée;* celle de 1150 paraît être la plus importante de tout le moyen âge. C'est de cette époque que date la charte célèbre d'Henri de Plantagenet, comte d'Anjou et roi d'Angleterre, au sujet de perfectionnements importants à apporter à la levée, qui, sept années après l'inondation, s'étendait sur un parcours continu de 44 kilomètres.

Sous Louis XI, en 1491, on trouve dans les annales du temps le récit de débordements importants. Au seizième siècle, en 1546, la Loire détruisit 800 maisons, submergea 600 personnes et plus de 6000 bestiaux, de Roanne à Tours. Le sinistre de 1615, connu sous le nom de *Déluge de Saumur*, fut plus terrible encore. De 1623 à 1633, la Loire déborda pendant dix années consécutives, et Richelieu, en revenant de la Rochelle, faillit être victime de ces inondations. Dans les huit dernières années du règne de Louis XIV, on compte six débordements de la Loire. En 1733, en 1755, en 1789, Orléans et Tours furent successivement submergées.

Depuis Colbert jusqu'à nos jours, on s'est toujours obstiné à dominer directement les eaux de la Loire, en consolidant et en exhaussant graduellement les digues riveraines. On réduisit ainsi successivement le cours de la Loire, de 3,500 mètres à 280 mètres à Orléans, de 7,000 mètres à 250 à Jargeau ! Mais si solide que soit le rempart qui encaisse ainsi un fleuve dont le régime est éminemment torrentiel, son revers demeure sans appui suffisant lors de crues exceptionnelles. En outre, l'épaisseur de telles digues et par conséquent leur résistance diminue avec la hauteur, tandis que la force de destruction des eaux s'accroît proportionnellement avec l'élévation de leur niveau. Ces circonstances expliquent le caractère calamiteux des débordements de la Loire dans notre siècle. Après les terribles inondations de 1846, on consolida les digues, on les éleva encore. En 1856, la Loire se fraya passage à travers la digue par soixante-treize brèches, et sur d'autres points elle dépassa la crète du rempart. Les dégâts dépassèrent toutes les prévisions. A Orléans, la Loire noya non seulement tous les bas quartiers, mais elle atteignit les parties hautes de la ville. Les dévastations furent plus épouvantables encore à Jargeau et à Amboise. A Tours, son envahissement, combattu avec acharnement, n'en fut que plus effroyable. A Angers et dans les environs, le tableau de l'inondation dépassa en horreur tout ce que les hommes ont pu contempler. Les eaux torrentielles, irrésistibles, se précipitaient en cataractes immenses jusque dans les ardoisières de Trélazé, en faisant disparaître sur leur passage tout ce qui constituait les biens d'innombrables habitants.

Quelle est la cause des inondations? Quelles sont les mesures ou les moyens préventifs que l'on peut opposer à ce fléau? C'est ce qu'il nous reste à examiner, et l'étude de la première question nous conduira peut-être à entrevoir la solution de la seconde.

La véritable cause des inondations réside dans l'irrégularité des chutes d'eau météoriques, pluie et neige; dans l'existence des montagnes, des collines, des aspérités superficielles et dans la nature du sol. Il tombe par an, en France, une quantité moyenne d'eau de 0^{m},76 de hauteur; sans les aspérités du sol, les inondations n'auraient jamais lieu. En effet, comme l'a très bien dit M. J. Dumas, « les montagnes, les collines, les dépressions, présentent aux eaux pluviales des plans inclinés qui les mettent en mouvement, qui les dirigent dans les torrents, et qui rassemblent en masses puissantes de légères couches d'eau, venues d'une infinité de points, qu'elles recouvriraient à peine de quelques millimètres [1]. »

Une partie de l'eau qui tombe à la surface du sol s'écoule directement vers les ruisseaux, qui alimentent les rivières ; celles-ci, à leur tour, viennent grossir le fleuve qui recueille ainsi les eaux de tout son bassin. Une autre partie de l'eau tombée imprègne la terre, plus ou moins perméable, plus ou moins apte à s'imbiber, suivant qu'elle est plus ou moins sèche, selon l'état antérieur de l'atmosphère. La quantité d'eau qui n'est pas restituée à l'atmosphère par l'évaporation ou par l'absorption des plantes se rassemble dans les nappes d'eau souterraines, pour reparaître plus tard, sous forme de sources qui alimentent régulièrement les cours d'eau. Si les pluies ne sont pas sujettes à des variations brusques à la surface d'un bassin fluvial ; si elles se répartissent avec quelque uniformité dans le courant de l'année ; si d'autre part les versants des cours d'eau de ce bassin sont perméables, les crues s'élèvent lentement et régulièrement, décroissent de même. Elles sont presque toujours de longue durée, et constituent le caractère des cours d'eau *tranquilles*.

Dans le cas de ces cours d'eau, comme la Seine, dans le bassin desquels les pluies ne sont pas torrentielles d'une façon générale, on peut formuler, comme l'a fait M. Belgrand, des prévisions précises. En effet les eaux météoriques, fussent-elles abondantes pendant la saison chaude, sont presque entièrement absorbées par le sol très sec qui s'en imbibe. Au contraire pendant la saison froide, pour le bassin de la Seine, le sol est toujours imbibé, et les pluies de cette époque (1er novembre au 1er mai) se traduisent par des crues. Si dans cet intervalle il est tombé peu d'eau, les rivières resteront à un bas niveau pendant la saison chaude, quelle que soit la quantité de pluie dans le cours de cette saison.

Au contraire, des fleuves comme la Garonne sont alimentés

---

[1] *Études sur les inondations ; causes et remède*, par J. Dumas. 1857.

par les torrents qui, après de fortes pluies, se précipitent sur le versant de hautes montagnes au sol pierreux et à peu près imperméable ; de tels fleuves reçoivent les rivières subitement grossies par la pluie qui, dans des régions semblables, peut tomber avec une abondance particulière à la surface entière de leur bassin. Enfin les hautes montagnes voisines de leurs sources sont couronnées d'énormes amas de neige qui, si la température s'élève, peuvent se déverser en masses d'eau considérables, comme le feraient d'immenses réservoirs. Si de telles causes se trouvent fortuitement réunies, si la fusion des neiges déterminée par l'élévation de température coïncide avec la chute d'une pluie torrentielle et continue ; si, en outre, la pente des ruisseaux et des rivières qui alimentent le fleuve est rapide, les masses liquides qui sont amenées en peu de temps de tous les points d'une vaste région, au cours d'eau intérieur, sont si considérables, qu'elles font monter son niveau de 6, 7 et 8 mètres en quelques heures, et qu'elles inondent ses versants, quoique la hauteur de la pluie puisse n'avoir que quelques décimètres, si on la considère sur une surface plane.

L'homme n'a donc aucune action directe sur la cause première des inondations, due à l'irrégularité de la pluie, à la fusion des neiges sur les montagnes et aux aspérités du sol. Mais il est en son pouvoir d'opposer des obstacles importants à l'intensité du fléau, et certains moyens que l'on a préconisés comme absolument efficaces, et qui, en réalité, n'exercent qu'une action de second ordre, pourraient devenir salutaires s'ils étaient réunis.

Il paraît certain à un grand nombre de savants spécialistes que le déboisement des montagnes a apporté un élément important en faveur des inondations. D'autres observateurs, M. Belgrand notamment, sans nier d'une façon absolue l'action que les forêts exercent sur le régime des eaux, pensent qu'elle est très peu sensible.

L'action mécanique des arbres sur le sol « est celle qui a été le moins contestée parce que les phénomènes qui la constatent frappent tous les yeux. En maintenant les terres par leurs racines,

elles empêchent le ravinement des montagnes et par conséquent
la formation des torrents. Dans les Alpes, ces torrents sont
formés par des pluies d'orage qui, tombant sous forme d'ondées
sur les pentes friables et dénudées des montagnes, ravinent le
sol et répandent dans la vallée les matériaux qu'elles entraînent
avec elles, en recouvrant les cultures d'un immense manteau de
pierres et de rochers. M. Surell, dans son bel ouvrage sur *les
Torrents*, a constaté que ce fléau ne peut être attribué qu'au
déboisement, puisque partout où les montagnes ont été déboi-
sées, des torrents nouveaux se sont formés ; partout au contraire
où l'on a reboisé, les anciens torrents se sont éteints. Le premier,
il a érigé en théorie que le reboisement devait être la base de
la reconstitution de cette région, et il a été en quelque sorte le
promoteur de la loi de 1860. Les résultats qu'ont donnés les
travaux exécutés, en vertu de cette loi, ont de tout point confirmé
ses prévisions, et les rapports annuels que publie l'administra-
tion forestière mentionnent un grand nombre de faits qui constatent l'efficacité des reboisements pour empêcher l'effondrement
des montagnes [1]. »

Malgré de nombreuses objections, il semble donc que le reboisement des hauteurs, en consolidant le sol, en retenant les
eaux par l'imbibition, soit un des moyens efficaces à empêcher
la formation des torrents, et conséquemment à entraver l'inondation à ses débuts. Le fait a d'ailleurs été plusieurs fois
démontré par l'expérience, et pour n'en citer qu'un exemple
nous rappellerons que, dans le département du Tarn, le cours
de la petite rivière de Caunau, intermittent après la destruction
de la forêt de Montout, est devenu régulier depuis que cette
forêt a été reboisée. Les arbres et les forêts exercent en outre sur
le climat, sur l'agriculture, une action salutaire et incontestable ;
le reboisement des parties hautes d'un bassin fluvial serait certainement une des opérations les plus utiles, pour empêcher
les débordements fluviaux.

---

[1] J. Clavé, *la Météorologie forestière*. — *Revue des Deux Mondes*, 1875.

Un grand nombre d'autres travaux ayant toujours pour but de retenir les eaux, d'empêcher leur écoulement sur les pentes, devraient se joindre au reboisement des montagnes. Les barrages des torrents impétueux, des rivières rapides, seraient très efficaces si l'on faisait partir de ces barrages des canaux qui dévieraient les eaux de leur lit ordinaire, et les répandraient sur de vastes surfaces ou dans des bassins de retenue. Un système complet de tels barrages, répartis sur toutes les rivières qui alimentent un fleuve, apporterait un obstacle de premier ordre à la cause de son débordement. Qu'on joigne à ces premiers moyens la dérivation des eaux par les irrigations, pour le drainage ; qu'on y ajoute au besoin le creusement de puisards, le colmatage des terres, on divisera et on subdivisera ainsi les eaux à un tel point qu'elles ne pourront plus se réunir par écoulement. Ajoutons que de semblables travaux, tout en évitant le retour de calamités publiques, contribueraient puissamment à la richesse du sol ; ils nécessiteraient évidemment le concours de plusieurs milliers d'ouvriers, exigeraient des dépenses considérables, mais en songeant à l'énormité des désastres causés par les inondations, on sera conduit à reconnaître que l'activité humaine ne devrait reculer devant aucun effort pour les prévenir.

Depuis les grands débordements fluviaux en France de 1856, où quarante et un de nos départements furent plus ou moins endommagés, on a compris que l'endiguement longitudinal pratiqué jusque-là, que l'exhaussement graduel d'un fleuve, loin de protéger le pays du fléau de l'inondation, peut le précipiter vers des dévastations terribles. L'endiguement longitudinal, plus nuisible qu'utile en rase campagne, est cependant nécessaire à la protection des grandes villes, qui doivent se trouver en outre garanties par l'organisation d'égouts collecteurs construits dans de vastes proportions. Mais la complète sécurité des villes dépend essentiellement, comme nous venons de le voir, de la solution qui concerne la partie rurale du problème.

Il est encore un autre ordre de mesure qui est digne d'être

envisagé, quoiqu'il n'agisse en aucune façon sur le phénomène. Mais il est susceptible d'annoncer l'imminence de la crue dans une localité, d'avertir à l'avance les populations, de leur permettre de s'éloigner du théâtre des dévastations, et d'opérer le sauvetage des objets les plus précieux. Nous voulons parler de postes d'observations pluviométriques, réunis entre eux et réunis aux villes par l'intermédiaire de fils télégraphiques. On sait que le général de Nansouty, à son observatoire du pic du Midi, a pu, lors d'inondations importantes, avertir quelques villages dans la vallée des dangers qui les menaçaient. C'est au sommet de ces montagnes que l'on voit fondre les neiges sous l'action de la chaleur, que l'on peut mesurer la quantité de pluie tombée des nuages supérieurs. C'est là que le torrent prend naissance, que l'eau glisse sur les pentes, et, quelque rapides que soient ces mouvements de l'eau, l'électricité, plus rapide encore, peut les devancer ; elle peut aller dire aux habitants des vallées et des villes : « L'inondation se prépare, dans quelques heures elle se formera ! »

De nombreuses stations d'observations météorologiques et pluviométriques, reliées entre elles télégraphiquement, devraient donc être établies sur toute la surface des bassins fluviaux ; si les mesures prises contre l'inondation étaient rendues stériles par l'intensité et la durée tout à fait anormales de la pluie, le débordement aurait lieu, mais les populations riveraines seraient prévenues à l'avance, et un tel avertissement atténuerait sensiblement la rigueur de la calamité.

La multiplication des stations météorologiques en France, la réunion et la comparaison de documents permanents, se traduiraient en outre par des progrès immédiats sur l'importante notion du phénomène des pluies : le régime des cours d'eau serait mieux connu, la cause et le mode de formation des grandes crues s'éclaireraient pour chaque bassin d'une lumière toute nouvelle ; l'application judicieuse de ces moyens d'avertissement et d'étude conduirait enfin la science à imaginer des moyens préventifs plus efficaces.

LA NEIGE.

L'étude de la neige, de la grêle, c'est-à-dire des chutes de l'eau cristallisée ou solidifiée au sein de l'atmosphère, n'est pas moins intéressante que celle de la pluie.

Le nombre des figures géométriques dessinées par les cristaux de neige est très considérable, bien que toutes soient construites suivant le même angle fondamental de 60 degrés. Scoresby, dans les mers polaires, en a dessiné quatre-vingt-seize différentes ; Kaemtz en a observé une vingtaine d'autres, en Europe ; M.-J. Glaisher en a découvert d'innombrables formes nouvelles. E. Beechey en a ajouté dix à ces listes ; l'abbé Petitot, dans le récit de voyage dans l'Amérique arctique que vient de publier la Société de Géographie, en représente huit nouvelles ; et il n'est pas douteux que cependant on n'en connaisse encore qu'une bien faible partie.

Les conditions de température et autres, dans lesquelles se forment les cristaux de telle ou telle forme, sont encore plus obscures. Sous ce rapport, on ne sait presque rien, et la plupart des assertions des traités de météorologie ne reposent sur aucun fondement. Ainsi on lit dans tous que la neige en poussière amorphe ne se produit que par des froids intenses, que les hexaèdres pleins ne se produisent que lorsque le thermomètre descend à — 20°, etc. ; la simple observation des flocons tombés à Paris au commencement de décembre montre l'inanité de toutes ces assertions.

En ces conditions, il semble que l'étude attentive, au jour le jour, de la neige tombée en un même point, peut présenter quelque intérêt ; un observateur patient et consciencieux, M. Armand Landrin, a noté la forme exacte des cristallisations de neige recueillies à Paris pendant l'hiver 1875-1876. C'est son intéressant travail que nous reproduisons ici.

Voici la liste des cristaux de neige, avec les indication d'heure et de température :

28 novembre 1875.
Heure : 6ʰ matin.
Température : — 1°.
Une seule forme.

3 mill. de diamètre au maximum.

1ᵉʳ décembre.
Heure : 8ʰ.
Température : — 4°.
Deux formes.

3 millim. de diamètre.

---

5 décembre.
Heure : 9ʰ matin.
Température : — 2°.
Fragments amorphes.

Beaucoup de 1/5 ou 1/3 de millim. de diamètre.

---

6 décembre.
Heure : 9ʰ matin.
Température : — 4°.
Une forme et des granules arrondis. Tous les cristaux
opaques.

Même journée.
Heure : midi.
Température : — 3°,2.
Petites boules hérissées.

1/2 millim. de diamètre.

---

7 décembre.
Heure : midi.
Température : — 3°,8.
Deux formes.

1/2 millim.

8 janvier 1876.

Heure : 11ʰ matin. — *Température :* — 5°.

Quelques fragments amorphes de cristaux de neige.

---

11 janvier.

Heure : 3ʰ après midi.
Température : — 5°.

Quelques rares cristaux
mêlés à des fragments.

---

16 janvier.

Heure : 9ʰ matin. — *Température :* — 5°.

Cristaux peu nombreux, formés la plupart d'é-
toiles à quatre branches croisées sous angles de
120° et 60°; quelques-uns, d'un demi-millimètre
de largeur, ayant la figure de croix régulières à
branches se coupant à 45°; le tout mêlé à des fragments amorphes.

---

4 février.

Heure : 11ʰ matin.
Température : — 3°.

Flocons de cristaux diffus et
d'étoiles pennées.

---

5 février.

Heure : 3ʰ 20ᵐ après midi.
Température : — 3°.

Grêlons.

---

6 février.

Heure : 6ʰ matin.
Température : — 1°.

Une seule forme.

Même journée.

Heure : midi.
Température : — 1°.

Une seule forme.

7 février.

Heure : 9ʰ matin.
Température : 0°.
Une seule forme cristalline
et grains amorphes.

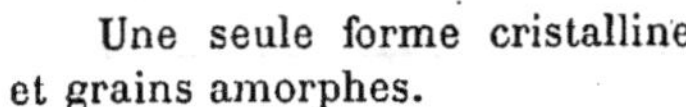

Même journée.
Heure : midi.
Température : 1°,2.
Croix. — Formes cristallines.

---

8 février.

Heure : de 8ʰ matin à 4ʰ. — *Température :* de — 5° à 0°.
Cristaux diffus.

---

11 février.

Heure : 4ʰ soir.
Température : — 6°.
Une seule forme.

Il résulte de ce relevé que la neige est tombée, à Paris, dix-sept
fois pendant l'hiver 1875-1876 ; que les formes dominantes ont
été l'hexagone à branches de fougère et l'hexagone à branches
pennées ; que les cristaux très petits ont été observés plusieurs
fois par des températures relativement douces (voy. 5 décembre,
7 février) ; que plusieurs des formes, qu'on croyait spéciales aux
régions arctiques, se produisent sous nos latitudes ; qu'il arrive
enfin que certaines chutes de neige sont composées de cristaux
à quatre branches, dont la disposition semble même tout à fait
étrangère au système de cristallisation hexaédrique.

La chute de la neige prend souvent une intensité extraordinaire, et il n'est pas rare qu'elle recouvre le sol d'une couche si
épaisse que les circulations en sont interrompues. Aux États-
Unis les trains de chemin de fer sont fréquemment arrêtés par
la neige ; mais c'est principalement dans les régions polaires que
les tempêtes de neige sont remarquables.

M. Nordenskïold pendant le célèbre voyage de la *Vega* a souvent assisté à des ouragans terribles.

Quand l'ouragan soufflait, la neige pulvérulente s'envolait jusque dans les couches supérieures de l'atmosphère, où elle formait un nuage tellement dense que l'on ne pouvait plus rien distinguer, même à quelques mètres de distance. Par un pareil temps, il était impossible de tenir aucun chemin ouvert, et tout homme qui se fût alors égaré eût été perdu sans espoir, à moins

Fig. 40. — Grêlons tombés à Queenstown. (D'après une photographie.) (Page 134.)

qu'il n'eut pu, comme les Tschuktschis, attendre la fin de la tourmente, enfoui sous un monceau de neige. « Même par un vent faible et avec un ciel pur, dit M. Nordenskïold, il se produisait à la surface du sol un courant de neige haut de quelques centimètres, dans la direction de la bise, c'est-à-dire généralement du Nord-Ouest au Sud-Est. Ce courant entassait des monceaux de neige derrière tous les débris qu'il rencontrait, et recouvrait plus sûrement même que la tourmente, quoique plus lentement, les objets laissés sur le sol et les sentiers battus. La quantité d'eau qui se trouve ainsi transportée par ce courant solide, peu considérable, il est vrai, mais constant et animé d'une vitesse égale à celle du vent, des côtes septentrionales de la Sibérie, vers des contrées plus méridionales, est comparable à la masse d'eau des grands fleuves. Au point de vue climatologique, ce courant joue un rôle assez important, notamment comme conducteur du froid jusqu'aux régions forestières les plus septentrionales ; à cet égard, il mérite d'attirer l'attention du météorologiste. »

LA GRÊLE.

La formation de la grêle a donné lieu à un grand nombre de théories, mais on doit reconnaître que l'explication de ce phénomène n'est pas encore donnée d'une façon suffisante. On sait que la chute de la grêle est beaucoup plus fréquente le jour que la nuit ; c'est une remarque qui est d'ailleurs commune à la grêle et aux orages. Sans discuter les idées encore obscures que les météorologistes peuvent se faire de ces masses glacées au sein des nuages, nous signalerons les faits les plus intéressants qu'il nous a été donné de recueillir.

En août 1879, une des petites villes de la colonie du Cap, dans l'Afrique du Sud, Queenstown, a été assaillie par un orage de grêle d'une intensité tout à fait extraordinaire. Les grêlons, qui atteignaient la grosseur d'oranges, ont fait dans la localité des dégâts considérables ; ils ont percé de trous des toits de tôle assez nombreux dans la localité et ont causé la mort de plusieurs moutons qui n'avaient pas eu le temps de trouver à s'abriter. Un photographe de la localité a ramassé quelques-uns des grêlons déjà en partie fondus, il les a recueillis dans un saladier, et après y avoir fait placer la main de son aide, qui donne leur grandeur par comparaison, il en a pris un cliché. Nous reproduisons plus haut une épreuve de cette photographie assez ingénieuse (fig. 40) ; elle commencera les documents que nous allons publier sur les grêlons extraordinaires. Il paraît que des coups de foudre très intenses se sont fait entendre avant la chute de ces grêlons, et que ceux-ci sont tombés sur le sol au milieu d'un bruit remarquable, assez comparable au déchirement d'une étoffe de soie. Quelques grêlons avaient une forme prismatique très caractérisée.

L'orage à grêle du 14 juin 1877, observé à Clermont-Ferrand, a donné lieu à l'étude de quelques faits curieux. Cet orage est survenu pendant un état très calme de l'atmosphère ; le baromètre, qui oscillait depuis la veille autour de 759 millimètres, a seulement commencé à baisser vers une heure quarante minutes, et a atteint à quatre heures un minimum de 758 millimètres, suivi d'une légère hausse, puis d'un second minimum de $738^{mm},3$ qui a coïncidé avec le début de l'orage à Clermont. Le baromètre remonta ensuite à 759 millimètres, où il persista pendant toute la journée du 15.

L'orage paraît avoir pris naissance entre les monts Dore et les monts Dôme. A une heure du soir, il éclata à Vernines, et de une heure à cinq heures sur toute la haute vallée de la Sioule, jusqu'à Pontgibaud, en donnant de la grêle, sans dégâts notables, à Vernines, Laqueuille, Briffons et Gelles. Vers quatre heures il franchit la chaîne des montagnes, en passant par-dessus le Puy-de-Dôme, où il donne une grêle abondante, et en s'avançant de l'ouest à l'est. La grêle l'accompagne dans sa marche et atteint Orcines, Royat, Clermont et Aubière. Des dégâts sont signalés surtout à Orcines et à Royat ; ils sont assez notables, sans qu'on puisse les traduire par des chiffres. A Clermont et à Aubière ils ont été à peu près insignifiants. Les grêlons, dont les plus gros avaient 28 millimètres de diamètre, tombaient assez drus, mais leur chute était accompagnée d'une pluie abondante qui en atténuait les effets.

L'orage poursuit ensuite sa route vers l'est en semant de la grêle sur les communes de Saint-Amand-Tallende et d'Aulnat. A quatre heures et demie il franchit l'Allier perpendiculairement à son cours, et verse encore de la grêle, sans causer de dommages, à Vic-le-Comte et à Beauregard-l'Évêque.

Pendant ce temps, un autre groupe d'orages se produit autour d'Issoire vers trois heures et demie ; leur ensemble accuse une marche générale du sud-ouest au nord-est, et ils donnent aussi de la grêle sans dégâts à Saint-Germain-Lembron, au Broc et à Lamontgie.

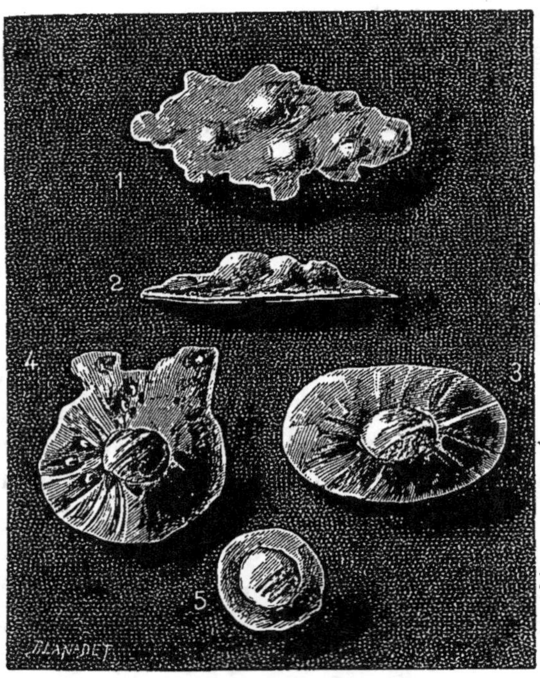

Fig. 41. — Grêlons tombés le 14 juin 1877 à Rabanesse (station de la plaine de l'Observatoire du Puy-de-Dôme). (Page 136.),

1. Grêlon complètement transparent sans noyau opaque, vu de face. — 2. Le même, vu de profil. — 3. Grêlon ellipsoïdal à noyau opaque avec stries rayonnantes. — 4. Grêlon sphérique à noyau opaque, avec protubérances, stries rayonnantes et bulles d'air. — 5. Grêlon sphérique avec noyau opaque. (Grandeur naturelle.)

Les deux mouvements orageux paraissent s'être arrêtés, épuisés, vers six heures du soir, à la ligne des hauteurs qui séparent le bassin de l'Allier de celui de la Dore.

Les gravures ci-dessus (fig. 41 et 42) représentent quelques-uns des grêlons qui ont été recueillis pendant l'orage du 14 juin, à la station de la plaine de l'Observatoire du Puy-de-Dôme, et au sommet de la montagne. Nous les devons à l'obligeance du savant directeur de cet Observatoire, M. Alluard, auquel nous adressons à ce sujet nos remercîments sincères.

Le grêlon n° 1 (fig. 41) était remarquable par sa transparence complète et l'absence de noyau central, le n° 4 par ses protubérances et ses bulles d'air. Les grêlons recueillis au sommet du

Fig. 42. — Grêlons de grandeur naturelle tombés le 14 juin 1877 au sommet du Puy-de-Dôme. (D'après les dessins communiqués par M. Alluard.) (Page 136.)

Puy-de-Dôme étaient opaques, d'aspect laiteux, et d'une forme singulière (fig. 42).

La même année, M. Émile de Barrau a observé une trombe de grêle près du lac Pavin, et il l'a décrite en ces termes :

Le 21 août 1877, nous avons quitté la petite ville des Bains du Mont-Dore à six heures du matin pour aller à Besse. Nous étions une dizaine de touristes, les uns à pied, les autres à cheval. Les 18, 19 et 20 août avaient été des jours chauds, d'une température lourde et fatigante. Le 21, vers deux heures du matin, un orage violent se forma sur le pic du Capucin, au-dessus de la ville, et sur le Sancy avec des éclairs très fréquents, mais le tonnerre était assez faible. A six heures du matin le temps est beau, mais orageux; nous partons. Arrivés sur le plateau de l'Angle, qui domine la vallée du Mont-Dore au nord, nous entendons le tonnerre vers le sud-ouest. Nous continuons cependant, et au moment où nous arrivons sur l'autre versant de la montagne, après avoir côtoyé quelque temps l'antique voie romaine qui traverse ce plateau (cette voie allait de Lyon à Limoges en passant par le Mont-Dore), nous sommes pris par une forte pluie mêlée à de petits grêlons, qui heureusement nous frappaient par derrière. L'orage qui nous suivait était divisé en deux : à droite, il passait sur le Sancy, à gauche sur des pics (ou puys) qui dominent le chemin d'Issoire ; puis, ces deux masses orageuses s'étaient rejointes devant nous, en sorte que nous étions tournés par un orage dont nous avions attrapé la queue.

Vers neuf heures nous arrivons à Chambon, dont nous apercevons de loin le lac charmant à travers de longues traînées de la pluie ; nous nous séchons dans une auberge et nous repartons. Le temps est passable jusqu'à Besse, où nous arrivons entre midi et une heure. Il pleut en ce moment sur le Sancy; le ciel est orageux. De Besse, après un repos nécessaire, nous partons à deux heures pour le lac Pavin, par la route de Besse à la Tour-d'Auvergne. Nous arrivons vers trois heures et demie au lac Pavin, formé,. comme on le sait, dans un de ces nombreux cratères qui font de l'Auvergne le plus curieux pays de France. Depuis ce moment jusqu'à quatre heures dix minutes le tonnerre gronde sans interruption ; c'est un roulement continu. A quatre heures cinq minutes à peu près, nous quittons le lac Pavin; le vent est de plus en plus menaçant. C'est une sorte de rampe qui conduit du lac Pavin à la route, en suivant le ruisseau sorti du lac, et qui en est le trop-plein. Arrivés à 50 ou 60 mètres de la route, nous voyons, à 200 ou 300 mètres en remontant vers le Sancy, un immense nuage blanc qui descendait la vallée. En ce moment on ne sent aucun souffle de vent, l'air est d'un calme absolu. Pensant que le nuage qui s'approche vers nous promet une forte pluie, nous courons en toute hâte pour atteindre une grange située immédiatement de l'autre côté de la route. A peine y sommes-nous entrés que l'orage s'abat sur la grange avec fracas et avec une violence inouïe. Cet orage était composé de grosse grêle mêlée de larges gouttes de pluie ; le tout, poussé par un vent furieux du sud-ouest, tourbillonnait et puis se brisait sur le sol. Le vent était si violent, qu'un homme voulant entrer dans la grange fut obligé de se cramponner à la porte pour n'être pas enlevé; un roulier qui voulut en faire autant ne put arrêter sa voiture du premier coup, et les tonneaux dont elle était chargée, enlevés par l'ouragan, allèrent rouler sur la route. Quand j'ai vu venir cette grêle, l'orage était parfaitement limité, les bords en étaient nets et point brouillardés comme ceux de la pluie; le nuage avait la forme de deux grosses colonnes blanches, dont la base touchait le sol et la partie supérieure se confondait avec les autres nuages dont le ciel était couvert. Cette espèce de trombe ou de tourbillon a duré à peine trois ou quatre minutes; sa violence alla ensuite en diminuant, comme nous pûmes nous en assurer en redescendant la vallée, à mesure qu'elle s'éloignait du Sancy, où elle s'était formée. Les grêlons étaient très gros; j'en ai ramassé et dessiné quelques-uns (voy. les gravures ci-contre fig. 43). Tous se composaient d'un noyau central, blanc, rayonné, entouré d'une couche de glace transparente. Un certain nombre étaient gros comme des œufs de pigeon; la plupart des autres étaient gros comme des balles de pistolet. J'en ai ramassé un de ces derniers qui avait la forme d'un tétraèdre (n° 6).

Les plus gros avaient des formes bizarres, telles que les n°⁵ 1 et 3. Mes dessins, faits sur le lieu même et à la minute où les grêlons venaient de tomber, sont de grandeur naturelle.

Le tonnerre, dont le roulement avait été continuel, cessa dès que la grêle commença, et jusqu'à sept heures du soir il n'y eut plus d'orage; la température s'était beaucoup refroidie. Quand la montagne a été dégagée des nuages nous avons vu les pentes voisines du Sancy blanchies, évidemment par une couche de grêlons: A sept heures du soir un autre orage éclata et nous parut très violent sur le Sancy.

Le lendemain 22, nous avons quitté Besse de grand matin, nous sommes partis pour le Sancy avec un beau temps et un ciel pur. Arrivés au sommet nous avons trouvé des amas de grêlons dans les cavités du sol; il s'y trouvait encore des grêlons gros comme des œufs de poule, de formes irrégulières, toujours avec un noyau rond, blanc et rayonné (n°⁵ 2 et 5).

Nous en vîmes un qui avait à peu près la forme d'un oursin, et dont je donne la coupe médiane (n° 4). Il était parfaitement régulier.

Là aussi, la plupart des grêlons étaient gros comme des balles de pistolet. En redescendant du Sancy, sur le versant qui conduit à la vallée des Bains du Mont-Dore, nous avons trouvé encore des grêlons au pied du Sancy, mais dans la vallée même il n'en était pas tombé. Cette vallée, dans laquelle est située la petite ville des Bains,

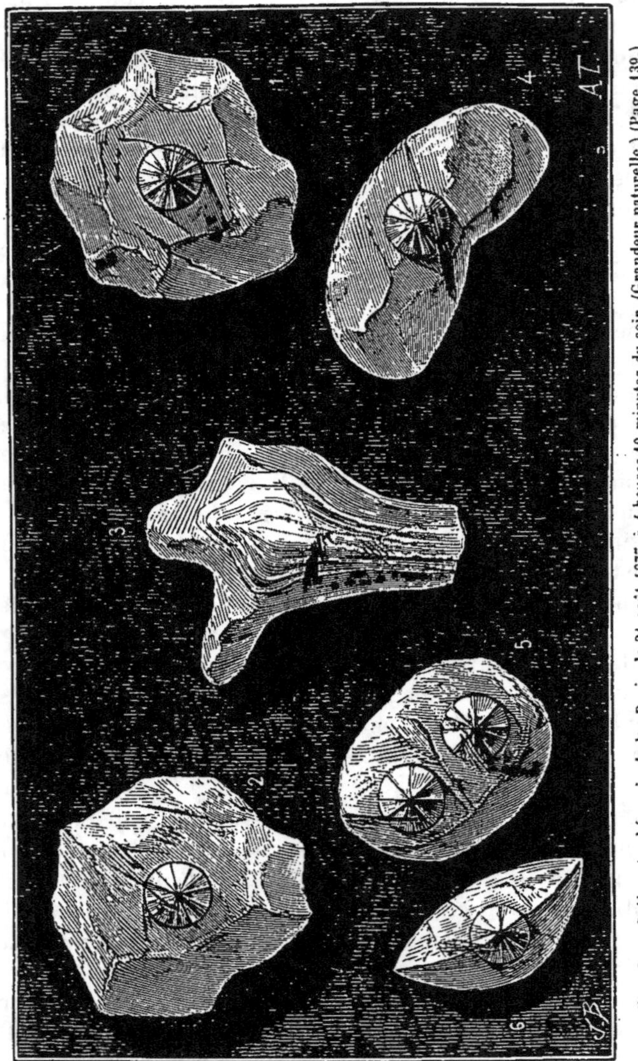

Fig. 43. — Grêlons tombés près du lac Pavin, le 21 août 1877, à 4 heures 10 minutes du soir. (Grandeur naturelle.) (Page 139.)

est sur le versant opposé à celui de la vallée de Besse. L'altitude de la vallée du Mont-Dore est de 1046 mètres au-dessus du niveau de la mer; le Sancy domine la vallée et toute la chaîne; il s'élève à 829 mètres au-dessus.

L'orage du 21 semble avoir été limité à une région très étroite; il ne paraît pas que l'on se soit plaint de cette grêle au delà de Besse. Cependant nous n'avons pas pu vérifier exactement son parcours. Peut-être cet orage est-il allé s'éteindre sur les bords de l'Allier, qui sont beaucoup trop souvent visités par la grêle.

C'est pendant cette même année 1877 que des chutes de grêlons ont ravagé les environs d'Orléans; le phénomène a été étudié par M. L. Godefroy à la Chapelle Saint-Mesmin.

Le 4 avril 1877, à deux heures de l'après-midi, l'orage était

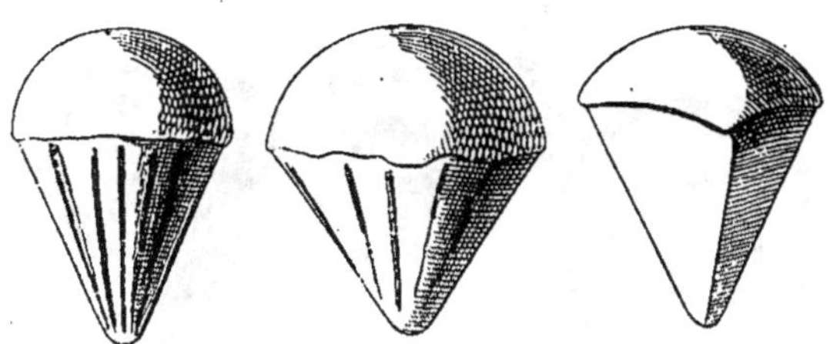

Fig. 44. — Grêlons tombés à la Chapelle-Saint-Mesmin (Loiret), à 2 h. 25 m. du soir pendant l'orage du 4 avril 1877. (Grandeur naturelle.) (Page 142.)

imminent, et déjà les premiers roulements du tonnerre se faisaient entendre.

On pouvait voir à ce moment deux couches bien distinctes de nuages; une supérieure d'un gris-perle presque uniforme et presque immobile, l'autre inférieure d'un noir foncé et douée d'un mouvement de translation rapide du sud au nord, et dont les bords semblaient soumis à des courants partiels qui les déchiraient et les modifiaient sans cesse.

A deux heures huit minutes, les premières gouttes de pluie tombent, pendant que les éclairs et les coups de tonnerre se succèdent avec rapidité. A deux heures douze minutes, les gouttes deviennent plus larges et plus serrées. A deux heures vingt minutes, les gouttes de pluie sont énormes et très serrées; le vent de terre est toujours nul. A deux heures vingt-cinq minutes, crépitement suivi d'une chute de grésil accompagnée de gros grêlons d'une forme bizarre et régulière, dérivée de la pyramide sphérique et rappelant assez bien la forme du diamant taillé en brillant. A deux heures trente minutes, la chute des grêlons cessé, la pluie tombe par torrents, le vent souffle du sud avec violence et tourne lentement au sud-ouest, puis à l'ouest. A trois heures quinze minutes, le vent se calme un peu et la pluie est moins abondante. Les grêlons tombés avaient tous la même forme géométrique. Cette forme était celle d'un solide de révolution dérivé de la pyramide sphérique ; on peut encore consi-

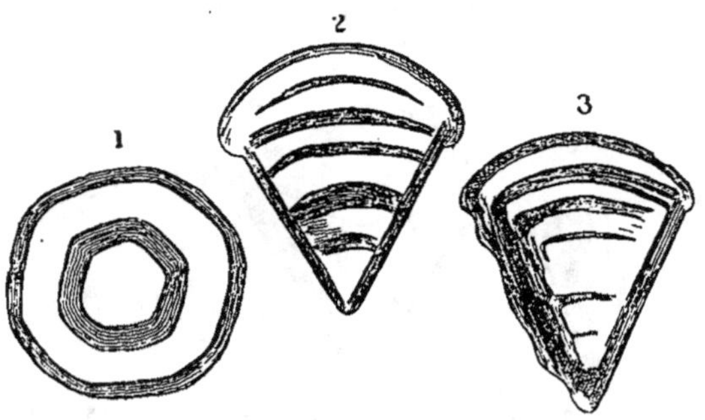

Fig. 45. — N° 1. Section droite d'un grêlon. — N°° 2 et 3. Coupes suivant l'axe. (Les zones noires du dessin représentent les parties les plus transparentes). (Page 143.)

dérer ce solide comme formé par la juxtaposition base à base d'un segment sphérique (à une base) et d'un cône.

La longueur de l'axe oscillait entre 25 et 30 minutes. Le diamètre à la base du segment sphérique était compris entre 20 et 22 minutes. Les poids comptés en grammes étaient représentés par $4^{gr},7$ jusqu'à 6 grammes (fig. 44).

Tous ces grêlons étaient très blancs, opaques et presque spongieux, ressemblant beaucoup à de la neige agglutinée.

La calotte sphérique était toujours lisse ; la surface conique, au contraire, était rendue plus ou moins rugueuse et cannelée par la présence de cristaux allongés et confus. Dans un des échantillons, cette surface était celle d'une pyramide quadrangulaire presque régulière. Tous avaient pour projection horizontale une couche plus ou moins polygonale, un échantillon surtout était remarquable par sa forme hexagonale.

La coupe suivant l'axe (fig. 45) indiquait que ces corps étaient formés d'une série de zones concentriques alternativement opaques et semi-transparentes.

On pouvait y distinguer un noyau central, dont les couches sphériques avaient toutes pour centre le sommet du cône ; autour de ce noyau s'étaient déposées de nouvelles couches généralement peu nombreuses qui en suivaient les contours. La couche la plus superficielle était toujours transparente. Cette disposition intérieure du noyau était rendue très apparente, lorsque par la fusion la couche superficielle avait disparu.

Une coupe perpendiculaire à l'axe montrait une série plus ou moins nombreuse de zones concentriques alternativement opaques et semi-transparentes.

Pour expliquer cette forme curieuse, on peut supposer un très gros grêlon sphérique, formé, suivant la théorie de M. Faye, par une série d'alternatives pendant lesquel-

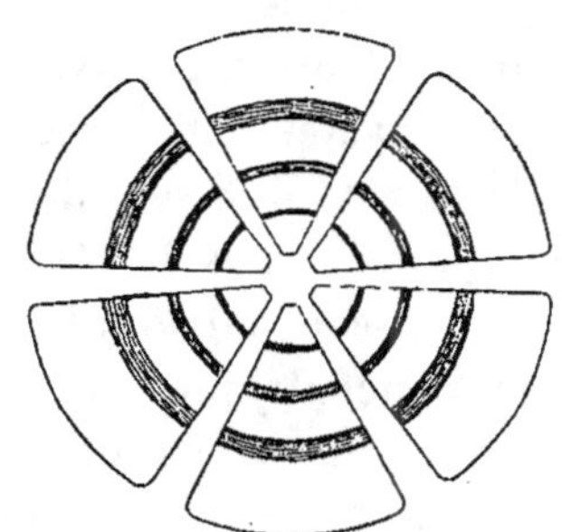

Fig. 46. — Coupe théorique d'un grêlon montrant sa segmentation en pyramides.

les il aurait rencontré tantôt des aiguilles de glace, tantôt de l'eau vésiculaire. Puis à un moment donné et par une cause encore inconnue, ce grêlon se sera segmenté, ainsi que l'indique la coupe théorique ci-jointe (fig. 46), en un certain nombre de pyramides sphériques, les unes hexagonales, les autres pentagonales ou quadrangulaires.

Chacune de ces pyramides, continuant à flotter au sein du nuage et tournant sur son axe, se sera accrue par le dépôt de nouvelles couches qui ont ainsi masqué plus ou moins leurs arêtes. Les grêlons sont alors tombés sur le sol avec leur forme caractéristique[1].

---

[1] D'après une communication de M. l'abbé Godefroy.

Les chutes de grêle sont peu fréquentes à Paris; cependant elles y atteignent parfois une grande intensité.

Le 7 septembre 1876, une forte averse de grêle a eu lieu à Paris, au-dessus du quartier de l'Observatoire. Les grêlons atteignaient des dimensions peu communes, et ils affectaient des formes remarquables. M. E. Fron, alors chef du service météorologique, les a examinés attentivement, et il a dessiné ceux qui lui paraissaient offrir le plus d'intérêt. Après les avoir signalés dans le *Bulletin de l'Observatoire*, M. Fron a bien voulu nous communiquer à leur sujet quelques documents que nous nous empressons de reproduire.

La chute de grêle s'est produite à trois heures du soir. Elle a duré sept minutes environ. La gravure ci-jointe (fig. 47) représente exactement ces curieux projectiles atmosphériques. Les figures n° 1 et 5 sont des coupes faites parmi les grêlons les plus communs. Dans le n° 1 l'intérieur est d'un blanc opalin sans couches concentriques. Dans le n° 5, au contraire, les couches concentriques sont nettement indiquées; le centre seul est opaque, ainsi que l'intervalle qui sépare les diverses couches. La figure n° 2 correspond à une forme qui a été fréquente. Le grêlon présente deux cornes, et, suivant l'axe des cornes, il existe une grande quantité de petites bulles de gaz, comme on l'a figuré sur le dessin. Quelques-uns des grêlons devaient avoir une longueur double, mais les cornes s'étant brisées en tombant, on ne les a pas dessinées. Les grêlons représentés par les n° 3 et 7 offraient à leur surface des mamelons lui donnant l'aspect de framboises. Les autres grêlons (n° 4 et 8) sont remarquables par la présence de bulles de gaz très volumineuses. De petites bulles, très fines, existaient en grand nombre dans les grêlons n° 2 et 3.

On ne saurait trop appeler l'attention des météorologistes sur l'étude des grêlons, dont le mode de formation est encore si mystérieux, et recommander l'examen des conditions atmosphériques dans lesquelles ils prennent naissance. Arago a donné l'énumération des chutes de grêle les plus remarquables qu'ont pu lui fournir les annales de la météorologie. Nous ne parlerons

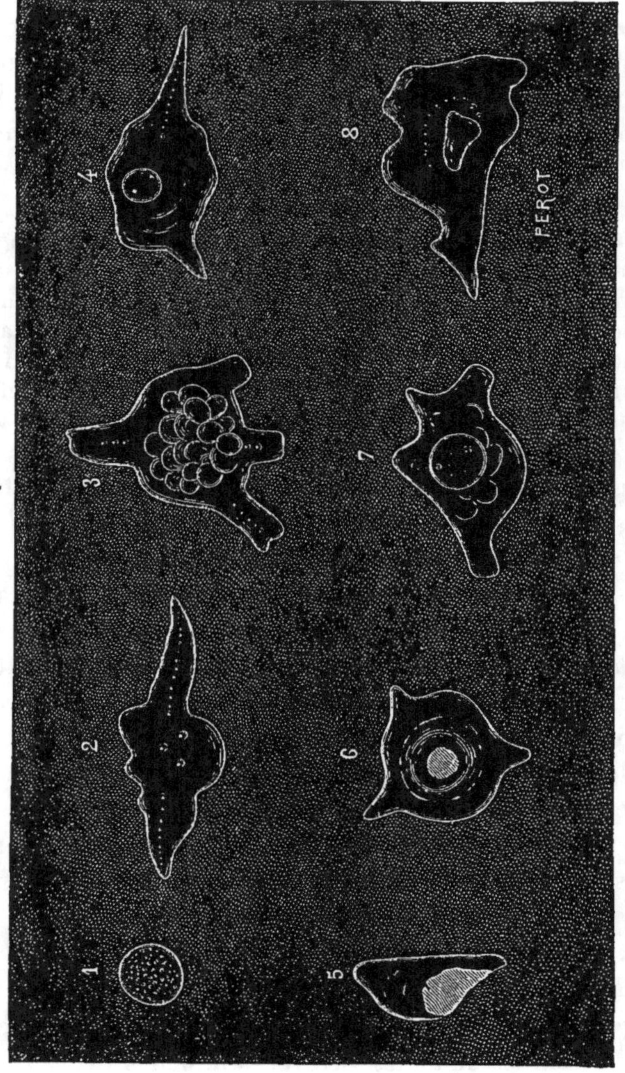

Fig. 47. — Grêlons tombés le 7 septembre 1875, à trois heures du soir, à l'Observatoire de Paris. Coupes représentées grandeur naturelle. D'après les dessins de M. E. Fron, chef du service météorologique à l'Observatoire de Paris.) (Page 144.)

pas ici de ces faits devenus classiques; mais nous en signalerons deux autres dont le premier est inédit et le second fort peu connu.

M. le professeur Martial Lamotte (de Clermont-Ferrand), qui a étudié avec beaucoup de zèle les orages de pluie et de grêle dans le département du Puy-de-Dôme, nous a autorisé à publier les dessins qu'il a exécutés de grêlons vraiment prodigieux tombés aux Gazeries en septembre 1873. Ces grêlons étaient formés de zones alternativement opaques (blanc mat) et transparentes ; leur forme et leur grosseur sont remarquables.

Leur chute, nous a écrit M. Martial Lamotte, a été accompagnée d'un phénomène qu'il est peut-être utile de noter. Cette chute a eu lieu par un temps très calme ; les grêlons tombaient verticalement, et si mollement, que, malgré leurs dimensions, ils n'occasionnaient aucun dégât ; ils paraissaient en quelque sorte soutenus par une force électrique, et, chose singulière, ceux qui frappaient le toit retombaient ensuite sur le sol bien plus violemment que les autres.

Notre gravure 49 donne l'aspect de plusieurs de ces grêlons. Le n° 1 est hérissé de pointes, et le noyau opaque est central, comme dans le n° 2, où il prend une forme très irrégulière. Le n° 3 est formé de couches alternativement opaques et transparentes. Dans le n° 4 le noyau central est au contraire transparent, et s'allonge dans la masse en aiguilles qui rayonnent autour du centre. Le n° 5 est opaque à l'intérieur et au centre ; il comprend une zone intermédiaire transparente. Le n° 6 est remarquable par ses dentelures centrales dénotant une structure cristalline.

Nous recommanderons aux observateurs d'examiner avec soin les corpuscules solides étrangers à l'eau, qui existent dans les grêlons.

Il suffit de les laisser fondre dans un vase de verre bien propre, et d'examiner au microscope le sédiment qu'ils abandonnent. Dans le sédiment déposé par l'eau de grêle, en outre de poussières aériennes de toutes sortes et habituelles aux eaux météoriques, j'ai fréquemment reconnu l'existence de corpuscules tout particuliers, animés du mouvement brownien.

Je citerai, pour terminer cette courte énumération de grêlons

curieux, le passage suivant, extrait d'un mémoire de M. E.-H.
Von Baumhauer, intitulé : *Sur l'origine des aurores polaires*, et
publié dans les *Comptes rendus de l'Académie des sciences*,
tome LXXIV, page 678 :

Plus d'une fois on a observé des chutes de grêle dans lesquelles les
grêlons avaient un noyau métallique, et je présume que le fait se
présenterait fréquemment, si l'on se donnait plus souvent la peine
d'examiner les grêlons. C'est ainsi, par exemple, que Eversman a
trouvé dans des grêlons, tombés à Sterlitamack, dans la province
d'Orembourg, en Russie, des octaèdres obtusangles de sulfure de fer,
dans lesquels Herman a dosé 90 pour 100 de fer[1]. De même, il est
tombé, le 21 juin 1821, dans la province de Majo, en Espagne, des
grêlons avec des noyaux métalliques où Pictet a constaté la présence
du fer au moyen du ferro-cyanure de potassium[2]. Mais ce qui mérite
surtout notre attention, c'est la chute à Padoue, le 26 août 1834, de
grêlons avec des noyaux de couleur gris cendré. Ces noyaux, examinés
par Cozari[3], consistaient en grains de diverses grosseurs, dont les plus
gros étaient attirables à l'aimant et furent trouvés composés de fer et
de nickel. L'identité de cette matière avec celle des aérolithes ne peut
guère faire l'effet d'un doute.

Nous compléterons ces documents que nous avons réunis sur
les grêlons en reproduisant une intéressante observation par feu
le P. Secchi.

« Dans les nombreuses occasions que j'ai eues d'observer le phénomène de la grêle, dit le savant romain, j'ai toujours été frappé des
mouvements tourbillonnaires qui l'accompagnent et qui paraissent inséparables de sa production. Ces tourbillons se produisent,
tantôt autour d'un axe horizontal, tantôt autour d'un axe vertical, mais, dans tous les cas, ils doivent contribuer à déterminer
une descente rapide de l'air froid des régions supérieures, et,
par conséquent, à produire la source de froid nécessaire à la ra-

---

[1] *Gilb. Ann.*, LXXVI, p. 340.

[2] *Id.*, LXXII, p. 436.

[3] D. L. Cozari, *Annali delle scienze del regno Lomb.-Veneto*, nov., déc. 1834,
dans *New Edimb.-phil. Journal*, XXXVII, p. 83.

pide congélation de l'eau malgré la chaleur développée par la descente et la compression de l'atmosphère.

« Je puis citer des phénomènes très curieux, constatés par des aéronautes qui auraient observé de semblables tourbillons, même dans un ciel serein, à des hauteurs peu considérables, et avec un froid très intense. Postérieurement à la publication d'un premier travail à ce sujet, j'ai pu observer une chute de grêle très intéressante à Grotta-Ferrata, à la fin de septembre 1876 ; elle a contribué à confirmer mes idées sur le phénomène.

« Le nuage à grêle se forma avec une étonnante rapidité ; il

Fig. 48. — Grêlon cristallisé pesant 60 grammes, trouvé le 27 septembre 1872, à Grotta-Ferrata, au pied du Monte-Cavo. (Page 148.)

divisait le ciel en deux moitiés, du nord-ouest au sud-est, et se propageait en avançant et se déroulant comme une immense balle de laine ou de coton. Le mouvement tourbillonnaire y était évident. Les premières gouttes de pluie eurent une dimension extraordinaire, au moins 1 centimètre cube. La pluie fut suivie d'une grêle épouvantable, dont les grêlons étaient formés de groupes de cristaux, assemblés autour d'une petite masse irrégulière de glace. Je joins ici une figure faite sur place (fig. 48). L'apparence était celle de groupes de cristaux de quartz, la plupart à quatre ou cinq et six pans, terminés par une pyramide. Les groupes pesaient de 40 à 60 grammes. Certains blocs furent pesés à

Fig. 49. — Grêlons tombés près de Clermont-Ferrand, en septembre 1873. Coupes représentées grandeur naturelle.
(D'après les dessins de M. le professeur Martial Lamotte.) (Page 146.)

Marino : leur poids atteignait 300 grammes. On n'observa qu'un très petit nombre de grains ronds à couches concentriques, à Grotta-Ferrata. La forme cristalline représentée ici me paraît avoir une grande importance.

« Le nuage à grêle produisait un bruit terrifiant et tout particulier ; c'était une espèce de pétillement semblable à celui que produirait la simple collision de corps durs. Les décharges électriques étaient continues au sein du nuage et avaient une très grande intensité.

« Heureusement, à Grotta-Ferrata, le phénomène dura très peu de temps : une minute ou deux environ. Mais à Marino, en quelques points, la grêle *pointue*, comme on disait, arriva à l'épaisseur de 10 et même 20 centimètres, elle produisait une véritable dévastation. La direction de la propagation du fléau fut celle du sud-est au nord-ouest.

« Les cristaux qui formaient les grêlons avaient de 10 à 15 millimètres de diamètre et de longueur, et ils ont dû se former dans des masses assez considérables d'eau congelée instantanément et se souder ensemble. L'électricité développée dans cette circonstance était probablement la cause du pétillement qu'on entendait à l'approche du nuage. Je pense qu'en général l'électricité n'est pas la cause, mais l'effet de la grêle. »

On voit par ces faits combien l'étude de grêlons peut être riche en révélations inattendues.

CHAPITRE V

Les éclairs. — La foudre. — Les aurores boréales. — Les perturbations magnétiques.

Le globe terrestre est un vaste réservoir d'électricité, et l'océan est le théâtre de phénomènes électriques, dont les expériences faites dans les cours de physique nous donnent une idée en infiniment petit. Les éclairs, la foudre constituent les étincelles électriques de la nature ; les aurores boréales sont des dégagements de fluide analogues aux effluves des tubes de Geissler.

Nous réunirons dans ce chapitre un résumé d'observations curieuses des principaux météores électriques, et nous parlerons d'abord des curieux éclairs en chapelet qui ont été spécialement signalés en 1876 par notre savant ami M. Gaston Planté.

L'orage qui a éclaté sur Paris et ses environs le 18 août 1876, vers 6 heures du matin, a offert un exemple d'un genre d'éclair très rare, non encore classé en Météorologie, et de nature à jeter un nouveau jour sur la formation de la foudre globulaire.

La vaste nuée qui obscurcissait le ciel a donné d'abord naissance à une série d'éclairs de grande longueur et de formes très variées : quelques-uns étaient bifurqués ; d'autres présentaient des courbes à points multiples ou des contours fermés. Ces éclairs paraissaient, en général, composés de points brillants, semblables aux sillons de feu produits sur une surface humide par un courant électrique de haute tension.

Mais le plus remarquable entre tous est celui qui s'est élancé de la nue vers le sol, en décrivant une courbe semblable à un S allongé, et qui est resté visible pendant un instant appréciable, en formant comme *un chapelet de grains brillants*, disséminés le long d'un filet lumineux très étroit (fig. 50). Cet éclair, que nous avons observé des hauteurs de Meudon, a paru frapper Paris dans la direction de Vaugirard. On sait, en effet, que la foudre est tombée dans ce quartier, sur plusieurs points, boulevard de Vaugirard,

Fig. 50. — Éclair en chapelet observé au-dessus de Paris pendant l'orage du 18 août 1876. (D'après un croquis pris des hauteurs de Meudon.) (Page 153.)

rue d'Assas, etc. Il est probable que la chute de la foudre a dû avoir lieu simultanément sur ces divers points, et qu'elle s'est divisée en plusieurs branches ou en plusieurs *grains* dans le voisinage du sol ; car nous n'avons vu qu'un seul éclair atteindre la terre dans cette direction. La pluie avait été très abondante et de longue durée, en sorte que l'air, traversé par la décharge, devait être entièrement saturé de vapeur d'eau.

Cette formation de grains lumineux, alternant avec des traits de feu, est une conséquence de l'écoulement du flux électrique au travers d'un milieu pondérable et tout à fait analogue soit au chapelet de globules incandescents que présente un long fil métallique fondu par un courant voltaïque, et dont les extrémités restent un instant suspendues en fusion aux pôles de la pile, soit encore aux *renflements* et aux *nœuds* résultant de l'écoulement de toute veine liquide. De telles agglomérations de matière électrisée et lumineuse doivent être naturellement plus lentes à se dissiper que le trait lui-même qui les relie, et ainsi s'explique la persistance de l'éclair observé.

Ce genre d'éclair constitue un phénomène indicatif, qui montre la transition de la forme ordinaire de la foudre en traits sinueux ou rectilignes à la forme globulaire. On conçoit, en effet, que, si la condensation électrique sur quelques points du trajet de l'éclair est plus considérable, les *grains* puissent acquérir un certain volume, et donner naissance à des globes restant quelque temps visibles. Ainsi les globes fulminants peuvent être considérés comme dérivant d'un éclair *en chapelet*, et si l'on ne voit pas, sur le point même où ils apparaissent, le trait de foudre d'où ils se sont détachés, c'est qu'on ne peut saisir de près tout l'ensemble du phénomène, comme lorsqu'on est placé à une grande distance.

Cette observation s'accorde avec une autre du même genre, citée par M. du Moncel [1] dans la description d'une série d'éclairs à sillon persistant. Pendant un orage à Londres, dans la nuit du 19 au 20 juin 1857, on remarqua plusieurs éclairs « qui persistaient pendant quelques instants, et ne disparaissaient qu'après s'être comme fondus *en lumière granulaire* ». On pourrait donc réunir ces exemples d'éclairs d'un caractère particulier, et les classer, sous le nom d'*éclairs en chapelet*, parmi les phénomènes météorologiques.

L'aspect des éclairs est très varié ; nous mentionnerons seulement les *éclairs en zig-zags*, les plus fréquents, et les *éclairs de chaleur* qui proviennent d'orages lointains. Il en est qui offrent des aspects très différents, notamment ceux que nous avons observés pendant l'orage du 18 août 1878.

L'orage a éclaté dans la soirée à Paris et dans les environs, dans la direction du S.-O. au N.-E. A 11 heures du soir, de nombreux éclairs paraissaient s'élever de l'horizon pour aller

---

[1] *Notice sur le tonnerre et les éclairs*, p. 54.

rejoindre les nuages supérieurs. La gravure ci-contre (fig. 51) représente un de ces éclairs observés à 11 heures du soir.

Pendant la durée de cet orage, chaque éclair était accompagné d'une diminution dans la tension électrique de l'air, qui est restée constamment positive.

Un de nos compatriotes qui a longtemps résidé au Brésil, M. Léon Dumas, nous a signalé, d'autre part, des formes d'éclairs tout à fait rares.

Il nous a été donné d'observer, en août 1877, lors d'un orage assez violent qui avait pour théâtre la petite ville de Vassouras, dans la province de Rio-de-Janeiro, deux formes singulières d'éclairs. Les décharges électriques se suivaient sans interruption et affectaient pour la plupart le trait sillonné, d'observation commune.

Mais dans les zones intertropicales, la tension électrique des nuées est plus forte que chez nous, par suite de l'intensité des phénomènes d'évaporation, de là des dessins parfois bizarres occasionnés par certaines ramifications des éclairs.

Une forme d'éclair fort curieuse est figurée dans le premier de nos croquis (fig. 52). C'est une sorte d'explosion offrant dans ses contours quelque analogie avec la flamme d'une bougie. La décharge affectait, au lieu du zigzag habituel, un ensemble pyriforme allongé, rectiligne, encadré d'une auréole également fort allongée. .

Une seconde forme d'éclair, plus commune sous la zone torride, présente un tronc principal, jaillissant d'un épais nimbus, se subdivisant en deux branches, dont l'inférieure ne tarda pas également à se subdiviser. Cette forme se rapproche assez bien des éclairs arborisés déjà signalés par M. Em. Liais.

Les phénomènes électriques, bien que communs au Brésil, n'ont pas généralement l'intensité qui rend les orages des Antilles et des Indes si redoutables. Nous attribuons ces faits à l'orographie du pays et à sa végétation. Les chaînes de montagnes sont nombreuses et n'ont pas de ces pics saillants qui semblent tout attirer. Ce sont, pour ainsi dire, autant de sommets situés à peu près à la même altitude et chacun d'eux exerce un rôle dans les échanges aériens.

D'autre part, la végétation couvre le pays d'un superbe manteau protecteur. Le pouvoir des pointes est exercé par des milliers d'organes qui permettent un écoulement constant de l'électricité négative du sol. Est-ce à un état réfractaire que certains végétaux doivent leur réputation d'attirer plus spécialement la foudre, en occasionnant des vides dans les zones protégées? Nous n'en savons rien. Mais c'est là la réputation faite notamment au *Peroba* (Aspidosperma Gomesianum), aussi se garde-t-on bien de l'employer comme bois de charpente.

Les nuages, élevés échappant en partie à ces recombinaisons constantes des deux manières d'être de l'électricité, donnent lieu à des décharges accidentées dans leur parcours par suite du voisinage

Fig. 51. — Éclair observé à Paris pendant l'orage du 18 août 1878. (Page 155.)

de nuées différemment électrisées. Le ton rose-violet des éclairs indique déjà une élévation fort grande.

D'observations quotidiennes, trop courtes malheureusement, nous avons pu constater que les éclairs muets ou éclairs de chaleur se manifestaient de préférence dans les régions où l'altitude était la moindre.

Les phénomènes électriques de l'atmosphère se manifestent dans toute leur intensité pendant les orages, et c'est alors que la foudre exerce ses ravages à la surface de la terre.

Nous donnerons une idée des faits souvent singuliers qui se rattachent aux orages et à la foudre, en décrivant d'abord une de ces perturbations électriques observées en Suisse.

Jeudi 17 juin 1880, dans l'après-midi, un orage intense se développait sur les cimes qui séparent Montreux de Fribourg; des coups de tonnerre très rapprochés frappaient les crêtes des Avants et de l'Alliaz, mais la pluie n'avait pas atteint les bords

Fig. 52. — Formes d'éclairs observés au Brésil.

du lac, lorsqu'une effroyable détonation ébranla les maisons de Clarens et de Tavel.

La foudre était tombée sur le pré voisin du cimetière de Clarens et avait brisé un magnifique cerisier dont le tronc mesure à peu près un mètre de circonférence. A peu de distance, plusieurs personnes travaillaient dans les vignes; une petite fille ramassait des cerises; sa mère l'ayant rappelée, elle se trouvait à trente pas de l'arbre. Tout à coup elle est comme enveloppée de feu. Un homme revenait au travail; il devait passer sous l'arbre, mais il s'arrête un moment pour allumer sa pipe; la foudre tombe à vingt pas; il entend une détonation comme un coup de pistolet tiré derrière son dos, et reçoit sur la tête un choc pareil à celui d'une baguette de fer. Les personnes qui se trouvaient dans les vignes sont restées longtemps immobiles de frayeur avant de prendre la fuite.

Sur le cimetière de Clarens, des phénomènes étranges se sont manifestés. Six personnes séparées en trois groupes, placées à deux cent cinquante pas de l'arbre brisé, ont été enveloppées dans une vapeur lumineuse; une seule, tournée du côté du Chatelard, a vu une colonne de feu descendre sur le Verger; des étincelles électriques jaillissaient des doigts d'une jeune fille, tandis que la mère entendait un crépitement autour des barreaux pointus d'une grille tumulaire.

L'arbre, déchiré par de profondes fissures, était debout, et le propriétaire espérait le conserver. Mais l'orage de la nuit l'a renversé; il présentait des ravages intérieurs tout à fait particuliers; on aurait dit qu'il avait été déchiqueté par une charge de dynamite placée dans son centre. Il est vrai qu'une fissure interne avait favorisé l'action du fluide électrique [1].

Il nous a été donné d'observer avec soin plusieurs orages à Paris. Nous résumerons ici les effets produits par celui qui a sévi le 28 juin 1879.

Le samedi 28 juin, les habitants de Paris ont été réveillés par le bruit de coups de tonnerre d'une intensité rare. La foudre est tombée en plusieurs endroits, où elle n'a pas seulement causé des dégâts matériels.

Dans un chantier situé rue François Ier, plusieurs ouvriers étaient occupés à barder des pierres, quand un coup de tonnerre vint les surprendre. L'eux d'eux fut frappé mortellement, et les deux autres ont reçu des commotions violentes qui, très probablement, les paralyseront pour quelque temps.

Avenue Marbeuf, un passant a été foudroyé; rue de Rome, la foudre est tombée à côté d'un groupe de porteurs de journaux;

____

[1] Voy. *Journal de Genève.*

tous ont été renversés, mais heureusement aucun d'entre eux n'a été blessé. Deux ouvriers qui se rendaient à leur atelier se sont évanouis de frayeur.

Rue Saint-Georges, une femme électrisée par la foudre n'est revenue à elle qu'au bout d'une heure.

Sur les quais, la foudre a tué les deux chevaux de l'omnibus du collège Stanislas. Quant au cocher et à un maître d'études qui se trouvait dans le véhicule, ils n'ont eu d'autre mal que la peur.

Nous avons examiné en détail une des maisons qui a été atteinte par la foudre, celle de l'avenue de Clichy, n° 34 ; elle a été le théâtre de phénomènes très remarquables, dont le lecteur se rendra compte en jetant les yeux sur la gravure (fig. 53). La foudre paraît avoir pénétré dans la maison par un tuyau d'écoulement des eaux, situé du côté de la cour en T ; elle a suivi la solive qui sépare le quatrième étage du cinquième. Dans la chambre n° 1, les carreaux du plancher ont été soulevés sous la commode A, dont le marbre a été cassé. Le globe de la pendule C a été percé d'un trou rond à travers lequel on peut passer le poing, le balancier de la pendule a été décroché et tordu, le marbre de la table de nuit B a été brisé. Une vieille dame qui buvait un bol de lait dans cette chambre a senti une secousse violente. Le plafond de la chambre du dessous (n° 3) s'est effondré, tout a été mis en pièces dans cette chambre, et les carreaux de la fenêtre N ont été brisés au milieu d'un nuage de poussière formé par les plâtras. La foudre a pénétré en même temps au cinquième étage dans la chambre n° 2. Une brave femme qui y habite, effrayée par les coups de tonnerre, s'était assise sur le bord de son lit et caressait son chien pour le rassurer ; tout à coup la foudre a brisé son lit, le sommier est tombé à terre, et le pied du lit D a été haché comme à coups de tranchet. Les carreaux de brique, du sol de la pièce, ont été brisés en E et en F. Le témoin de ce phénomène raconte que le bruit a été effroyable, et que le dégât s'est accompli au milieu d'un nuage de fumée accompagné d'une forte odeur de poudre. La chambre du dessous, n° 4, n'a pas été atteinte. Le concierge de la maison a vu le coup de foudre; il se trouvait dans la cour, quand une lueur a passé devant ses yeux. Il a ressenti une vive commotion.

Un de nos correspondants de Cordoba (République Argentine), M. P. A. Conil, nous a envoyé le récit des terribles effets produits par un coup de foudre qui, le 30 janvier 1881, a causé la mort de plusieurs de ses concitoyens.

Le temps était orageux et lourd à partir de midi; toute la journée des nuages épais obscurcirent le ciel ; à cinq heures du soir, l'orage se déchaîna, une pluie torrentielle détrempa le sol, les éclairs et le tonnerre se succédèrent, sans cependant offrir une intensité extraordinaire. Tout à coup, à cinq heures vingt minutes, la nuée s'illumine, l'atmosphère est sillonnée par l'éclair; une détonation formidable se fait entendre. La foudre tombe sur une des maisons du champ de course, où un grand nombre de personnes se sont réfugiées. Elle semble s'être divisée en deux rameaux distincts; presque tous les assistants sont renversés ; quatre d'entre eux sont frappés de mort.

Au moment où ce coup de foudre produisit une si épouvantable catastrophe, voici quel était l'état de l'atmosphère, d'après les observations de l'Observatoire National, dirigé par M. le docteur Benjamin A. Gould. De cinq heures à cinq heures trente minutes, la situation est restée la même. Le thermomètre à boule sèche marquait 26°,9 ; le thermomètre à boule mouillée 24° ; le baromètre donnait une pression de 714^{mm},38; la direction du vent était S.-E.

M. Paul Desmarest, directeur de l'observatoire de Douai, nous a communiqué d'autre part le curieux résultat causé par l'effet d'un coup de foudre observé par lui lors de l'orage du 20 décembre 1881.

A 10 heures 1/2 du soir, un unique et violent coup de tonnerre s'est fait entendre; il était accompagné d'un éclair très intense. Des averses de pluie et de grêle avaient eu lieu à différentes reprises dans la journée. La foudre est tombée à Sin-le-Noble sur la cheminée de la sucrerie et raffinerie de M. Frévet. Cette cheminée, haute d'environ 50 mètres, est complètement découronnée. Une échancrure d'environ 9 mètres s'est produite au faîte. La foudre en est descendue le long, où elle a occasionné des crevasses et des éraillures assez profondes.

Elle a ensuite enlevé la gargouille, inondé de suie les chauffeurs,

Fig. 53. — Coupe de la maison frappée par la foudre pendant l'orage du 28 juin 1879 (n° 34, avenue de Clichy, à Paris). Figure servant à l'explication des phénomènes électriques.

parcouru les ateliers, éteint les becs de gaz, puis est sortie par un soupirail pour se perdre dans la terre.

G. Tissandier. — L'Océan aérien.

11

Durant ce trajet, elle a entouré de flammes un ouvrier sans lui faire le moindre mal. Du reste personne n'en a ressenti aucune atteinte.

Plusieurs carreaux d'une maison voisine ont été cassés par le contre-coup de la foudre.

La photographie reproduite un peu plus loin (fig. 54) montre bien les dégâts occasionnés par ce météore ainsi que son trajet fait sur la cheminée.

Les hangars voisins ont été endommagés par la chute des matériaux.

Nous ne prolongerons pas plus longtemps la description des coups de foudre et de leurs effets, mais nous ajouterons que la météorologie moderne a contribué à bien faire connaître les circonstances qui accompagnent la formation et la disparition des orages. On sait aujourd'hui que les orages ne sont plus des phénomènes purement locaux, ils prennent naissance en un point, se déplacent dans l'atmosphère avec des vitesses de translation plus ou moins considérables, et s'éteignent souvent en des lieux très éloignés. C'est ainsi que les orages en France se forment souvent dans les régions du Sud-Ouest, traversent notre pays et disparaissent vers le Nord-Est.

Les orages sont plus rares dans les contrées du Nord que sous les tropiques. Le tonnerre gronde presque constamment à certaines saisons de l'année dans la Guyane, le Guatemala, etc. ; au delà des cercles polaires les orages sont très rares.

Le contraire a lieu pour le phénomène des aurores polaires dont nous allons à présent parler.

Nous résumerons d'abord les observations faites par M. Nordenskiold lors de l'expédition de *la Véga* en 1879.

La gravure ci-jointe (fig. 55) représente l'aspect le plus fréquent qu'a affectée l'aurore boréale dans le détroit de Behring, en 1878-79.

« Nous ne l'avons jamais vue dans ces contrées, dit M. Nordenskiold, sous l'apparence de magnifiques rubans ou de draperies lumineuses qu'elle présente si fréquemment en Scandinavie, mais seulement comme des arcs lumineux semblables à un halo et qui restaient, heure après heure, et jour après jour, dans la même position. Quand le ciel n'est pas voilé par les nuages et que la faible lumière de l'aurore ne disparaît pas devant l'éclat des rayons du soleil ou de la pleine lune, ces arcs paraissent généralement entre huit et neuf heures du soir et sont visibles sans interruption au milieu de l'hiver jusqu'à six heures et plus tard dans la saison, jusqu'à trois heures du matin (fig. 55). Il suit de là que l'aurore, même dans une année où elle est à son minimum, *est un phénomène naturel permanent.* La position presque fixe des arcs a de plus permis de prendre un grand nombre de mesures de leur hauteur, largeur et position dont je crois pouvoir tirer les conclusions suivantes : notre globe est orné, même dans les années minima d'aurores, d'une couronne lumineuse simple, double ou multiple presque constante, dont le bord intérieur est situé à une hauteur d'environ 200 kilomètres ou 0,03 du rayon terrestre au-dessus de la surface de la terre (fig. 56) ; le centre de cette couronne lumineuse, « le pôle de l'aurore, » est un peu au-dessous de la surface de la terre, un peu au nord du pôle magnétique, et le diamètre de cette couronne étant de 200 kilomètres, soit 0,3 du rayon terrestre, elle s'étend sur un plan perpendiculaire à ce rayon qui en touche le centre.

« J'ai appelé cette couronne lumineuse *la gloire de l'aurore,* à cause de sa forme et de sa ressemblance avec les auréoles qui entourent les têtes des saints. Cette aurore boréale en forme de couronne est à l'aurore de Scandinavie en forme de rayons ou de draperies, ce que sont aux vents orageux et irréguliers du Nord, les vents alizés et moussons du Sud. La lumière de la couronne elle-même n'est jamais en rayons, mais ressemble à celle qui traverse un verre noirci. Quand l'aurore est plus forte, la dimension de la couronne lumineuse change ; on voit des arcs doubles ou multiples qui sont généralement dans le même plan et ont un centre commun avec des rayons qui vont d'un arc à l'autre. On voit rarement des arcs placés irrégulièrement les uns par rapport aux autres ou se croisant...

« L'espace dans lequel les arcs communs sont visibles est com-

pris entre deux cercles qu'on pourrait tracer sur la terre, dont le
pôle de l'aurore serait le centre, et qui auraient des rayons de 8°
et de 28° mesurés sur la circonférence du globe. Il touche seulement dans une petite partie aux contrées habitées par des peuples
d'origine européenne (la partie la plus septentrionale de la Scan-

Fig. 54. — Effet du coup de foudre du 20 décembre 1882 sur une cheminée d'usine près de Douai
(D'après une photographie.) (Page 162.)

-dinavie, l'Irlande, le Groënland danois), et même au milieu de
cet espace il y a une bande qui passe par le centre du Groënland,
le sud du Spitzberg et la Terre de François-Joseph, où l'arc
commun forme seulement un faible voile lumineux très étendu
au zénith et n'est peut-être visible que pendant l'obscurité de
l'hiver, étant très affaibli dans cette partie. Cette bande sépare
la région où ces arcs lumineux sont vus principalement au Sud,

de celle où ils sont vus principalement au Nord. Dans la partie
la plus rapprochée du pôle de l'aurore, on ne voit que les plus

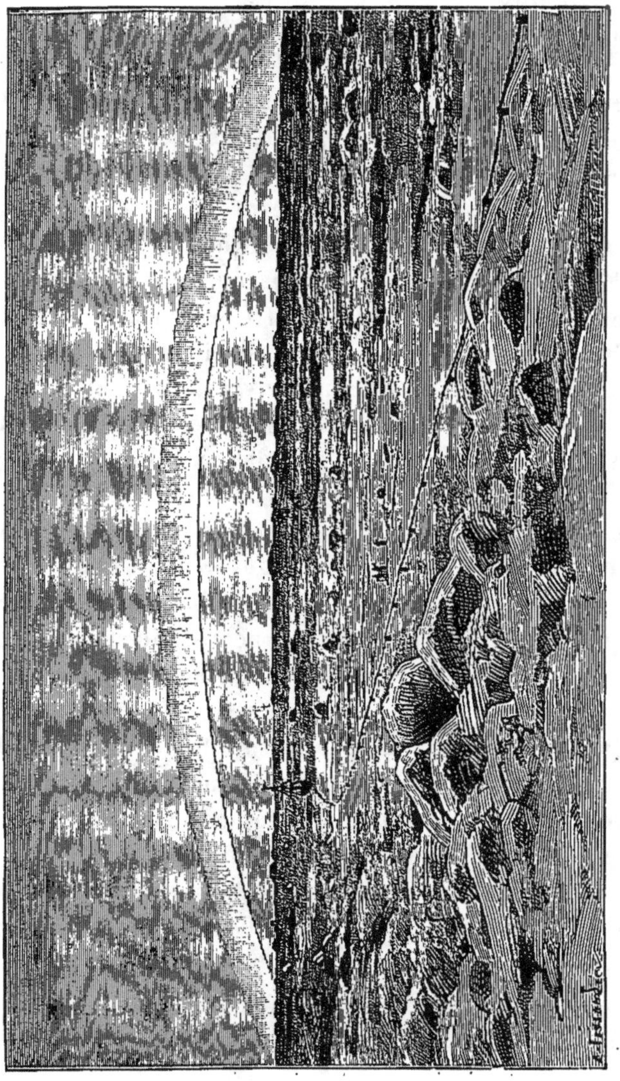

Fig. 55. — Aurore boréale observée en 1879 pendant l'expédition de la *Véga*. — Arc de l'aurore communém ent (observé.Page 163.)

petites couronnes lumineuses et dans le milieu de la Scandinavie,
au contraire, les plus grandes et les plus irrégulières. Mais dans

cette dernière région, comme dans le sud de l'Amérique, les orages d'aurores, les aurores en rayons ou en draperies sont au contraire communes et semblent être plus rapprochées de la surface de la terre que l'aurore en arc. La plupart des expéditions polaires ont hiverné si près du pôle de l'aurore que *l'aurore permanente en arc* était là au-dessous ou tout près de l'horizon, et comme l'aurore en rayons ne paraît pas se produire fréquemment dans ces limites, on comprend facilement pourquoi les nuits, aux quartiers d'hiver de ces expéditions, étaient si rarement illuminées par l'aurore et pourquoi la description de ce phénomène tient si peu de place dans leurs récits de voyages[1]. »

Nous avons réuni dans la planche III les aspects offerts par les aurores boréales observées lors de l'expédition de *la Véga*.

Les aurores polaires produisent souvent des spectacles incomparables dont les voyageurs qui les ont observés parlent avec l'enthousiasme qu'inspirent les grandes scènes de la nature.

Nous reproduisons, d'après un dessin original du capitaine Hall, une aurore boréale vue par lui sur les glaciers polaires (fig. 57). Ce dessin montre dans toute sa splendeur le merveilleux phénomène : des bandes verticales de lumière s'étendaient à l'horizon en nombre incalculable ; elles étaient animées de ce frissonnement particulier qui caractérise la lueur électrique. Au-dessus, une série d'effluves de lumière palpitaient, comme animées par le souffle d'êtres invisibles, et formaient comme des draperies de feu, encadrant cet incomparable tableau. Il est probable que le capitaine Hall avait le projet de publier des descriptions beaucoup plus détaillées de ces grands phénomènes qu'il avait si bien observés, mais la mort est venue anéantir ses souvenirs[2]. Tel qu'il est, le dessin du capitaine Hall

---

[1] *The Voyage of the Vega round Asia and Europe*, Londres, 1882.

[2] Narrative of the Second Artic Expedition made by Charles F. Hall. His voyage to Repulse bay, Sledge Journeys to the Straits of Fury and Hecla and to King William's Land, and Residence among the Eskimos during the years 1864-1869. Edited under the orders of the Hon. Secretary of the Navy by Prof. J. E. Nourse, U. S. N. U. S. Naval Observatory.

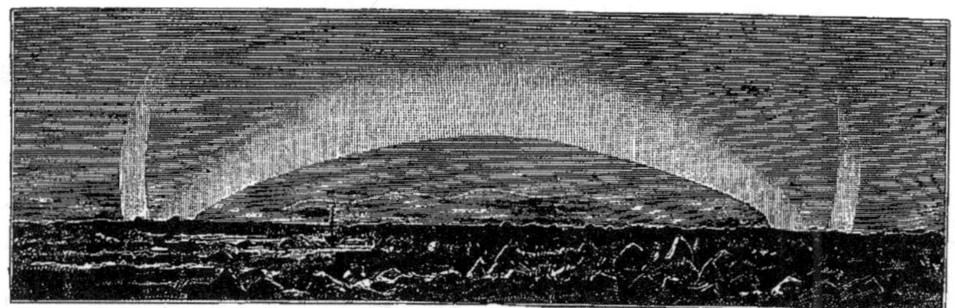

AURORE BORÉALE OBSERVÉE LE 3 MARS 1879, A 9^h DU SOIR.

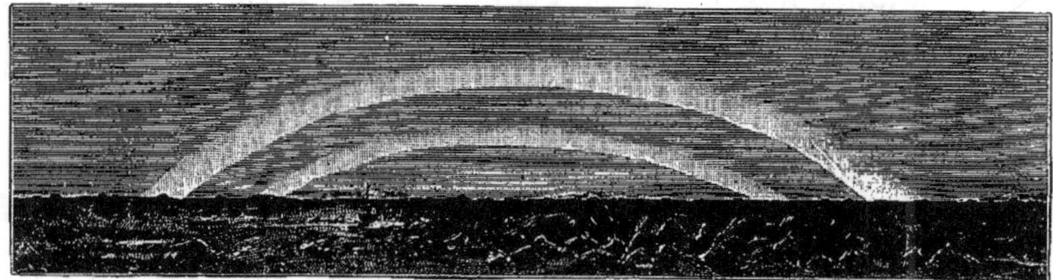

AURORE A ARC DOUBLE OBSERVÉE LE 29 MARS 1879, A 9^h 30^m DU SOIR.

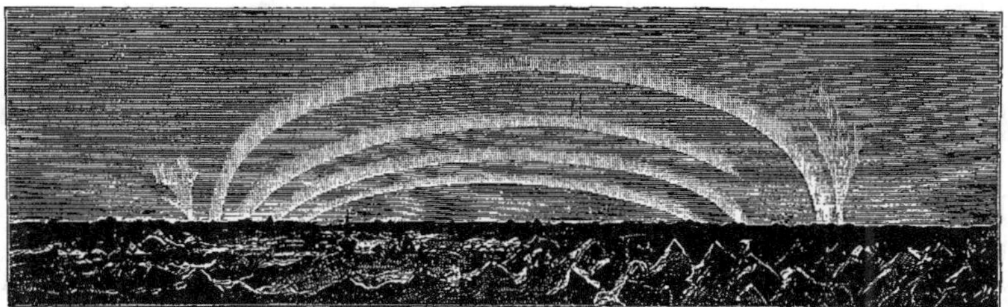

AURORE ELLIPTIQUE OBSERVÉE LE 21 MARS 1879, A 9^h 15^m DU MATIN.

AUTRE ASPECT DE LA MÊME AURORE OBSERVÉE A 3^h DU MATIN.

DIFFÉRENTS ASPECTS DE L'AURORE BORÉALE PENDANT L'EXPÉDITION DE LA *Véga*, EN 1879. (Page 166.)

n'en constitue pas moins un document rare et précieux ; c'est à ce titre que nous l'avons placé sous les yeux de nos lecteurs.

Les aurores boréales se manifestent parfois dans nos régions.

Le 31 janvier 1881, une magnifique aurore boréale a été observée en Angleterre, en Belgique, dans le Nord de la France, en Italie, et dans d'autres contrées de l'Europe. Au dire de spectateurs compétents, ce phénomène, tout à fait grandiose, est un des plus beaux qui se soient depuis longtemps offerts à l'étude des météorologistes. Le journal *Ciel et Terre*, qui compte parmi ses rédacteurs la plupart des astronomes de l'Observatoire de Bruxelles, a publié, au sujet de cette aurore boréale, des renseignements très complets que nous reproduisons en partie.

A 6 heures 15 minutes du soir, M. Terby, à Louvain, et M. Delessert, à Croix (département du Nord), constatèrent les premières lueurs aurorales. A Cirencester, en Angleterre, elles furent remarquées par M. Provost dès 6 heures, mais si l'on tient compte de la différence de longitude entre cette dernière localité et Bruxelles, l'heure donnée pour le commencement du phénomène par ces trois observateurs est à peu près identique. M. Montigny, à Bruxelles, avait déjà aperçu une lueur vers 6 heures. Tous les autres observateurs n'ont vu le phénomène que plus tard, lorsque l'horizon nord était déjà éclairé et que les rayons lumineux s'en élançaient et montaient à une grande hauteur. MM. de Boë et Schleusner ont pu les observer au spectroscope. « L'instrument, disent-ils, montrait la raie lumineuse propre à ce genre de phénomènes. » Les rayons semblaient se former dans le Nord-Est et se déplaçaient ensuite vers la gauche ; ils étaient blancs et très brillants à leur apparition, faiblissaient en se déplaçant et devenaient jaunâtres, puis lorsqu'ils avaient atteint le Nord-Ouest devenaient rougeâtres et s'y transformaient souvent en plaques d'un rouge vif. Vers 7 h. 15 m. l'aurore arrive à son plus grand éclat ; le ciel est alors brillamment éclairé par un immense arc lumineux s'appuyant sur l'horizon de chaque côté du méridien et sur lequel d'énormes gerbes lumineuses, dépassant parfois l'étoile

polaire, défilent en quelque sorte, tout en changeant constamment de couleur.

M. Deleu, de Messines, a joint à sa description un beau dessin
représentant cette phase de l'aurore ; nous l'avons fait reproduire
aussi fidèlement que possible ; il donnera à nos lecteurs une bonne
idée de l'ensemble de ce beau phénomène (fig. 58).

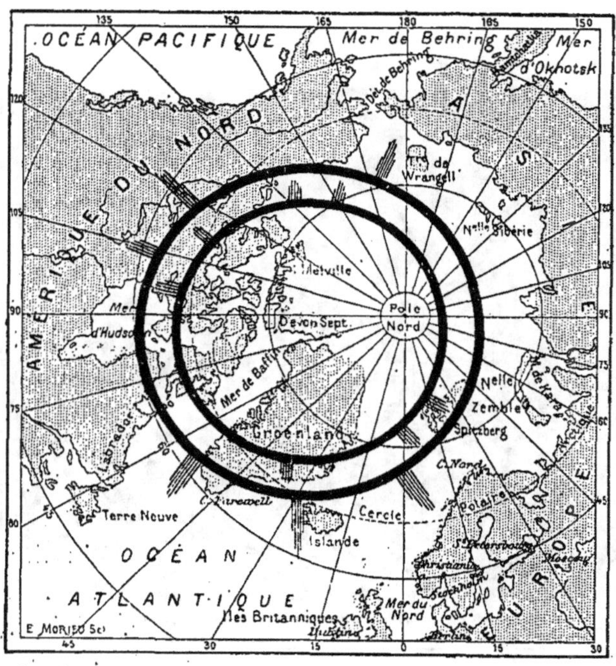

Fig. 56. — Carte montrant la position de la *gloire de l'aurore*. (Page 163.)

L'aurore a faibli ensuite peu à peu, mais en lançant encore,
par moments, des rayons d'un grand éclat ; une lueur blanche
assez intense a persisté longtemps à l'horizon ; elle n'avait pas
complètement disparu à 11 heures. Vers 11 h. 1/2, il a été remarqué, tout près de l'horizon nord, deux bandes de nuages noirs
qui sont caractéristiques, en ce qu'ils accompagnent presque
toujours les aurores.

Fig. 57. — Aurore boréale observée par le capitaine Hall dans les régions arctiques (d'après un dessin du capitaine Hall). (Page 166.)

Une particularité digne de remarque, signalée par M. Deleu, c'est que l'arc lumineux s'est effacé trois fois ; à chaque réapparition, il n'atteignit plus les dimensions ni l'intensité qu'il avait précédemment.

Les instruments magnétiques de l'Observatoire de Bruxelles ont été très troublés pendant toute la durée de l'aurore ; le barreau de déclinaison était déjà fort agité depuis midi ; à 6 h. 10 m. il a été violemment poussé vers l'Ouest ; ce mouvement coïncide avec l'heure du commencement du phénomène lumineux ; le barreau est revenu ensuite à sa position première, mais à 7 heures il a de nouveau été sollicité dans le même sens avec une force presque égale ; c'était le moment de la plus grande intensité de l'aurore ; enfin un troisième mouvement, toujours vers l'Ouest, est accusé à 7 h. 20 m. ; il est probablement causé par quelque recrudescence momentanée du phénomène. Ensuite le barreau se dirige vers l'Est, où il stationne quelque temps, puis passe de nouveau à l'Ouest ; ce dernier mouvement correspond avec une augmentation d'éclat d'une lueur blanche qui a le pôle pour centre ; elle est signalée par M. de Smedt, à Maldeghem, à 8 h. 30 m.

L'aurore boréale du 31 janvier a été accompagnée par les perturbations ordinaires des courants électriques terrestres. En Angleterre les lignes télégraphiques ont presque partout été arrêtées.

Les aurores boréales sont souvent accompagnées de perturbations magnétiques d'un ordre particulier ; nous ne saurions mieux donner à nos lecteurs une idée de ces phénomènes qu'en reproduisant les observations que M. Th. Moureaux a eu récemment l'occasion de faire à ce sujet.

« Des perturbations magnétiques d'une intensité extraordinaire ont été observées, du 11 au 21 novembre 1882, en France, en Angleterre, en Belgique, aux États-Unis, et sans doute sur une immense étendue de la surface du globe. Nous avons pu en suivre les différentes phases à l'aide des courbes relevées au magnétomètre enregistreur de M. Mascart, que le Bureau central météorologique a fait installer à l'Observatoire du Parc Saint-Maur.

Nous résumerons ici les principales circonstances du phénomène, dans lequel on peut distinguer trois périodes bien
distinctes :

« La première perturbation a commencé dans la nuit du 11 au
12 novembre ; le lendemain les oscillations ont graduellement
augmenté d'amplitude. Dans la journée du 13, la déclinaison
magnétique a varié de 42′, alors que, dans cette saison, l'oscillation diurne de cet élément est seulement de 7 à 8′ ; en même
temps la composante horizontale de l'action de la terre variait
de 1/100 de sa valeur. Les courbes du 14 accusent encore des
déviations notables entre 2ʰ et 11ʰ du soir.

« La deuxième perturbation est la plus importante, tant par le
nombre que par la rapidité et l'amplitude des oscillations des
aiguilles aimantées. Elle a débuté brusquement le 17 à 10ʰ 30ᵐ
du matin, et s'est continuée sans interruption jusqu'au 19 à 6ʰ du
matin. Au moment du début, et le soir depuis 3ʰ30ᵐ jusqu'à 6ʰ,
les mouvements des boussoles ont été tellement désordonnés que
l'action de la lumière n'a pu se produire nettement, malgré
l'extrême sensibilité du papier au gélatino-bromure. Dans la nuit,
entre minuit et 1ʰ, l'agitation a été excessive et c'est vers 4ʰ du
matin, le 18, que s'est produite l'oscillation de plus grande amplitude : en moins de trois quarts d'heure, la déclinaison a varié de
1° 10′, et la composante horizontale de 1/40 de sa valeur ; la composante verticale a été moins influencée. De 6ʰ du matin à 3ʰ du
soir, les aiguilles semblent animées d'un mouvement vibratoire ;
les oscillations sont très rapides, mais de faible étendue et d'une
remarquable uniformité ; leur amplitude augmente la nuit suivante, puis le calme se rétablit momentanément le 19 au matin.
Les écarts extrêmes pendant cette période sont pour la déclinaison
1° 18′, et pour l'inclinaison plus d'un demi-degré.

« Pendant cette perturbation, notamment dans la journée du
17, des courants magnétiques d'une intensité exceptionnelle ont
troublé, et par moments interrompu les communications, télégraphiques sur toutes les lignes du réseau, principalement en
Bretagne et dans le Midi : les moments d'intensité maximum de

Fig. 58. — Aurore boréale du 31 janvier 1881, observée à Messines, en Belgique (d'après un dessin de M. F. Deleu).

ces courants correspondent précisément aux plus grandes déviations des courbes tracées par l'enregistreur magnétique. Le même
jour, une magnifique aurore boréale a été observée en divers
points, notamment à Saint-Brieuc, Douai, Cambrai, Arras,
Grenoble, Valence, Albi, Nice, Marseille, Draguignan, Mont-
pellier. A Paris, les nuages qui couvraient le ciel ont empê-
ché d'admirer ce phénomène si intéressant et si rare dans nos
régions.

« En Angleterre, les observateurs ont été plus heureux ; grâce à
la sérénité du ciel, l'aurore a été visible dans presque toute l'étendue du pays, le soir du 17. Le journal *Nature*, de Londres, contient dans ses numéros des 23 et 30 novembre dernier des détails
nombreux et circonstanciés sur cette aurore et sur les perturbations magnétiques qui l'ont accompagnée. Des courants telluriques
d'une grande intensité ont, comme en France, mis obstacle aux
transmissions télégraphiques ; il résulte des mesures faites par
plusieurs électriciens que ces courants, à de certains moments,
avaient sur les lignes une influence cinq fois plus grande que le
courant ordinaire de la pile de service. M. Preece, qui étudie
tout spécialement ces phénomènes depuis plus de trente ans,
déclare n'avoir jamais observé un tel orage magnétique. A l'Observatoire de Greenwich et à celui de Kew, la perturbation a
présenté des phases analogues à celles que nous avons constatées
au Parc Saint-Maur ; la coïncidence des heures est parfaite, mais
ces stations étant plus rapprochées que Paris du centre d'action
magnétique, les déviations des aiguilles y sont plus accentuées
encore. L'orage magnétique et l'aurore boréale du 17 sont
signalés également au Canada et sur tout le versant atlantique
des États-Unis.

« La troisième perturbation a commencé le 19 vers 1^h du soir ;
les oscillations, faibles d'abord, augmentent peu à peu, mais sont
plus lentes que pendant la perturbation précédente. Le 20, la
déclinaison varie de 1° 6′ entre 2^h et 6^h du matin ; la composante
horizontale varie de 1/28 de sa valeur, et la composante verticale
de 1/300. Les courbes témoignent encore d'une grande agitation

entre midi et 3[h] du·soir, et les oscillations cessent seulement le 21 vers 11[h] du soir.

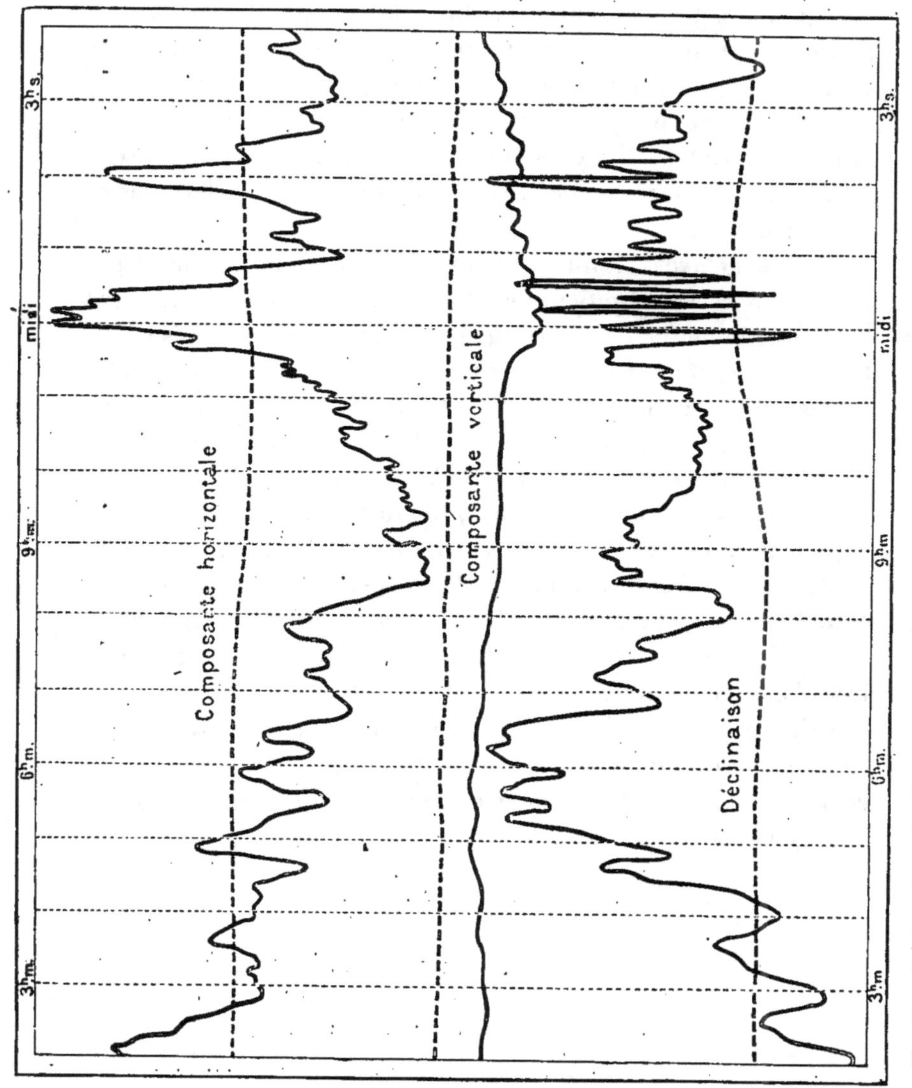

Fig. 59. — Spécimen des courbes tracées par le magnétomètre enregistreur de M. Mascart, établi à l'Observatoire du Parc de Saint-Maur. — Les courbes pointillées sont du 5 novembre ; elles donnent une idée des variations normales des éléments magnétiques. Les courbes pleines se rapportent à la perturbation du 20 novembre 1882. (Grandeur d'exécution.)

« Ces différentes perturbations ont été observées également par M. Rayet, à l'Observatoire de Bordeaux.

« Nous reproduisons aujourd'hui dans la figure 59, pour la période comprise entre 2ʰ du matin et 4ʰ du soir, les courbes de l'orage magnétique du 20 novembre 1882 ; et pour qu'on puisse apprécier le degré d'intensité de la perturbation, nous avons également figuré, en traits discontinus, et pour les mêmes heures, les courbes du 5 novembre, qui représentent à peu près la marche normale des éléments magnétiques en cette saison. Nous n'insisterons pas sur le contraste absolu de ces deux séries de courbes.

« L'état défavorable du ciel, ajoute M. Moureaux, ne nous a pas permis d'observer régulièrement les taches solaires, qui paraissent être actuellement dans une période de maximum ; toutefois le 16, le 18 et le 21, nous avons pu en suivre une de dimensions considérables. Le 18, au moment où elle se trouvait près du méridien central, elle était devenue visible à l'œil nu, avec un simple verre noirci ; sa longueur paraissait égale à 3′ environ et sa largeur à 2′, soit respectivement le 1/10ᵉ et le 1/15ᵉ du diamètre du soleil. Cette appréciation est confirmée par les mesures précises faites à l'Observatoire de Greenwich, desquelles il résulte que l'ensemble de cette tache couvrait ce jour-là les 2470 millionièmes de la surface visible du soleil : c'est la plus grande qui ait été photographiée jusqu'ici à cet établissement.

« Une étude complète des phénomènes que nous venons de résumer sera d'autant plus intéressante, qu'elle coïncide pour nos régions avec une série prolongée de troubles atmosphériques très importants. »

CHAPITRE VI

Arcs-en-ciel. — Halos. — Colonnes de lumière. — Auréoles de lumière. —
Mirage, etc.

Depuis les mémorables expériences de Newton sur la décomposition de la lumière blanche en les sept couleurs primitives du spectre, on a su expliquer la formation de la plupart des météores lumineux ; ces météores, sous forme d'arcs-en-ciel, de halos, d'auréoles de lumière, peuvent être rangés parmi les plus grandioses et les plus intéressants spectacles de la nature ; nous nous y arrêterons avec quelques détails en énumérant les types spéciaux de chacun d'entre eux.

Nous citerons d'abord quelques curieux exemples d'arcs-en-ciel multiples, et nous parlerons tout d'abord des arcs-en-ciel doubles.

Le 11 septembre 1874, à 5 h. 40 m. du soir, ce phénomène, comparativement rare, fut très bien vu par de nombreux observateurs au golfe des Dames en Angleterre.

Le dessin ci-contre (fig. 60) en donne l'aspect très exact.

Tel qu'il a été observé des stations vers l'est de l'île Saint-André, le second arc provenant, dans cette direction, de la lumière réfléchie par l'eau plus agitée de la baie, était beaucoup plus large que le premier et cela à un tel point, à l'extrémité supérieure de la partie visible, que tout spectateur compétent pouvait être tenté de croire qu'il était convexe au lieu d'être concave vers le point opposé au soleil réfléchi. Il n'a pas été possible de constater si la lumière des portions des deux arcs, visible au-dessous de l'horizon, était celle produite directement par les gouttes de pluie, ou celle réfléchie par la mer, bien qu'il soit probable que cette dernière ait été un agent puissant [1].

Un météorologiste distingué, M. J.-B. Annay, nous a communiqué la description suivante d'un arc-en-ciel multiple, observé à Garloch, en Écosse, à 8 heures du soir, le 20 octobre 1879.

La mer était unie comme un miroir, ce qui fait que l'arc renversé doit avoir été formé par les rayons du soleil réfléchis par l'eau. Le vent s'élevait à ce même moment et quelques nuages à grains, chassés par le vent du sud-ouest, arrivaient de l'embouchure de la Clyde ; mais la baie était tout à fait calme. L'un des arcs était parfaitement plein et brillant, tandis que les deux autres allaient en s'éteignant à leur point le plus élevé. Je m'imagine seulement que l'arc incomplet était formé de lumière réfléchie par quelque nuage brillant ; mais je n'en vis aucun de ce genre. Le croquis (fig. 61) représente, à peu de chose près, le côté nord-ouest. N'ayant jamais vu jusqu'à ce jour, dans nos montagnes d'Écosse, une telle combinaison d'arcs-en-ciel, j'ai pensé que cette description pourrait intéresser quelques-uns de vos lecteurs.

M. Otto Gumœlius se trouvant à Nya Kopparberg, dans la partie septentrionale de la province d'Oerebro en Suède, a eu l'occasion d'admirer à huit heures et demie du soir un effet de lumière assez rare (fig. 62).

Pendant l'après-midi de ce jour-là (19 juin), la pluie tombait à flots presque sans interruption ; le ciel était à peu près uniformément couvert de nuages foncés d'une teinte uniforme. Entre deux averses, à l'heure indiquée plus haut, M. Gumœlius sortit de la maison et fut aussitôt arrêté dans sa marche par l'apparition éclatante d'arcs-en-ciel multiples et s'entre-croisant.

Les arcs-en-ciel paraissaient reposer sur les versants des collines. Les arcs ordinaires présentaient des demi-cercles dont le centre se trouvait au milieu de la vallée un peu au-dessus du thalweg. Les arcs croisants, qui au sens propre du mot ne *croi-*

---

[1] Observation faite par M. Tait (*Nature* de Londres).

saient pas, puisqu'ils ne s'étendaient de la base de l'arc intérieur que jusqu'à la partie inférieure de l'arc extérieur à une
hauteur qui pouvait être estimée environ à 45° au-dessus du diamètre horizontal, avaient leur centre approximativement au
sommet de l'arc intérieur. Ces arcs croisants offraient les mêmes
dispositions de couleur que les arcs intérieurs : le rouge était
dehors, le violet en dedans ; l'arc extérieur présentait la disposition inverse. Le sommet de l'arc extérieur n'était pas visible.

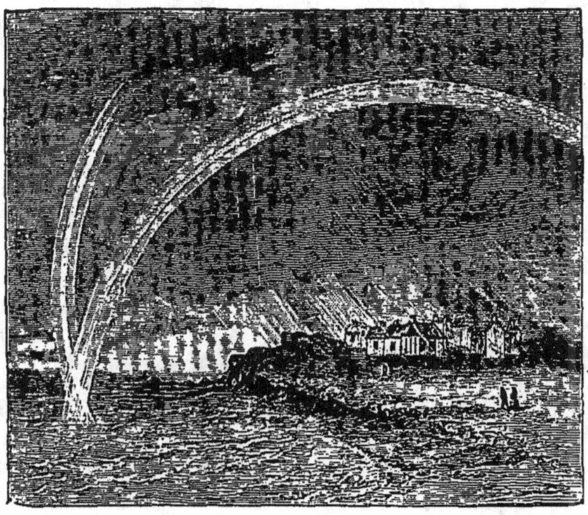

Fig. 60. — Arc-en-ciel double observé le 11 septembre 1874. (Page 178.)

Dans l'arc intérieur, on apercevait distinctement deux répéti-
tions de couleurs et des indices d'une troisième. Tout le phénomène dura quelques minutes, le soleil se cacha de nouveau et la
pluie recommença.

Dans un mémoire académique intitulé : *Des opinions les plus
accréditées sur les arcs-en-ciel*, M. Annerstedt a rassemblé tous
les exemples connus d'arcs-en-ciel irréguliers. Ce n'est pas la
première fois qu'on observe en Suède des arcs-en-ciel présentant des positions extraordinaires. Outhier en a vu en Laponie,
en 1636, et Anders Celsius en Dalécarlie, en 1742. A.-J. Angs-

trom a aussi observé un phénomène analogue dans le Jemtland

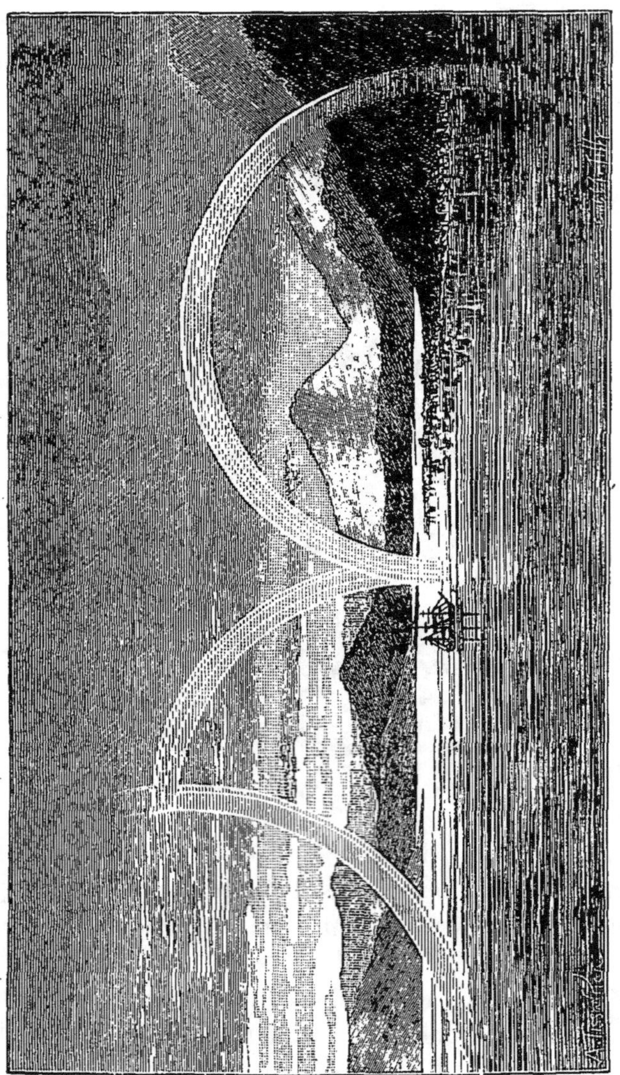

Fig. 61. — Arc-en-ciel multiple observé à Garloch, en Écosse, le 20 octobre 1879. (Page 179.)

en 1848. La position de l'arc extraordinaire à l'égard des deux
arcs ordinaires est généralement de telle nature, qu'on peut

l'expliquer par la réflexion de l'image du soleil sur une surface d'eau d'une certaine étendue située derrière l'observateur [1].

M. P.-C. Wotruba, professeur au collège de Santa-Quiteria, en Portugal, nous a adressé, en 1877, une curieuse observation qu'il a faite d'un arc-en-ciel quintuple.

J'ai observé le 15, à cinq heures du matin, et pour la première fois de ma vie, un arc-en-ciel *quintuple!* Pour prévenir toute illusion, j'appelai un autre professeur du collège, qui vit aussitôt le phénomène exactement comme je le voyais moi-même.

Le dessin que je vous adresse (fig. 63) vous donnera une idée approximative du curieux phénomène. Voici sa description :

N° 1, l'arc-en-ciel principal, très intense, et avec couleurs brillantes; n° 2, un peu plus large, mais éclat plus faible ; n° 3, très faible, mais encore appréciable; celui-ci avait presque la double largeur du numéro 1 ; n° 4, splendeur et largeur tout à fait comme le numéro 2 ; n° 5, éclat un peu moindre que le numéro 2 ; largeur comme le numéro 3.

Comme le dessin le montre, l'arc-en-ciel numéro 1 s'élevait de l'horizon jusqu'à une hauteur de 25 à 28 degrés environ ; il était alors coupé par un nuage stratus.

Les arcs-en-ciel offrent en quelque sorte un intérêt de simple curiosité météorologique, tandis que les halos, dont nous allons aborder l'étude, peuvent être parfois de précieux indices en faveur de la prévision du temps.

Des observations nombreuses de halos et de couronnes ont été faites, dans ces dernières années, et se continuent par M. A. Cheux, à son observatoire de la Baumette, près d'Angers. M. Decharme qui, de son côté, avait observé plusieurs grands halos, a publié une notice assez détaillée, contenant la description d'un grand nombre de ces météores lumineux. Nous en extrayons ici divers passages accompagnés de leurs conclusions.

On sait qu'il y a toujours dans l'atmosphère, depuis la surface de la terre jusqu'à 8000 à 9000 mètres de hauteur, de l'eau à

---

[1] D'après une note de M. Rubenson, membre de l'Académie des sciences de Stockholm.

l'état de vapeur invisible, ou à l'état vésiculaire, nuageux, soit à l'état liquide, en gouttelettes plus ou moins fines, soit enfin à l'état solide, en aiguilles de glaces, en petits cristaux microscopiques. Ces particules gazeuses, liquides ou solides, produisent, sous l'influence des rayons solaires ou lunaires, des effets lumineux très variés, selon les circonstances. Quand celles-ci sont favorables, les phénomènes prennent de magnifiques développements. Ce sont tantôt des *couronnes* blanches qu'on voit fréquemment autour du soleil ou de la lune, tantôt des cercles colorés, simples ou complexes, *arcs-en-ciel, halos ;* d'autres fois, ce sont des apparences multiples plus ou moins affaiblies de l'astre lui-même : faux-soleils, fausses-lunes, ou parhélies, parasélènes, anthélies, etc., selon leur position de chaque côté, au-dessus ou au-dessous de l'astre qui leur donne naissance.

Ce qui différencie essentiellement ces phénomènes les uns des autres, c'est l'état de l'eau. En effet, les *couronnes* blanches sont produites par la vapeur vésiculaire ; les arcs-en-ciel par l'eau à l'état liquide ; les halos, parhélies, etc., par les cristaux de glace. Les couronnes de 3° à 5° se voient au milieu des nuages peu élevés, *cumulus ;* les arcs-en-ciel, sur les nuages bas qui se résolvent en pluie, *nimbus ;* les halos et les couronnes de même rayon (23°) s'observent au milieu des nuages très élevés, *cirrus.* Dans les couronnes irisées, le rouge est plus éloigné du soleil que le bleu ; pour les halos c'est l'inverse.

Il est bien établi aujourd'hui que l'effet général du halo est dû à la lumière réfractée et non à la lumière réfléchie ; on en a acquis la preuve à l'aide de la polarisation chromatique, qui fournit le meilleur moyen de distinguer ces deux sortes de lumière. De plus, les cristaux de glace ayant un angle réfringent de 60° ou de 90° rendent bien compte des effets observés.

Enfin, et cette vérification est capitale, les parcelles de glace, ou prismes hexagonaux, existent réellement en certaines circonstances dans l'atmosphère ; et c'est bien à travers la substance de ces prismes, considérés soit isolément, soit deux à deux, que la lumière se réfracte, se décompose et produit le phénomène des halos dans toutes ses apparences plus ou moins grandioses.

Dans nos climats, le halo le plus fréquent est un cercle lumineux de 22° à 23° de rayon qui entoure le soleil et dont les bords sont teintés des diverses nuances de l'arc-en-ciel, mais moins vives que ces dernières. Un autre *grand halo* a un rayon de 46° ;

Fig. 62. — Arcs-en-ciel se croisant, observés à Nya Kopparberg, en Suède. (D'après les documents de M. Otto Gumœlius.) (Page 179.)

enfin un troisième a un rayon de 90° ; il est très rare, même dans les régions boréales, où ces phénomènes se voient dans tout leur éclat. Indépendamment de ces *cercles concentriques* au soleil, on en remarque parfois d'autres qui coupent les précédents ou leur sont *tangents*, puis des faux-soleils, au nombre de deux, de quatre ou de huit, des colonnes verticales ou obliques, tous phénomènes produits par la *réfraction* ou *la diffraction* de la lumière sur les myriades de cristaux aériens dans les positions diverses qu'ils peuvent affecter à l'égard du soleil et du spectateur.

Il faut ajouter que *les faux soleils, les parhélies*, agissent à leur tour comme centre de lumière et produisent des phénomènes secondaires semblables aux précédents, mais de plus faible intensité. On peut juger par cet aperçu de la complexité du phé-

Fig. 63. — Arc-en-ciel quintuple observé à 5 heures du matin, le 15 juin 1877, dans le district de Felgueiras (Portugal), par M. P. C. Wotruba. (Page 182.)

nomène. Toutefois les halos sont rarement complets, et ce n'est que dans les régions septentrionales qu'on les observe dans leur splendeur, pendant des journées entières.

Parmi les nombreuses descriptions de halos et de couronnes qui sont données dans la notice de MM. Decharme et A. Cheux, nous choisissons les suivantes, qui correspondent aux figures qui les accompagnent et dont nous ne pouvons donner que la forme, car la coloration, l'état vaporeux, les dégradations de teintes, échappent à la gravure.

Le 13 avril 1867, dès 8 heures 40 minutes du matin, le halo que nous représentons (fig. 64) apparaissait un peu irisé ; à 10 heures 5, son sommet offrait déjà de vives nuances ; à 10 heures 35, le phénomène se compliquait par l'apparition de deux espèces de nuages très irisés, symétriquement situés de chaque côté du cercle coloré, à la place où devait se dessiner plus tard un nouvel arc lumineux ; à 2 heures, le phénomène avait pris un magnifique développement, ses arcs multiples brillaient d'un vif éclat.

En effet, outre la couronne centrale de 2 à 3 degrés d'épaisseur, partout irisée, spécialement à son sommet, on voyait dans l'intérieur de celle-ci deux arcs également colorés, le rouge à l'intérieur et le bleu à l'extérieur, d'un éclat cependant moindre que celui du cercle qui les entourait et auquel ils venaient se rattacher comme les projections d'un méridien d'une sphère dont l'arc est vertical. En ces points de jonction, la coloration était très vive et s'étendait à une dizaine de degrés de part et d'autre.

Au-dessus de ces deux couronnes irisées ou en voyait une troisième, concentrique à la première, mais blanche, excepté en deux endroits. Cette troisième zone, un peu moins épaisse que les précédentes, n'était visible que dans la région supérieure, sur un tiers de la circonférence totale.

Enfin une grande couronne blanche, au rayon de 46 degrés, plus large que les zones irisées, passant par le soleil et ayant son propre centre sur la troisième couronne, se développait au-dessus des cercles précédents et s'étendait bien au delà du zénith ; c'était presque le cercle que M. Babinet a nommé *cercle parhélique*, avec cette différence que celui-ci est horizontal et que l'autre ne l'était pas ; ce n'était point non plus le *cercle circumzénithal*, puisque celui-ci a son sommet au zénith. Appelons-le *cercle extérieur*.

C'est aux points de rencontre avec ce cercle que la troisième couronne présentait des portions d'arcs irisés, s'étendant à 5 ou 6 degrés environ de part et d'autre de la région d'intersection. Ici le rouge était en dehors et le bleu à l'extérieur.

Ce n'est pas tout : on apercevait en même temps, sur le cercle extérieur, deux larges facules rondes, très blanches, qui tranchaient par leur éclat sur la couronne où ils étaient placés aux extrémités du diamètre horizontal de ce grand cercle ; c'étaient des parhélies ou faux-soleils.

Le 24 mai 1867, quelques minutes avant le coucher du soleil, on vit l'astre entouré d'un beau halo (fig. 65). Deux arcs tangents, d'une longueur de 60° environ, étaient symétriquement placés à droite et à gauche de la couronne ordinaire : ils paraissaient avoir même rayon que celle-ci, ils étaient également irisés, et les couleurs avaient la même disposition que dans la couronne elle-même, c'est-à-dire le rouge à l'intérieur. Ils avaient aussi même largeur que la zone centrale.

De plus, au sommet de la couronne primitive, on voyait d'abord une tache circulaire jaune, ayant la largeur de la zone, puis deux arcs également d'un jaune d'or, très vif, tournant leur convexité vers l'horizon. Ces arcs ne se prolongeaient qu'à une faible distance de la couronne. Le soleil, en se couchant, mit fin à ce beau météore, dont on n'a pas revu d'analogue depuis cette époque.

Rien de plus curieux que de suivre les phases de ces météores dans leur développement, tantôt lent, tantôt rapide ; rien de plus intéressant que de voir naître ces arcs lumineux qui se dessinent en couronnes plus ou moins incomplètes, plus ou moins irisées vers le haut et le bas ; que de voir pâlir ou s'aviver ces nuances délicates, sous le passage de petits nuages légers qui sont à la fois la cause et le théâtre de ces splendides apparitions. Tantôt ce sont des rayons blancs partant du centre du soleil et se prolongeant en gloire au dehors du cercle lumineux ; une autre fois, ce sont des parhélies qui s'allongent sur leur diamètre horizontal, ou des arcs incomplets qui, dans leur courte apparition, font regretter que le phénomène n'ait pas reçu tout son développement.

Le météore de la figure 66 a commencé à 10 heures 5 minutes ; très faible à 10 heures 40 minutes, il a eu sa plus grande viva-

cité à 2 heures 30 minutes. A ce moment, une bande blanchâtre
de 2 à 3 degrés d'épaisseur (comme celle de la couronne), ayant
son bord extérieur bleuâtre, était tangente à la couronne. Cette
bande en ligne droite, sur une assez grande étendue, à peu près
égale à la longueur du rayon intérieur de la couronne, de part
et d'autre du point de contact, se relevait ensuite brusquement
à ses extrémités. La couronne elle-même n'était pas irisée, mais
blanche partout et parfaitement circulaire, incomplète à la partie

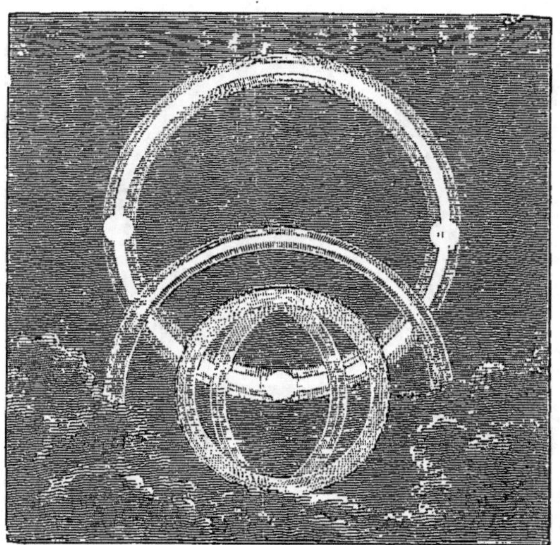

Fig. 64. — Halo solaire à arcs multiples. (13 avril 1867.) (Page 186.)

inférieure. Le phénomène n'a eu qu'une demi-heure de durée.
Le ciel était très nébuleux au sud-ouest.

La couronne lunaire, observée le 8 janvier 1867, avait 3 à 4
degrés d'épaisseur ; elle était complète, d'un blanc un peu mat,
partout uniforme ; son bord intérieur était nettement accusé,
tandis que le bord extérieur se fondait sensiblement avec le fond
du ciel vaporeux à teinte blanchâtre.

Cette couronne était remarquable par trois longues bandes
qui l'accompagnaient, et que notre gravure représente très fidèlement (fig. 67).

Les descriptions qui précèdent peuvent donner une idée de la
variété de forme de ces belles apparitions, connues sous les noms
de halos et de couronnes. Ces phénomènes sont plus fréquents
que l'on ne croit communément ; la notice que nous analysons
en relève jusqu'à 37 dans une année ; le maximum a eu lieu en
avril et le minimum en septembre.

Un grand nombre de halos passent inaperçus aux yeux des
personnes peu habituées à ces sortes d'observations ; cela tient à

Fig. 65. — Halo solaire à arcs tangents. (24 mai 1867.) (Page 187.)

ce que ces météores se produisant dans un ciel parsemé de nuages légers, très vaporeux, il en résulte qu'alors la lumière du
soleil est tellement diffusée, que l'on ne peut regarder à l'œil nu,
sans une grande fatigue, aucun point de l'atmosphère situé à
une distance de 30 à 40 degrés du centre apparent de l'astre
radieux.

Pour observer facilement les halos on peut employer différents
moyens : on se sert de verres noircis, ou d'un tube de carton
noirci à l'intérieur, ou d'une lunette munie d'un diaphragme ;
on se place aussi dans le voisinage d'un arbre, d'une maison,

d'un objet opaque qui cache la région du ciel où se trouve le soleil ; on emploie avec avantage un carton percé de deux trous d'épingle et distants l'un de l'autre de 6 centimètres et demi (distance moyenne des deux prunelles). En plaçant ces deux petites ouvertures devant les yeux, on peut regarder dans le voisinage du soleil et l'astre lui-même sans être ébloui ; mais le moyen le plus avantageux consiste dans l'emploi de verres à teinte neutre, qu'on trouve dans le commerce sous le nom de *verres enfumés*.

Comme conclusions de ces observations, M. Decharme fait un tableau de récapitulation des halos et couronnes et met en regard l'intensité des météores et les phénomènes consécutifs de ces apparitions.

On voit par ce tableau que dans tous les cas les halos petits ou grands et les couronnes solaires et lunaires ont été suivis de pluie ou de neige le jour même ou le lendemain et au plus tard le surlendemain.

Il semble résulter aussi des mêmes observations comparatives qu'en général la pluie est d'autant plus prochaine et sera plus abondante, le vent d'autant plus fort que le météore lumineux aura été plus brillant.

Sans doute, les prédictions peuvent varier selon les pays, et surtout avec l'altitude ; mais ce qu'il y a de certain, c'est que le halo, dont le siège est dans les nuages légers (cirri), nous donne, comme nous l'avons dit précédemment, des nouvelles de l'état de l'atmosphère dans les hautes régions de l'air ; il est le signe d'un refroidissement qui gagne peu à peu la limite ordinaire des nuages et amène la condensation des vapeurs qui s'y trouvent. On peut donc en tirer des observations précieuses, comme pronostic du temps à courte échéance.

Nous allons en donner un exemple par les faits suivants.

Les premiers jours du mois de décembre 1876 ont été signalés par une des plus fortes dépressions barométriques qui aient été constatées depuis longtemps ; elle n'a pas tardé à se manifester par des bourrasques et des tempêtes sur toutes nos côtes. Cette forte dépression et ces tempêtes ont été précédées de halos qui, pendant trois jours de suite, ont chaque soir apparu autour du disque de la lune.

Le halo du 29 novembre 1876 a été un des plus remarquables que l'on puisse observer ; son diamètre atteignait des proportions qu'on ne lui voit que rarement dans nos climats et dépassait certainement de plus de vingt fois celui de la lune. L'auréole, surtout vers dix heures du soir, était d'une grande pureté ; elle se détachait sur un fond sombre extérieur, qui formait un frappant contraste avec le cercle bleu clair de la partie du ciel qu'elle enceignait (fig. 68).

Le phénomène a été aperçu sur presque tous les points de la France, et les journaux de Bordeaux, de Rennes notamment, en ont publié la description, qui ne diffère que très peu de celle que nous venons d'en faire. « L'auréole, lit-on dans la *Gironde*, se dessinait vivement sur le fond bleu du ciel, puis un immense cercle, parfaitement circulaire, sans lacune et occupant environ 38 degrés sur la courbe céleste, enveloppait une aire d'un bleu pur au centre de laquelle brillait la lune auréolée. Ce beau cercle allait en se fondant à l'extérieur sur une largeur de 7 à 8 degrés, et laissait ensuite réapparaître le bleu du ciel, de telle sorte que ce gigantesque halo, malgré son immense développement, se montrait dans tout son ensemble. »

« Le 29 novembre, dit un correspondant de Rennes, la lune était entourée d'un cercle lumineux de grande dimension parfaitement distinct. Le ciel à cet endroit était bleu de nuit, sans nuages caractérisés ; on sentait seulement dans la partie bleue qui touchait à la lune qu'il y avait une sorte de vibration produite par de petits cirrus en voie de se former. »

Le halo du 29 novembre était tout à fait comparable à ceux que l'on observe si fréquemment dans les régions polaires ; il avait notamment une ressemblance frappante avec celui que MM. Payer et Weyprecht ont observé dans le courant d'octobre 1872 à bord du *Tegetthoff*, et dont le diamètre mesurait environ 16 fois celui de la lune. Contrairement au premier, le halo polaire enceignait un cercle plus foncé que la surface extérieure du ciel, comme le montre le dessin du phénomène que les courageux explorateurs autrichiens ont publié dans le récit de leur voyage.

Le lendemain 30 novembre 1876, le même phénomène s'est reproduit à Paris ; le cercle du halo est apparu dans les mêmes proportions que la veille, mais avec beaucoup moins d'éclat ; on

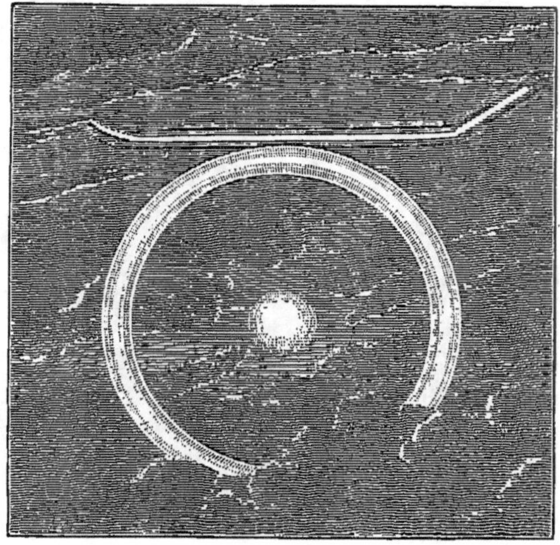

Fig. 66. — Couronne solaire. (8 décembre 1866.) (Page 187.)

eût dit que l'effet de lumière était voilé sous une brume un peu confuse.

Le surlendemain 1ᵉʳ décembre, un troisième halo lunaire a été observé sur plusieurs points, et notamment au Havre, où mon frère, M. Albert Tissandier, en a fait un croquis très exact (fig. 69). L'auréole avait alors un diamètre beaucoup plus petit que les jours précédents; il ne dépassait pas six fois celui de la lune. Le fond du ciel était bleu ; dans les parties avoisinantes, on voyait se détacher de légers cirrus. L'horizon de la mer était très noir, et sillonné d'éclairs.

Nous complèterons les observations sur les halos en résumant les incomparables spectacles de ce genre qu'il nous a été donné d'admirer en 1875, pendant l'ascension de longue durée du *Zénith* (23 mars 1875).

A 4 h. 30 du matin, à 1,000 mètres d'altitude, un spectacle grandiose se présente à nos yeux. La lune, qui n'a pas cessé de briller dans l'azur du ciel, s'entoure d'un halo resplendissant,

Fig. 67. — Couronne lunaire à bandes rectilignes. (8 janv. 1867.) (Page 188.)

ce cercle est blanc comme de l'argent, il se découpe sur un fond obscur, et grandit à vue d'œil, en prenant bientôt l'aspect d'une ellipse. Peu à peu, une croix de lumière étend ses quatre branches autour de la lune et complète ce tableau étrange, plein de majesté, qu'ont admiré parfois les explorateurs des régions polaires (fig. 70, 71 et 72).

L'atmosphère offrait à ce moment un aspect particulier ; au-dessus de la terre une buée semi-transparente d'environ 500 mètres d'épaisseur avait diminué d'opacité au moment du lever de la lune, ce qui avait déterminé une ascension de l'aérostat. Elle

allait se dissiper complètement deux heures après le lever du soleil. Quelques cirrus suspendus dans les hautes régions de l'air
étaient très visibles pendant la durée du halo et restèrent dans
l'atmosphère, avec plus de persistance que la buée inférieure,
jusqu'à 11 h. 1/2. En s'abaissant à l'horizon, ces cirrus prirent
l'aspect d'une longue chaîne montagneuse couverte de pics glacés. Pendant quelques minutes même, l'illusion fut si complète,
que nous crûmes voir apparaître au loin le massif pyrénéen.

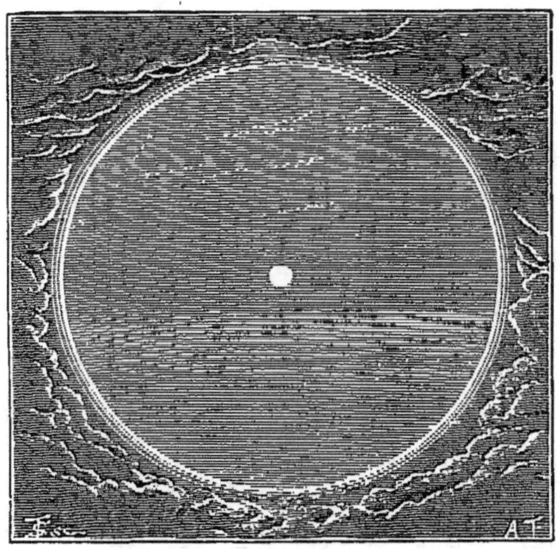

Fig. 68. — Halo observé à Paris, le 29 novembre 1876, 10 h. soir. (D'après nature.) (Page 191.)

Ajoutons enfin que d'autres cirrus très élevés se montrèrent dans
le ciel vers trois heures de l'après-midi.

Le halo et la croix lumineuse, qui ont graduellement apparu,
disparaissent de même, lentement et progressivement : la lueur
se dissipe avec l'apparition du soleil, qui se montre bientôt au-
dessus des nuées lointaines. La terre s'éclaire, et l'Océan ouvre
au loin l'immensité de ses eaux. Nous sommes, en effet, en vue
de la Rochelle.

Après les arcs-en-ciel et les halos, nous parlerons des *colonnes de lumière* qui se rattachent évidemment à cette dernière classe de météores. Nous reproduirons d'abord une étude très complète qui a été faite à ce sujet en 1876 par notre savant ami M. Amédée Guillemin.

J'ai été témoin, dans les soirées du 12 et du 14 juillet 1876, d'un phénomène optique qui m'a semblé assez intéressant pour mériter une description détaillée. Voici cette description, que le dessin ci-après (fig. 73), fait au moment de l'observation et d'après nature, fera

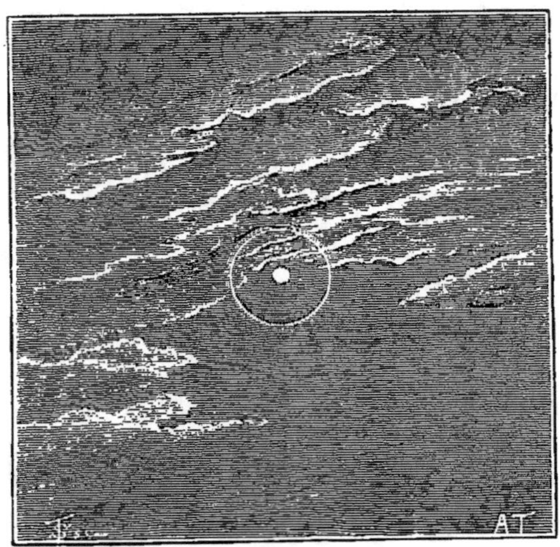

Fig. 69. — Halo observé au Havre, le vendredi 1er décembre 1876, 9 h. soir. (D'après nature, par M. Albert Tissandier.) (Page 192.)

mieux comprendre encore, bien que le phénomène soit d'une grande simplicité.

Le mercredi 12 juillet, vers huit heures et demie du soir, une demi-heure, par conséquent, après le coucher du soleil, j'aperçus à l'horizon, à peu près au point où l'astre avait disparu, une lueur verticale, de couleur pourprée, s'élevant dans l'atmosphère à une hauteur que j'évalue à 8 ou 10 degrés. Elle avait la forme d'une lance, ou d'une colonne pyramidale, légèrement plus étroite au sommet qu'à la base. Cette base elle-même avait une largeur d'un degré à peu près, peut-être un peu moins, car elle ne me parut pas émbrasser beaucoup plus d'un diamètre solaire. La hauteur, étant au moins dix fois plus longue que la base n'était large, comme je m'en assurai par un dessin fait sur-le-champ, j'en conclus l'évaluation de 8 ou 10 degrés mentionnée plus haut. Au reste, l'intensité lumineuse allant en décroissant de la base au sommet, ce dernier n'était pas parfaitement limité.

Quelques nuages, stratus légers, d'un gris-bleu violacé, coupaient horizontalement la lueur sans l'interrompre. Ce jour-là et à cette

Fig. 70. — Halo lunaire et croix lumineuse observés à bord du ballon *le Zénith*, le 24 mars 1875. (Dessin d'après nature de M. Albert Tissandier.) Commencement du phénomène à 4 h. 30 m. du matin. (Page 193.)

heure, le temps était calme à Orsay, où j'observais; le ciel serein; une très légère brise soufflait dans la direction du nord-est.

Le lendemain, jeudi, je ne vis rien de semblable.

Mais le surlendemain, 14 juillet, un phénomène analogue se montra au même point; seulement, quand je le vis, le soleil était couché depuis quelques minutes à peine.

Je ne sais si c'est parce que la lumière crépusculaire était encore très vive; mais la lueur n'avait pas la teinte rouge, pourprée, de celle de l'avant-veille; et cependant la pyramide lumineuse avait une hauteur bien plus grande, étant, d'après une évaluation approchée, entre le double et le triple de la première. Je ne puis mieux comparer son aspect, au point de vue de la nuance, qu'à la lumière zodiacale, ou mieux à la queue recliligne de certaines comètes. Mêmes circonstances atmosphériques que le 12 juillet.

Cette lueur étroite, ne se fondant point latéralement avec la lumière plus ou moins rougeâtre de l'horizon, était, je le répète, exactement verticale, et devait répondre, par sa base, au lieu du soleil sous l'horizon. Elle s'affaiblit peu à peu chaque soir ; mais, je ne vis pas le moment précis de la disparition, si toutefois un tel moment était susceptible d'être noté.

Fig. 71. — Fin du phénomène à 5 h. 35 m. du matin. (Page 193.)

Dès la première soirée, la vue de ce météore lumineux me rappela une observation mentionnée dans le tome X des *Mémoires de l'Académie des sciences.* Je crois que les lecteurs liront avec intérêt la courte note de D. Cassini sur le phénomène que l'illustre astronome observa à deux reprises : J'y joins le fac-simile du dessin qui accompagne la note (fig. 74).

« Le 21 mars de cette année 1692, M. Cassini, après le coucher du soleil, aperçut à l'occident une lumière élevée perpendiculairement sur l'horizon en forme de lance.

« Sa hauteur étoit de 14 degrez, et sa largeur, de deux. Sa couleur étoit d'un jaune clair, qui, s'étant peu à peu chargé, approchoit de la couleur de feu sur la fin.

« Cette lumière étoit traversée de quelques nuages longs et parallèles à l'horizon. Elle sembloit venir directement du soleil, et *elle
suivoit son mouvement :* ce qu'il étoit aisé de voir en la comparant avec
les objets qui étoient à l'horizon. »

Il n'est pas besoin, je crois, d'insister sur la parfaite similitude de
l'observation de Cassini et de celles que j'ai rapportées plus haut. Il
y a seulement un point de plus, d'ailleurs fort important, à savoir le
mouvement commun de la colonne lumineuse et du soleil, mouvement que je n'ai pas songé à constater, mais qui ressort peut-être
de la comparaison des hauteurs des deux pyramides, le 12 et le
14 juillet, la plus grande correspondant à un moindre abaissement
du soleil au-dessous de l'horizon.

« Ce phénomène, ajoute la note citée, est fort rare. Car depuis
40 ans qu'il y a que Cassini observe le ciel, il n'en a vu qu'un autre
semblable, qui parut le 21 may 1672, après le coucher du soleil, sur
les huit heures du soir. Il étoit de la même figure, et dans la même
situation perpendiculaire à l'horizon ; il venoit directement du soleil,
et il suivoit son mouvement. Sa hauteur étoit d'environ 15 degrez. Il
dura jusqu'à 8 heures et 22 minutes, et après avoir passé au delà du
point où le soleil se couche au solstice d'été, il disparut. »

Maintenant, quelle est la nature du phénomène en question, et
quelle en est la cause physique ? J'en ai cherché l'explication dans les
ouvrages de météorologie, sans rien trouver de bien net, de bien sa-
tisfaisant. Évidemment il s'agit là d'un météore d'optique atmosphérique où la réflexion doit jouer le plus grand rôle. Cassini, dès 1692
l'avait bien compris, car il rattache les deux faits dont il fut témoin
à d'autres plus complexes, qu'on a coutume de ranger sous la déno-
mination commune de *halos*, de *parhélies*, de *parasélènes*, dont la
théorie est connue. Ainsi, ayant vu, pendant une éclipse de lune
en 1677, « des rayons qui formoient une apparence de croix dont les
deux bras étoient parfaitement parallèles à l'horizon, et la pièce de
traverse étoit perpendiculaire aux deux bras, ce phénomène, dit-il,
n'étoit peut-être point différent des deux autres dont on vient de
parler : car il se peut faire que dans les deux dernières observations
on ne voyoit que les rayons perpendiculaires, parce que le soleil étoit
sous l'horizon. »

Du reste, le même tome X des *Mémoires de l'Académie* renferme
une autre note sur des phénomènes observés le 18 janvier 1693, par
D. Cassini, et un dessin que nous croyons devoir aussi reproduire
(fig. 75). Le titre de la note est celui-ci : *Description de l'apparence de
trois soleils vus en même temps sur l'horizon...* Cette fois, c'était au lever

du soleil (à 7 h. 38 min.) que se montra la colonne lumineuse ; à la base apparut une image du disque entier du soleil, que Cassini prit d'abord pour l'astre lui-même. Mais ce n'était qu'un faux soleil, comme il put s'en assurer en voyant bientôt apparaître à l'horizon, et au-dessous du premier disque, le véritable bord supérieur, beaucoup plus brillant, du soleil même. C'est à cet instant de l'observation que se rapporte la partie à gauche du dessin. « Peu de temps après, le véritable soleil s'étant caché presque tout entier dans les nuages, M. Cassini fut encore plus surpris de voir au-dessous un troisième soleil, de la même grandeur que le premier, de la même figure et dans la même ligne verticale. Ce dernier avoit au-dessous une traînée de lumière qui ressembloit à celle que le premier avoit au-dessus, et qui s'élevoit de l'horizon. Cependant le premier faux soleil paroissoit encore, mais ses rayons perpendiculaires commençoient à s'affaiblir et à se raccourcir. (Voy. la partie à droite du dessin.) Enfin, l'un et l'autre s'effaçant peu à peu, ils disparurent entièrement tous deux à 7 heures 58 minutes. »

Cassini ne manque pas d'assimiler ce phénomène aux deux qu'il avait observés en 1672 et 1692. « Il y a beaucoup d'apparence, dit-il, que ces météores étoient de même nature que celui-ci, mais que l'on n'en voyoit que les rayons perpendiculaires à l'horizon qui suivoient le mouvement du soleil après son coucher, et qui s'étendoient plus que celui-ci en longueur et en largeur à cause de l'absence du soleil. » Ce serait donc, d'après l'illustre astronome, des fragments de parhélies. Du reste, il donne une théorie fort plausible du phénomène des trois soleils, par la réflexion de la lumière solaire dans des lames de glace diversement inclinées; il prouve que cette inclinaison peut être telle qu'il n'y ait qu'une distance de 34° entre les centres du soleil vrai, et des deux faux soleils, ainsi que l'observation la lui avait montrée. On sait que les parhélies ordinaires donnent une distance beaucoup plus considérable.

Mais il resterait à expliquer les pyramides lumineuses. Kœmtz, en citant quelques rares observations de ce genre (celles de Lohrmann à Dohna, près Dresde, en 1824; de Roth, à Cassel, en 1836; de Brandes, en 1888), paraît considérer ces colonnes comme des portions du cercle vertical des parhélies. D'après Brandes, la réflexion de la lumière sur des particules glacées flottant dans l'air, sur des cristaux de neige, rend compte du phénomène, et il cite à l'appui cette curieuse observation du 19 janvier 1838 que nous venons de mentionner. Pendant plusieurs heures, il vit une colonne lumineuse verticale surmontant le soleil à une hauteur de 10 degrés. « Le so-

leil, dit-il, étant à 6° au-dessus de l'horizon et à 1° au-dessus des
édifices qui me dérobaient sa vue, je vis au-dessous du soleil une
colonne analogue ; mais ce qu'il y a de plus remarquable, c'est que
cette colonne se continuait sur le sol depuis le soleil jusqu'à moi ;
l'air était pur et la température variait, pendant toute la durée du
phénomène, entre — 19°,6 à huit heures et — 10°,2 à midi. Beaucoup

Fig. 72. — Halo lunaire et croix lumineuses, observés à bord du ballon *le Zénith*, le 24 mars 1875
(5 h. 15 m. du matin), à l'altitude de 1100 mètres. (Dessin d'après nature de M. Albert
Tissandier.) (Page 193.)

de particules glacées flottaient en l'air, et entre le soleil et moi j'a-
perçus un grand nombre de points lumineux sur un espace dont le
diamètre était un peu plus grand que celui du soleil ; ces points
brillants apparaissaient, puis disparaissaient subitement, et le plus
petit nombre se montrait sous la forme de lignes lumineuses qui,
poussées par un faible vent d'ouest, traversaient la bande dans toute
sa largeur..... Le phénomène persista jusqu'à midi ; mais, plusieurs

heures après, je vis des points brillants isolés placés verticalement au-dessous du soleil. Il n'y a point ici de phénomènes de diffraction, mais seulement des effets de réflexion. Tous les flocons de neige isolés que j'examinai se composaient de petites lames hexaédriques, dont les plus grandes, du diamètre d'une tête d'épingle, étaient fort brillantes[1]. »

Depuis cette étude de M. A. Guillemin le phénomène des

Fig. 73. — Colonne lumineuse observée à Orsay (Seine-et-Oise), les 12 et 14 juillet 1876.
(D'après un croquis de M. Amédée Guillemin.) (Page 195.)

colonnes de lumière a été signalé plusieurs fois. Voici une observation due à M. Th. Moureaux.

Le 27 juin 1877, je fus témoin d'un phénomène extrêmement rare d'optique atmosphérique. Un peu avant 10 heures, je vis dans

[1] M. Renou, qui a observé le phénomène du 12 juillet 1876, nous apprend que Bravais a donné cette théorie (*Journal de l'École polytechnique*, 1847) ; d'après lui, le phénomène « se produit dans les cirrus formés de prismes verticaux, terminés par des bases planes et horizontales. »

l'est une lueur blanche verticale que je pris tout d'abord pour un faisceau de lumière électrique, mais quelques minutes après, ayant pu apercevoir la lune qui venait de se lever, je remarquai que cette lueur était produite par notre satellite. Elle partait d'un point de l'atmosphère situé sur le rayon visuel allant de l'œil de l'observateur à la lune, et s'élevait verticalement jusqu'à une hauteur de plus de 30 degrés, en paraissant s'étaler un peu en éventail. Du reste, ni les bords du faisceau lumineux, ni son extrémité supérieure, n'étaient

Fig. 74. — Apparence lumineuse vue à l'horizon par J. Cassini, le 21 mai 1672 et le 21 mars 1692. — Fac simile de la gravure du temps. (Page 197.)

nettement définis à ce moment, où le phénomène était pourtant dans tout son éclat.

La lune, à son lever, était d'une teinte jaune-rougeâtre très prononcée; elle était légèrement voilée par des brumes, à la limite supérieure desquelles on voyait une bande lumineuse traversant à angle droit la lueur verticale, à 5 ou 6 degrés au-dessus de l'horizon (fig. 76). La distance angulaire de la lune à cette bande diminua peu à peu jusqu'à ce que l'astre se fût élevé au-dessus des brumes; à ce moment, la lueur horizontale, qui paraissait d'ailleurs indépendante du phénomène lui-même, s'affaiblit rapidement et disparut.

Il se forma alors, immédiatement autour de la lune, une couronne jaune-pâle, dont la largeur était à peu près égale au diamètre de l'astre. L'éclat de la lune augmentant avec sa hauteur au-dessus de l'horizon, l'intensité et l'étendue du phénomène diminuèrent graduellement. A 10 heures 15 minutes, la lueur ne s'élevait plus qu'à 8 ou 10 degrés, mais en même temps elle gagnait en netteté; le faisceau était parfaitement limité par les tangentes menées aux extrémités du diamètre horizontal de la lune. C'est un peu plus tard seulement, vers 10 heures 24 minutes, que je commençai à distinguer au-dessous de la lune une seconde lueur symétrique à la première, mais beaucoup plus faible (fig. 77). A 11 heures, le phénomène, considérablement affaibli, n'avait pas complètement disparu; la colonne lumineuse supérieure avait encore environ 2 degrés de hauteur.

Pendant toute la soirée le ciel a été, surtout dans la moitié orientale, parsemé de cirrus légers, détachés, n'affectant pas cette orientation qui les caractérise généralement, et laissant passer la lumière des principales étoiles. On n'apercevait pas la moindre trace de halo.

Ces phénomènes, ainsi que les halos, les parhélies, etc., sont produits par les cirrus, nuages qui se forment dans les régions élevées de l'atmosphère, et qui sont composés, comme on sait, de particules glacées. La diversité des effets observés est une conséquence de la forme et de la disposition des cristaux de glace.

Fig. 75. — Fac-similé de la gravure de J. Cassini sur l'apparence de trois soleils, vus en même temps sur l'horizon, le 18 janvier 1693. (Page 198.)

Brandes, et avec lui Bravais, Kaemtz, expliquent les lueurs verticales solaires ou lunaires par la réflexion des rayons lumineux sur les bases inférieures de prismes dont l'axe est peu écarté de la position verticale. Les prismes fins à axe vertical, dont les faces supérieure et inférieure sont terminées par des lames hexagonales en forme de tables, tels que Wilke, Scoresby.... en ont vu assez fréquemment, sont éminemment propres à la production des colonnes lumineuses. Il faut dire aussi que de longs filaments formés de fines aiguilles de glace à axe horizontal disperseraient la lumière verticalement, en haut et en bas de l'astre, et produiraient, dans certaines conditions, un phénomène analogue.

Bravais distingue deux espèces de lueurs. Les unes, plus longues, plus éclatantes, brillent lorsque l'astre est à l'horizon, et surtout lorsqu'il est abaissé de quelques degrés au-dessous de ce plan, sur lequel leur base est toujours appuyée : ce sont les lueurs verticales de la *première espèce*. Les autres, plus courtes, ayant leur centre au centre

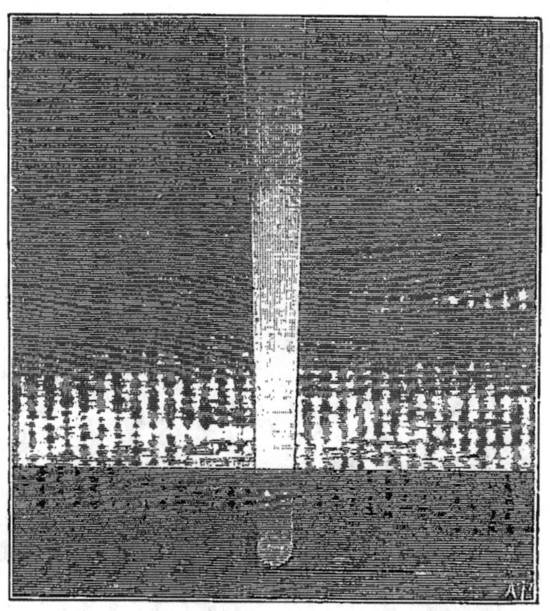

Fig. 76. — Lueur verticale lunaire, observée à Paris le 27 juin 1877 par M. Moureaux. Aspect du phénomène vers 10 heures du soir. (Page 202.)

de l'astre, et ne s'écartant pas, soit en dessus, soit en dessous, de plus de 20 à 25 degrés, sont les lueurs de la *deuxième espèce*.

Notre observation paraîtrait ainsi se rattacher à la deuxième espèce de la classification de Bravais.

Ces apparitions, ainsi que nous l'avons dit, sont extrêmement rares dans nos régions. Bravais, qui a recueilli et discuté toutes les observations publiées jusqu'en 1847, ne rapporte que huit lueurs verticales lunaires, dont deux faites par lui-même à Bossekop pendant l'hiver de 1838-1839, et une seulement à Paris, le 28 avril 1771, par

Messier. Dans aucune des relations citées, les lueurs n'atteignirent la hauteur de celle du 27 juin 1877, hauteur qui n'est pas douteuse, puisque la colonne lumineuse s'élevait au début jusque vers l'étoile *Altaïr*, de la constellation de l'Aigle, dont la distance angulaire à la lune était, à ce moment, de plus de 30 degrés.

Après les halos, les remarquables effets du *mirage* pourraient être ici l'objet d'une étude détaillée, mais ce phénomène étant

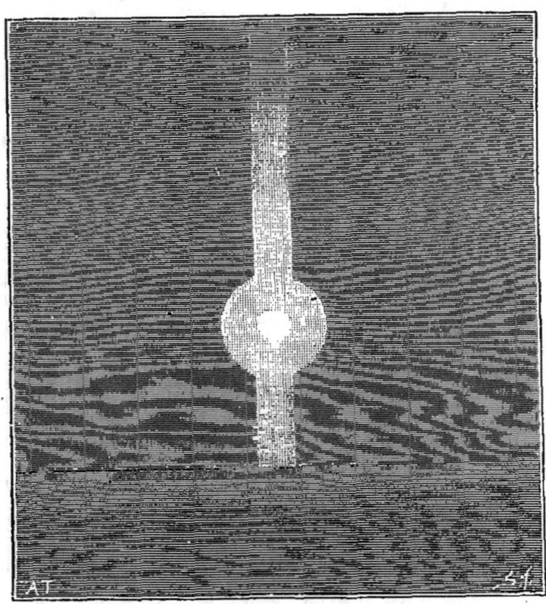

Fig. 77. — Le même phénomène, à 10 heures 25 minutes, après le lever de la lune. (Page 202.)

généralement signalé d'une façon très complète dans les traités de météorologie, nous nous bornerons à mentionner ici quelques cas particuliers.

Le cas le plus ordinaire de mirage se produit lorsque la température de l'air cesse de décroître. C'est un phénomène très commun en hiver dans nos régions, lorsqu'une couche d'air chaud vient surmonter la couche d'air froid qui est en contact avec la surface de la terre. Ce phénomène, comme on l'a déjà fait re-

marquer, est très commun dans les régions polaires. La figure 78
montre, d'après Scoresby, la duplication des glaces d'une banquise, l'image étant au-dessus de l'objet lui-même. Il a été
observé par ce grand navigateur lorsque les vents soufflaient de
l'est, direction des vents chauds, dans la mer du Spitzberg. La
duplication est accompagnée de déformation, parce que les dimensions de l'image peuvent être beaucoup plus grandes que
celles de l'objet et que l'objet lui-même peut se confondre avec
l'image.

Il en résulte que certains glaçons semblent s'élever dans le

Fig. 78. — Effet de duplication de glaces d'une banquise, observée par Scoresby. (Page 206.)

ciel sous forme de colonnes. On voit de légères interruptions indiquant que la forme générale est produite par une multitude de
réflexions superposées dans le sens vertical.

Ce mirage déjà si intéressant n'est que la modification d'un
cas prévu de suspension aérienne.

La règle générale du mirage est, en effet, qu'il ne se trouve
pas de déformation dans le sens horizontal. La raison en est
simple. En effet, les couches d'air sont généralement horizontalement superposées les unes sur les autres. Mais il peut arriver
des cas particuliers où elles sont séparées par des plans verticaux, ou généralement des surfaces inclinées. Dans ce cas
les images sont parfois déplacées latéralement et déformées

en même temps qu'elles sont multipliées dans le sens vertical.

Il est sans doute inutile d'ajouter que ce cas se produit dans les temps calmes, lorsque l'air de la surface terrestre est plus froid que l'air plus élevé, comme il arrive dans les régions polaires.

On peut supposer que les inflexions du miroir d'air suivent celles du rivage.

Les deux cas de mirage observés par Scoresby, figures 79 et 80, se trouvent l'un et l'autre dans ce cas.

Comme il est facile de s'en convaincre par l'inspection des

Fig. 79. — Mirage compliqué dans les deux sens, observé par Scoresby. (Page 207.)

figures, les phénomènes de suspension aérienne se manifestent en même temps que ceux de déplacements latéraux, mais il ne faudrait pas en conclure qu'il y a dans les régions supérieures, comme dans le premier cas, un courant d'air chaud auquel sont dus tous ces phénomènes de mirage. La forme compliquée du miroir d'air suffit pour donner une explication rationnelle des duplications qui accompagnent les déplacements latéraux.

En effet, comme on le voit dans la figure 80, l'image du premier navire de gauche, quoique suspendue à un niveau bien supérieur à celui de l'objet, se trouve de plus notablement déviée vers la droite du spectateur.

Les interversions de cette nature compliquée sont moins fréquentes dans nos climats ; cependant on les constate quelquefois en été sur le bord de la Manche.

Notre figure 81 donne une idée très exacte de ce phénomène, et dans des conditions qui ne laissent aucun doute sur la réalité de l'explication précédente. En effet, la maison qui se trouvait sur le bord de la mer était surélevée par un phénomène de suspension aérienne, et l'image produite par la suspension donnait naissance à un reflet dans la couche même, produisant le phénomène.

Fig. 80. — Autre mirage compliqué dans les deux sens, observé par Scoresby. (Page 207.)

Dans ce cas, l'air de la terre était plus chaud que l'air de la mer : c'est une circonstance inverse de celle qui avait été observée par Scoresby dans les mers polaires, et qui est analogue à celle des *Fata Morgana* dans le détroit de Messine.

Les surfaces de séparation d'une couche chaude et d'une couche froide pouvant être obliques dans certains cas, on arrive à comprendre qu'elles peuvent être courbées d'une façon quelconque ; elles sont donc susceptibles de produire des phénomènes d'anamorphoses ou de grossissement. On peut expliquer de la sorte les apparences les plus grotesques, les plus effrayantes, les plus extraordinaires.

Les observations faites en ballon sont de nature à éclairer

cette question puisqu'elles permettent d'analyser, dans les cas extraordinaires, la constitution des couches d'air successives. Dans les ballons on observe en effet de nombreux mirages [1].

Le soleil donne souvent naissance à d'autres merveilles moins généralement connues, parce que leurs observations ont été plus rares ; nous voulons parler de ces ombres extraordinaires que

Fig. 81. — Effet de double suspension aérienne observée par M. Everett sur le bord de la mer.

certains voyageurs ont vues se projeter sur le brouillard des montagnes, ou sur les nuées atmosphériques, ombres étranges, qui apparaissent enveloppées d'auréoles colorées et de contours lumineux. Le soleil, il est vrai, n'est pas prodigue de ces jeux de lumière, on dirait même qu'il les révèle à regret, et seulement à l'explorateur assez audacieux pour atteindre le sommet de

[1] D'après une notice de M. Everett dans *la Nature*.

montagnes peu fréquentées, ou pour s'élancer vers les hautes régions de l'air dans la nacelle d'un aérostat.

Il y a fort longtemps du reste que de semblables phénomènes, quelque exceptionnels qu'ils soient, ont été signalés ; depuis des époques très reculées, la montagne du Brocken, célèbre dans le Hartz, en Hanovre, a été réputée comme le théâtre habituel d'apparitions extraordinaires. Les paysans du pays vous parlent encore aujourd'hui du Brocken avec un certain effroi ; ce sommet, qu'ils croient ensorcelé, leur inspire des terreurs superstitieuses ; ils redoutent d'en faire l'ascension à l'heure du lever du soleil, car c'est à ce moment surtout que, d'après leurs récits, des spectres formidables apparaissent au sein de l'air, que des ombres colossales surgissent au milieu des massifs de nuages. Quand ils se hasardent à gravir les rampes escarpées de la montagne, ils montrent au voyageur, durant la route, certaines pierres granitiques qu'ils appellent l'*autel de la sorcière* ou le *rocher magique*, ils s'arrètent devant la *fontaine enchantée*, ils vous racontent que les anémones du Brocken sont douées de vertus particulières. D'après l'affirmation des archéologues allemands, ces dénominations remonteraient au temps où les Saxons adoraient encore leurs anciennes idoles, alors que le christianisme commençait à dominer les esprits des populations de la plaine. Il est probable que le spectre du Brocken, dont nous allons entretenir nos lecteurs, s'est souvent montré à cette époque, comme de nos jours, et qu'il avait sa part des tributs d'une idolâtrie superstitieuse.

Un des premiers observateurs qui ait donné une description exacte et rationnelle du spectre du Brocken est le voyageur Hane, qui l'aperçut en l'année 1797. Avec une persévérance infatigable, ce naturaliste se rendit plus de trente fois au sommet du Brocken, sans que l'apparition se révélât à ses yeux. Mais sa ténacité eut enfin sa récompense. Un certain jour du mois de mai, Hane a gravi le Brocken ; il est arrivé au sommet de la montagne à 4 heures du matin. Le temps est calme, le vent chasse devant lui une nuée de brouillards opalins, de vapeurs indécises qui ne sont pas encore métamorphosées en nuages. Le soleil se lève à 4 heures 15 minutes, l'heureux observateur voit son ombre colossale se découper sur le massif des brumes, il porte sa main à son chapeau, et la grande silhouette fait le même geste. Plus tard, en 1862, un peintre français, M. Stroobant, aperçut nettement le spectre de Brocken ; l'ombre du voyageur se dessina sur les nuages, ainsi que celle d'une tour du voisinage. Ces silhouettes étaient vagues, leurs contours mal définis, mais elles apparaissaient nettement entourées d'une auréole lumineuse formée des sept couleurs de l'arc-en-ciel.

Au siècle dernier, Bouguer et Ulloa, envoyés à l'équateur avec la Condamine pour mesurer le degré terrestre, observèrent des phénomènes du même ordre pendant leur séjour sur le Pichincha. Ulloa, qui a donné son nom à ces effets de lumière, a décrit avec précision l'apparition, devenue classique, qui se manifesta sous ses yeux. « Je me trouvais, dit-il, au point du jour sur le Pambamarca, avec six compagnons de voyage ; le sommet de la montagne était entièrement couvert de nuages épais ; le soleil, en se levant, dissipa ces nuages ; il ne resta à leur place que des vapeurs légères qu'il était presque impossible de distinguer. Tout à coup, au côté opposé à celui où se levait le soleil, chacun des voyageurs aperçut, à une douzaine de toises de la place qu'il occupait, son image réfléchie dans l'air comme dans un miroir ; l'image était au centre de trois arcs-en-ciel nuancés de diverses couleurs et entourés à une certaine distance par un quatrième arc d'une seule couleur. La couleur la plus extérieure de chaque arc était incarnat ou rouge ; la nuance voisine était orangée ; la troisième était jaune, la quatrième paille, la dernière verte. Tous ces arcs étaient perpendiculaires à l'horizon ; ils se mouvaient et suivaient dans toutes les directions la personne dont ils enveloppaient l'image comme une gloire. Ce qu'il y avait de plus remarquable, c'est que, bien que les sept voyageurs fussent réunis en un seul groupe, chacun d'eux ne voyait le phénomène que relativement à lui, et était disposé à nier qu'il fût répété pour les autres. »

Kaemtz sur la cime de quelques montagnes alpestres, Scoresby dans les régions polaires, Ramond dans les Pyrénées, de Saussure sur le mont Blanc, M. Boussingault dans les Cordillères, ont confirmé, depuis, ces récits intéressants par leurs propres observations. Mais ces beaux phénomènes se manifestent bien plus souvent aux yeux des aéronautes quand ils sillonnent une atmosphère chargée de nuages. MM. Glaisher, Flammarion et de Fonvielle les ont décrits succinctement depuis quelques années. Nous avons eu, depuis plusieurs années, la bonne fortune d'observer des ombres aérostatiques ceintes d'auréoles des plus variées : nous croyons intéressant de les décrire.

C'est dans le cours de notre dix-huitième ascension aérostatique exécutée le 8 juin 1872, avec M. le contre-amiral baron Roussin, que nous eûmes le bonheur de voir ces beaux phénomènes apparaître à nos yeux dans leur magnificence.

A 5 heures 35 minutes du soir, l'aérostat avait dépassé les beaux cumulus blancs qui s'étendaient horizontalement dans l'atmosphère à 1 900 mètres d'altitude. Le soleil était ardent, et la dilatation du gaz déterminait notre ascension vers des régions plus élevées, que je ne pouvais atteindre sans danger, n'ayant pour la descente qu'une faible provision de lest. Je donne quelques coups de soupape, pour revenir à des niveaux inférieurs. A ce moment, nous planons au-dessus d'un vaste nuage ; le soleil y projette l'ombre assez confuse de l'aérostat, qui nous apparaît entourée d'une auréole aux sept couleurs de l'arc-en-ciel. A peine avons-nous le temps de considérer ce premier phénomène, que nous descendons de 50 mètres environ. Nous passons alors tout à côté du cumulus qui s'étend près de notre nacelle et forme un écran d'une blancheur éblouissante, dont la hauteur n'a certainement pas moins de 70 à 80 mètres.

L'ombre du ballon s'y découpe, cette fois, en une grande tache noire, et s'y projette à peu près en vraie grandeur. Les moindres détails de la nacelle, l'ancre, les cordages, sont dessinés avec la netteté des ombres chinoises. Nos silhouettes ressortent avec régularité sur le fond argenté des nuages ; nous levons les bras, et

nos Sosies lèvent les bras. L'ombre de l'aérostat est entourée
d'une auréole elliptique assez pâle, mais où les sept couleurs du
spectre apparaissent visiblement, en zones concentriques. La

Fig. 82. — Phénomène d'optique en ballon, le 16 février 1873. (Page 215.)

température était de 14 degrés centésimaux environ ; l'altitude,
de 1 900 mètres. Le ciel était très pur et le soleil très vif...Le
nuage sur la paroi verticale duquel l'apparition s'est produite

avait un volume considérable et ressemblait à un grand bloc de neige en pleine lumière. Nous étions nous-mêmes entourés d'une certaine nébulosité, car la terre ne s'entrevoyait plus que sous un brouillard indécis.

Des observations analogues ont été faites plusieurs fois, comme nous venons de le dire, par quelques aéronautes; mais je ne crois pas que l'on ait jamais vu l'ombre d'un ballon se découper sur un nuage avec une intensité telle, qu'on eût dit un effet de lumière électrique. Le spectacle qu'il nous a été donné de contempler était vraiment saisissant, et ce genre de spectre aérostatique doit être certainement considéré comme une des plus belles scènes aériennes qui puissent s'offrir au voyageur en ballon [1].

Mais dans une autre ascension, le 16 février 1873, il nous a été possible d'observer ces phénomènes dans des conditions plus exceptionnelles encore. En effet, pendant trois heures consécutives, nous n'avons pas cessé un seul instant d'apercevoir sur la nappe de nuages au-dessus desquels nous planions, l'ombre de notre aérostat sans cesse enveloppée d'un contour irisé. Jamais semblable occasion ne s'est offerte à l'observateur aérien, de bien étudier les circonstances de production de ces jeux de lumière ; jamais d'ailleurs panorama plus imposant de montagnes de nuages ne s'est peut-être ainsi présenté aux regards d'un aéronaute.

A midi, nous venons de quitter la terre, cachée sous un épais manteau de brumes ; nous traversons le massif des nuages, et

---

[1] *Comptes rendus de l'Académie des sciences*, t. LXXV, p. 38 (1872). Le même volume de cette publication contient, page 161, une intéressante communication de M. Gay. « La description du phénomène observé en ballon par M. Tissandier, dit ce savant, me rappelle un fait identique observé par moi, il y a quatre ans. Le 3 septembre 1868, vers cinq heures du soir, je me trouvais, avec plusieurs personnes, sur l'étroite plate-forme qui termine le Grand-Som (2,033 mètres d'altitude) et dont les parois se dressent à pic, au-dessus de la Grande-Chartreuse. Des nuages nous enveloppaient à chaque instant; le soleil, près de se coucher, projeta notre ombre et celle de la croix plantée sur le sommet, un peu agrandie et entourée d'un cercle irisé... présentant toutes les couleurs du spectre, le violet à l'intérieur, le rouge au dehors. »

noûs sommes éblouis tout à coup par les torrents de lumière que lance un soleil des tropiques, ruisselant de feu, au milieu d'un ciel azuré. Ni la mer de glace, ni les champs de neige des Alpes, ne donnent une idée de ce plateau de vapeur qui s'étend sous notre nacelle, comme un cirque floconneux où des vallées d'argent apparaissent au milieu des flocons de feu. Ni la mer au soleil couchant, ni les flots de l'Océan éclairés par l'astre du jour au zénith, n'approchent en splendeur de cette armée de *cumulus* arrondis qui ont aussi leurs vagues et leurs montagnes d'écume, mais qui ont en plus une lumière d'apothéose.

Dès que notre ballon a dépassé d'une cinquantaine de mètres environ la plaine des nuages, son ombre s'y projette avec une netteté remarquable, et un magnifique arc-en-ciel circulaire apparaît autour de l'ombre de notre nacelle. La gravure ci-contre (fig. 82), dont le croquis a été fait d'après nature par notre frère qui nous accompagnait, donne une idée très exacte de cette apparition. L'ombre de la nacelle forme le centre de cercles irisés et concentriques, où se distinguent les sept couleurs du spectre : violet, indigo, bleu, vert, jaune, orangé et rouge. Le violet est inférieur, et le rouge extérieur, ces deux couleurs sont en même temps celles qui se révèlent avec le plus de netteté. Nous sommes, au moment de cette observation, à l'altitude de 1 350 mètres au-dessus du niveau de la mer.

L'aérostat, dont le gaz se dilate par l'effet de la chaleur solaire, continue à s'élever rapidement dans l'atmosphère, son ombre diminue à vue d'œil; bientôt, à 1 700 mètres d'altitude, le cercle irisé l'enveloppe tout entier, et cesse de se produire autour de la nacelle. Un peu plus tard enfin, à 1 heure 35 minutes, nous nous rapprochons de la couche des nuages, et l'ombre est ceinte cette fois de trois auréoles aux sept couleurs, elliptiques et concentriques, comme le représente la gravure au trait qui accompagne notre texte (fig. 83).

Rien ne saurait donner une idée de la pureté de ces ombres qui se découpent dans une brume opaline, de la délicatesse de tons de l'arc-en-ciel qui les entoure. Le silence complet qui règne dans les régions de l'air, où se manifestent ces jeux de lumière, le calme absolu où l'on se trouve, au-dessus de nuages que le soleil transforme en flots de lumière, ajoutent à la beauté de ces spectacles, et remplissent l'âme d'une indicible admiration. Nul ne saurait rester indifférent à la vue de ces tableaux enchanteurs que la nature réserve à ceux qui savent la comprendre.

On ne sait pas encore exactement à quelle cause attribuer la production d'un contour lumineux autour de l'ombre projetée sur des vapeurs ou des brouillards. Quelques observateurs ont pensé que ces phénomènes étaient dus à la diffraction de la lumière, mais il serait possible qu'ils aient une origine commune avec l'arc-en-ciel. Ce qui tendrait à accréditer cette opinion, c'est la nécessité de la présence de la vapeur d'eau, pour que le phénomène se manifeste : s'il était le résultat de la diffraction, il devrait apparaître aussi bien sur un mur blanc, sur un écran quelconque que sur un nuage. Il ne serait pas impossible du reste d'étudier ces faits curieux, au moyen d'expériences exécutées à terre ; en disposant convenablement des écrans de soie, ou des écrans de mousseline imbibée d'eau, qui simuleraient un nuage, on pourrait espérer voir le phénomène se manifester ainsi par synthèse. M. Leterne a encore signalé un excellent moyen de l'étudier, sans qu'il soit nécessaire de s'élever au-dessus des nuées dans la nacelle du ballon. « Au printemps, dit cet observateur, le matin, lorsque le soleil, arrivé à 15 ou 20 degrés au-dessus de l'horizon, a déjà un peu réchauffé l'atmosphère, et qu'il s'est produit une légère condensation de vapeurs sur le tapis de gazon qui borde les routes, le voyageur peut voir sa silhouette projetée sur ce tapis de verdure humide, entourée d'un contour lumineux dans lequel on reconnaît les couleurs du spectre, mais où le rouge domine [1]. » On voit que cette observation est facile à provoquer ; à défaut de rosée, ne pourrait-on pas mettre à profit les jets d'eau qui for-

[1] *Comptes rendus de l'Académie des sciences*, t. LXXVI, 1873, p. 786.

ment une pluie de gouttelettes liquides, où, comme on le sait, l'arc-en-ciel apparaît fréquemment. Il n'est pas douteux que de semblables études complétées par des expériences ingénieuses sont susceptibles de conduire à quelque résultat intéressant. Comme l'a dit Montaigne, « il n'est désir plus naturel que le désir de cognoissance... ; quand la raison nous fault, nous y employons l'expérience. » On ne saurait mieux faire que de suivre les conseils de l'immortel auteur des *Essais*.

Le magnifique phénomène des auréoles de lumière se voit

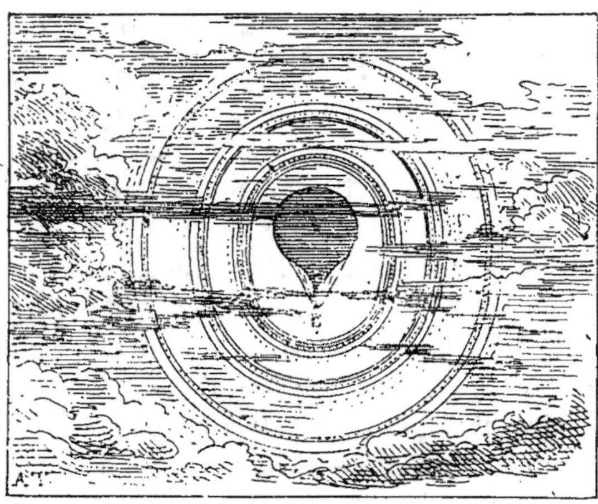

Fig 83. — Ombre aérostatique entourée de trois auréoles. (Page 215.)

souvent dans les observatoires de montagne, et le général de Nansouty en a admiré souvent du haut de son Pic-du-Midi. Mon frère a eu la bonne fortune de contempler un de ces tableaux en haut du Pic du Midi.

La journée que j'ai passée le 17 juillet 1882 au Pic du Midi, dit M. Albert Tissandier, en compagnie de M. Mascart, directeur du Bureau central météorologique de France, de M. Th. Moureaux, notre collaborateur, et de M. Fabre, de l'observatoire de Toulouse, a été particulièrement intéressante au point de vue de l'aspect des nuages. Du côté du Midi, l'immense panorama des montagnes se voyait dans une resplendissante lumière, tandis que du côté du nord les plaines de Pau et de Tarbes étaient complètement voilées par une mer de nuages d'un blanc éclatant et par les vapeurs lumineuses qui s'en détachaient à tous moments pour se perdre ensuite dans le ciel bleu. Vers trois heures et demie ces vapeurs commençaient à entourer fréquemment le pic, passant au-dessus des terrasses de l'Observatoire ou allant s'engouffrer dans le ravin d'Arises. Je dessinais à ce moment dans les rochers, lorsque je fus tout à coup émerveillé par l'aspect lumineux que prirent les brumes qui venaient de me voiler une partie de la vue dont je désirais prendre le croquis. Un arc-en-ciel d'un blanc pâle se forma au-dessus de ma tête, puis deux halos aux teintes éblouissantes se montrèrent dans le fond du ravin d'Arises, enfin je vis mon ombre tout entière se découper dans le centre même de ces halos. Mon ombre était entourée d'une auréole jaune-pâle ; puis des lueurs blanches, ensuite les teintes éblouissantes nettement marquées, rouge-pâle, orange et violet du premier halo. La lueur blanche reparaissait, puis enfin le deuxième halo avec les mêmes teintes plus effacées : *violet en dehors* (Pl. IV).

J'appelais à ce moment un de mes compagnons de voyage qui vint admirer avec moi ce curieux effet de spectre du Brocken vu au Pic du Midi ; en nous approchant l'un contre l'autre les ombres de nos têtes se trouvèrent dans la même auréole, elles semblaient surmontées de rayons sombres qui venaient couper les lueurs d'arc-en-ciel de nos halos. Nous remuons les bras, et sur l'ombre, nos doigts semblent jeter aussi un rayon plus sombre qui se meut suivant notre volonté comme les ailes d'un moulin. Au coucher du soleil, et le lendemain matin, l'état du ciel étant à peu près dans les mêmes conditions, nous pûmes jouir du magnifique spectacle de l'ombre du Pic sur les nuages, entourée de lueurs irisées du plus bel effet.

SPECTRE LUMINEUX OBSERVÉ AU PIC DU MIDI LE 17 JUILLET 1882, A 3ʰ 30ᵐ DE L'APRÈS-MIDI.
(D'APRÈS NATURE, PAR M. ALBERT TISSANDIER. (Page 218.)

CHAPITRE VII

LES POUSSIÈRES DE L'AIR

Les pluies de poussière dans l'antiquité. — Travaux d'Ehrenberg. — Recherches modernes. — Aérolithes microscopiques. — Les germes organisés de l'atmosphère.

Ce phénomène curieux a souvent été signalé par des observateurs anciens et modernes. Tite-Live notamment parle à plusieurs reprises, dans ses écrits, de poussières fines tombant de l'air à la surface de la terre, avec une abondance extraordinaire. Depuis Homère jusqu'aux paysans ignorants de notre époque, on a également mentionné des *pluies de sang*, qui laissent un dépôt rougeâtre sur le linge ou sur les corps de couleur blanche à la surface desquels on les reçoit. Ces prétendues pluies de sang, ainsi nommées par la superstition populaire, consistent simplement en pluies d'eau ordinaire, dans les gouttes desquelles est incorporé un sable fin et pulvérulent. Elles se rattachent donc au phénomène des pluies de poussière. On les a désignées beaucoup mieux sous le nom de *pluies terreuses*. Le même fait a encore été observé pour la neige qui tombe parfois en flocons colorés par des corps pulvérulents étrangers emprisonnés dans leur masse.

On a souvent prouvé que ces pluies de poussière ont quelquefois pour origine des météorites, et qu'elles peuvent provenir, soit de la combustion de ces corps extra-terrestres, soit de leur division au sein de l'eau atmosphérique quand elles sont friables. Mais ce phénomène doit se distinguer nettement des pluies de sables, secs ou mouillés, qui ont une origine terrestre, et qui consistent en l'agglomération de fines parcelles soulevées des déserts, par des tourbillons de vent, et emportées au loin par des courants aériens. Arago et surtout Erhenberger ont étudié ces phénomènes ; mais il reste à leur égard quelques obscurités : l'examen d'un phénomène récent nous a donné l'occasion de coordonner les faits et de les soumettre à une nouvelle analyse.

Le nombre des pluies terreuses, désignées sous le nom de pluies de sang et signalées par les annalistes anciens, est considérable. Homère fait tomber une pluie de sang sur les héros grecs [1]. Plutarque parle de pluies extraordinaires qui se seraient produites après de grands combats [2]. Obsequens décrit à plusieurs reprises le même phénomène. Lycosthènes, dans son *Livre des prodiges*, va même jusqu'à figurer naïvement les gouttes de sang qui tombent du ciel (fig. 84).

Erhenberg paraît être le premier qui ait rassemblé les faits de cet ordre, et le célèbre micrographe a dressé une curieuse carte des pluies terreuses ou des pluies de poussière sèche (fig. 85). Erhenberg indique sur cette carte, que nous reproduisons d'après les comptes rendus de l'Académie des sciences de Berlin (1862), les localités où les pluies de poussière ont été observées et les dates du phénomène. Le savant prussien a examiné au microscope les échantillons qu'il a pu se procurer et il a retrouvé souvent parmi les grains de matière minérale qui les constituaient, des formes organiques, algues, diatomées, etc., qui étaient originaires de sables de l'Afrique ou de l'Amérique du sud.

Des pluies de poussière, dit Erhenberg, ont été signalées entre l'Afrique et l'Amérique, dans les parages des îles Canaries, des Açores et des îles du cap Vert, pendant les années de 1160, 1555, 1558, 1579, 1606, 1627, 1668, 1719, 1810 (2 fois), 1815, 1816, 1817, 1821, 1822 (4 fois), 1825, 1826, 1830, 1833 (2 fois), 1834 (2 fois), 1836, 1837, 1838 (3 fois), 1839 et 1840 (2 fois). On comptait, en 1849, 340 faits bien constatés de chute de poussière.

[1] *Iliade*, XI, v. 52.
[2] *Vie de Marius.*

Les cas de neige terreuse sont également assez nombreux dans les annales de la météorologie. Pour ne pas multiplier les citations, nous signalerons seulement un exemple bien caractérisé de ce phénomène.

Le 21 décembre 1859, un violent tourbillon de vent fit tomber abondamment de la neige, pendant près de 45 minutes, en Westphalie et dans la province rhénane. Il était 10 heures du matin. Le vent tourna du S. E. au S. S. E. et au S.

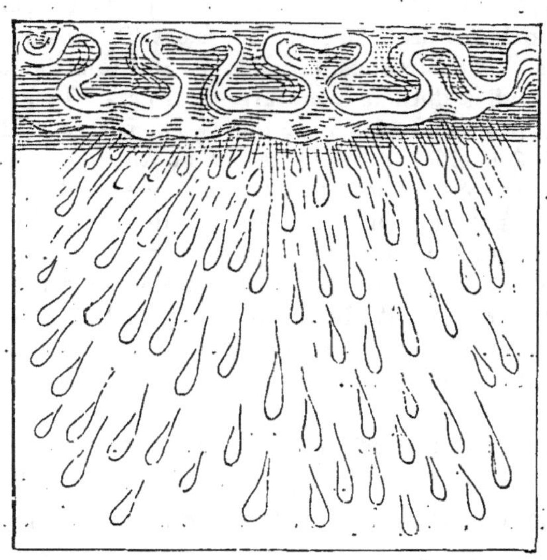

Fig. 84. — Fac-simile d'une gravure du *Livre des prodiges* figurant une pluie de sang (Lycosthène, seizième siècle). (Page 220.)

Cette neige, dit Erhenberg, était recouverte d'une couche de 3 lignes d'épaisseur, d'une couleur brun-cannelle. Examinée de plus près, cette couche offrait quantité de points à peine visibles à côté de parcelles ayant la grosseur d'une tête d'épingle. Cette poussière était entassée dans quelques endroits et plus clairsemée ailleurs. La quantité de neige tombée le 21 décembre peut être évaluée à 18,56 pouces cubiques par pied carré. Un observateur digne de foi, M. le propriétaire S..., demeurant à trois quarts de mille à l'est de Gütersloh, m'a raconté que vers 10 heures du matin, tout le ciel étant couvert, il vit au N.E. et au N.O. une éclaircie, de plusieurs degrés à l'horizon et, dans cette éclaircie, une nuée sale, brune et assez épaisse. Un quart d'heure ou une demi-heure après, il tomba de la neige dans laquelle il remarqua aussitôt cette poussière. En pressant et faisant fondre une poignée de neige dans sa main, il la vit convertie en une eau colorée de brun clair. Le même moment de la chute de la poussière est donné par un paysan de notre localité, qui fut surpris par le tourbillon de neige, en allant de Brackwede à Bielefeld. Le 23 décembre et jours suivants, la neige colorée devint plus foncée ; le 28, on trouvait encore quelques grumeaux de cette substance brune.

Dans dix pieds carrés de cette neige que je fis fondre, je trouvai une once, poids médical, de cette poussière. D'après les renseignements qui me sont parvenus, la poussière est tombée sur une surface de 675 milles d'Allemagne carrés, savoir, en longueur, depuis Remagen jusqu'à Aschersleben, 45 milles, et en largeur, depuis Werburg jusqu'à Peckeloh, 15 milles (le mille d'Allemagne vaut de 7 à 8 kilomètres). D'après le calcul précité (une once par dix pieds carrés), le vent a dû transporter par les airs des centaines de milliers de quintaux (*Hundert tausende von centnern*) de cette poussière météorique.

La *Kolnische Zeitung* (Gazette de Cologne) a publié une correspondance de Hanovre, en date du 29 décembre 1839. Il y était dit que la ville de Hanovre, avec tous ses alentours, avait été recouverte d'une neige brune, le 21 décembre.

Les pluies de poussière ont été dans notre siècle l'objet de plusieurs observations beaucoup plus précises que celles des époques antérieures, et qui permettent de caractériser très nettement le phénomène.

Voici quelques détails intéressants communiqués à Arago par M. Schabelski [1], voyageur russe très distingué, sur une pluie terreuse tombée en pleine mer.

Lorsque le bâtiment se trouvait par 23° de latitude nord à 21°20′ de longitude ouest de Greenwich, nous fûmes témoins d'un phénomène très remarquable : le matin 22 janvier 1822 (nous étions alors à 275 milles nautiques des côtes d'Afrique), nous aperçûmes que tous les cordages du navire étaient couverts d'une matière pulvérulente dont la couleur rougeâtre approchait de celle de l'ocre. Ces cordages, vüs

---

[1] *Œuvres complètes de Fr. Arago*, t. XII, p. 293.

au microscope, offraient une longue file de globules qui semblaient se toucher. Les seules parties qui avaient été exposées à l'action du vent du nord-est présentaient ce phénomène ; il n'y avait aucune trace de poussière sur les faces opposées.

La poussière en question était très douce au toucher et colorait a peau en rouge.

M. Leps, lieutenant de vaisseau, commandant à bord du *Vautour*, a rapporté que dans la nuit du 15 au 16 mai 1846, son bâtiment, qui se rendait de Bone à Alger, s'est trouvé au milieu d'un *air chargé de poussière*. Le matin, le pont du bâtiment, la mâture, les voiles, le gréement étaient couverts de poussière. Le vent, pendant le passage de ce nuage de poussière, a été constamment de l'ouest ou du nord-ouest [1].

Voici enfin une des descriptions les plus complètes qui aient été données d'une pluie de poussière, qui, les 15 et 17 octobre 1846, recouvrit une partie de la France méridionale. Nous, trouvons dans les *Comptes rendus de l'Académie des sciences* (t. XXIV, 1847, p. 625) une curieuse note à ce sujet de M. A. Dupasquier.

La pluie était mélangée d'une terre glaise jaunâtre. Elle tenait en dissolution une forte proportion de matières organiques.

La matière terreuse séparée par le filtre et recueillie à Verpillière (Isère) offrait la composition suivante :

Silice	0,520
Alumine	0,075
Peroxyde de fer hydraté	0,085
Carbonate de chaux	0,265
Carbonate de magnésie	0,020
Débris organiques	0,035
	1,000

« Il est permis de conjecturer, et cela d'après le mélange de débris organiques avec la matière terreuse, que celle-ci n'avait d'autre origine que la poussière enlevée par une trombe à la surface du sol. »

M. Dumas, ayant reçu d'une autre localité un échantillon de cette pluie terreuse, pria M. Lewy de l'examiner. Cet échantillon

____
[1] *Comptes rendus de l'Académie des Sciences*, t. XXIV.

provenait de la ville de Valence (Drôme), où la pluie fine et serrée était tombée entre 11 heures et midi.

D'autre part, M. Fournet, de Lyon, a recueilli sur ce phénomène des documents très intéressants.

Le phénomène, dit cet observateur, a commencé à la Guyane; il s'est étendu à New-York; de là on le retrouve aux Açores, puis sur la France centrale et orientale, et il s'efface graduellement en Italie. Dans ce phénomène total, la pluie de terre est un accident partiel; les documents qui m'ont été fournis par divers observateurs établissent qu'elle s'est étendue jusqu'au pied du mont Cenis à Lans-le-Bourg. Elle a couvert une superficie de 210 kilomètres de longueur de l'ouest à l'est, et de 160 kilomètres du nord au sud. Cette terre vient si bien de la Guyane et autres côtes de l'Amérique, que M. Erhenberg, de Berlin, a pu reconnaître des formes d'infusoires propres à la partie du continent ci-dessus indiquée (Guyane); il y a donc concordance entre nos deux systèmes d'observation.

M. Fournet rapporte, d'autre part, que, dans le département de la Drôme, la pluie de poussière fut si abondante que les habitants dans certaines localités furent forcés de curer les gouttières des toits, remplies d'une véritable boue. Il a calculé que la quantité de poussière tombée à la surface du département s'élevait environ au poids de 7 000 quintaux métriques.

M. Lewy a trouvé à la terre, tombée de l'air, la composition suivante :

Silice	58,8
Alumine	13,3
Peroxyde de fer	06,6
Carbonate de chaux	21,1
Oxyde de manganèse	traces.

Composition qui offre certaine analogie avec celle que M. Dupasquier a donnée de la terre de Mésimiens.

La pluie terreuse du 16 au 17 octobre 1846 a été enfin examinée par M. Decaisne [1] :

____

[1] *Comptes rendus de l'Académie des sciences*, t. XXIV, 1847, p. 810.

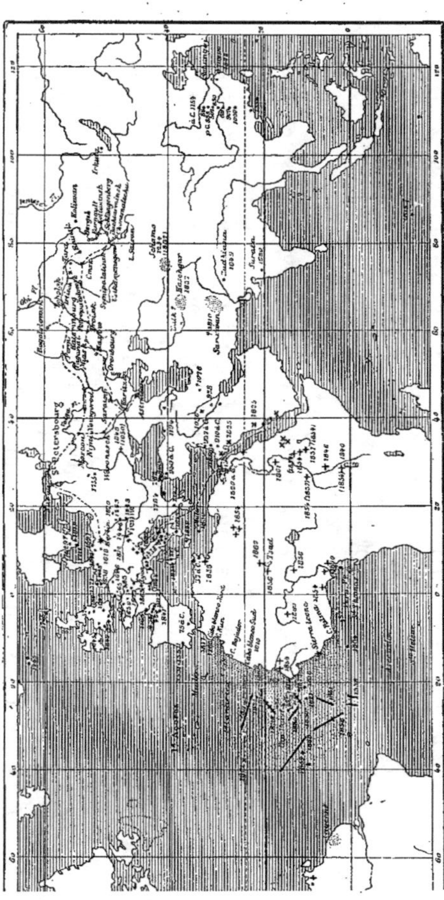

Fig. 85. — Carte des pluies de poussière, d'après Erhenberg. (Page 220.)

« J'y ai observé, dit ce savant, une assez grande quantité de corpuscules organisés que je considère comme végétaux : ce sont des *ruastruns*, quelques clostéricés, des granules de matière verte, etc. ; puis, enfin, quelques débris d'infusoires qui disparaissent en les soumettant à l'action de l'ammoniaque. »

Dix-sept ans après, en 1863, un phénomène analogue se produisit dans le Midi de la France, et il fut l'objet d'une étude intéressante de la part de M. Bouis [1].

Une pluie et une neige rouges, dit ce savant chimiste, sont tombées le 1er mai 1863, le matin à 4 heures, dans l'Ariège, les Pyrénées-Orientales et en Espagne dans la basse Catalogne, l'Aragon, etc. ; les flocons de neige étaient parfois si rouges, qu'on les croyait teints de sang. Le vent soufflait du S.

La terre desséchée à l'air est jaunâtre ; humectée, elle devient rouge brique. L'examen microscopique n'a montré que quelques rares débris microscopiques. L'analyse m'a fourni les résultats suivants :

Pluies de terre tombées le 1er mai 1863 à Perpignan et à Olette.

	Perpignan.	Olette.
Sable et argile...................	60,95	64,90
Oxyde de fer et alumine..	7,50	5,00
Carbonate de chaux............	21,55	21,50
Carbonate de magnésie..........	2,15	2,26
Matière organique azotée........	2,00	2,25
Eau.........................	5,85	4,09
Acide phosphorique...........	Traces sensibles	Traces sensibles
	100,00	100,00

M. Bouis suppose que cette terre en traversant l'air l'a dépouillé de toutes les matières organiques qu'il tenait en suspension, de ses *immondices*, et qu'elle s'est ainsi transformée en une matière utile pour l'agriculture. L'auteur ajoute que l'on pourrait appeler, sans trop d'exagération, ces chutes de terre, des *pluies d'engrais*.

[1] *Comptes rendus de l'Académie des Sciences*, t. LVI, 1863, p. 972. *Relation d'une pluie de terre tombée dans le midi de la France et en Espagne*, par M. J. Bouis.

La question a été soumise à une nouvelle étude de la part de M. Tarry en 1870.

Après une intéressante communication à l'Académie des sciences, M. Tarry a exposé ultérieurement comment se sont produites les trois pluies terrestres des 10 mars 1869, 24 mars 1869 et 14 février 1870, qui ont recouvert une partie de la Sicile et de l'Italie; et il a trouvé dans ces faits le moyen de prédire dans certains cas les pluies terrestres par l'étude préliminaire des tourbillons atmosphériques.

La pluie terreuse du 10 mars 1869 a été l'objet d'une étude assez complète dans plusieurs localités : à Naples notamment. Dans cette dernière ville, le sirocco soufflait avec une intensité peu commune; le baromètre était descendu à 637 millimètres, la température était très élevée. De temps à autre, on voyait tomber de brusques et courtes averses, dont les gouttes étaient tantôt fines, tantôt au contraire très volumineuses comme celles d'un orage. Chaque goutte de cette pluie laissait une tache terreuse là où elle était reçue.

Enfin, il y a quelques années, M. Vaillant Lefranc, correspondant de la Société météorologique de France, m'a envoyé un échantillon d'une pluie de poussière tombée à Boulogne-sur-Mer, le lundi 2 octobre 1876, principalement vers 3 heures du soir.

« Le matin même, nous écrit M. Vaillant, étant à l'enterrement de madame C..., je faisais remarquer à M. D.. que nous étions tout couverts de poussière grise. En descendant la Grand'Rue et me voyant aveuglé, je m'aperçus que cette poussière se formait non pas en tourbillons sur le sol, mais bien dans l'air.

« J'ai pu recueillir cette poussière dans la haute ville et chez moi, jusque dans mon appartement où elle couvrait tous les meubles. J'en ai trouvé aussi, un jour après, dans les appartements d'un de mes parents, dont la propriété (l'enclos de l'Amiral) est située à l'extrémité nord de Boulogne. J'en ai même recueilli dans mon salon, *fenêtres fermées*.

« Ce jour-là, le 9 octobre 1876, la moyenne de la température de mes trois observations quotidiennes a été de 17°,96. Le baromètre était descendu à 755^mm. Le matin, le vent était S.O. et le ciel était très nuageux ; après-midi, il remonta avec violence à l'ouest pour redescendre au S.O. avec ciel beau et nuageux. »

Cette poussière est grisâtre comme de la cendre de bois ; elle est douce au toucher comme de la farine, et tellement fine qu'elle a pu pénétrer abondamment, comme on vient de le voir, dans plusieurs appartements par les joints des fenêtres.

J'ai soumis à l'analyse un échantillon de la pluie de poussière tombée à Boulogne-sur-Mer. Elle offre à l'état sec la composition suivante :

Matières organiques	9,75
Silice	55,21
Alumine avec traces de sesquioxyde de fer	1,81
Carbonate de chaux	30,57
Carbonate de magnésie	2,21
Non dosé et perte	0,45
	100,000

L'examen de cette poussière, sous un grossissement de 80 diamètres, m'a fait voir que la matière organique qu'elle contenait était essentiellement formée de débris de différentes espèces d'algues microscopiques ; ils se trouvaient mélangés avec des grains de silice et de calcaire de $\frac{1}{30}$ à $\frac{1}{50}$ de millimètre de diamètre environ. Ayant examiné de la même façon du sable de la plage, j'ai vu qu'il était constitué par des grains minéraux huit ou dix fois plus volumineux, mais entre lesquels il en existait d'autres, très petits, entremêlés de téguments d'algues semblables à ceux de la pluie de poussière. Je suppose que les tourbillons de vent, en soufflant sur la plage, ont enlevé dans leurs mouvements de rotation les corpuscules les plus fins du sable, et ont ainsi opéré une véritable extraction des parcelles les plus ténues et les plus légères qu'il contenait.

J'ai voulu examiner si le phénomène se produisait d'une façon analogue, dans le cas des grandes pluies de poussière, dont j'ai précédemment donné plusieurs exemples. L'analyse microscopique de pluies de poussière de la galerie minéralogique du

Muséum, que M. Daubrée a bien voulu m'autoriser à examiner avec le concours de M. Stanislas Meunier, celle des échantillons recueillis par M. Tarry, en 1872, m'ont permis de trouver l'origine des matières organiques contenues en abondance dans ces curieux échantillons, et de compléter l'hypothèse insuffisante qu'on en avait faite précédemment.

Ces pluies terreuses tombées sur la Méditerranée (15 mai 1840), sur les îles Canaries (7 février 1863), sur l'Italie (19 mars 1872), etc., etc., sont farineuses au toucher et de couleur jaune

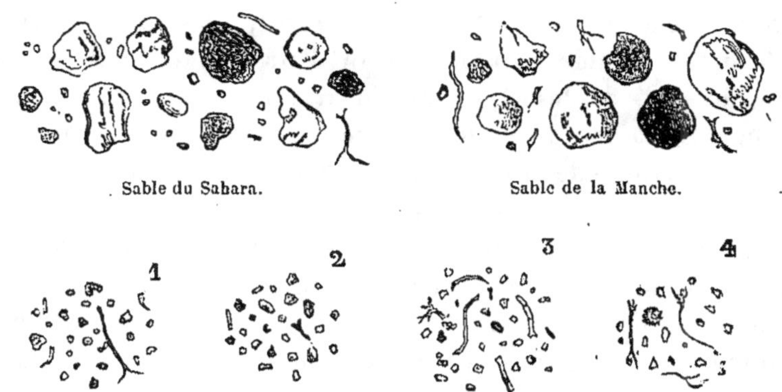

Fig. 86. — Sables et pluies de poussière vus au microscope (80 D.). — 1. Poussière tombée sur l'archipel canarien, le 7 février 1863. — 2. Poussière tombée à Syracuse et sur l'Italie, le 10 mai 1872. — 3. Poussière tombée à Boulogne-sur-Mer, le 9 octobre 1876. — 4. Poussière extraite artificiellement des grains de sable du Sahara.

clair. L'inspection microscopique m'a fait voir que la matière organique qui entre dans leur composition est presque essentiellement formée de débris d'algues qui ne peuvent provenir exclusivement de l'air. Les parcelles dont ces poussières sont formées offrent une ressemblance complète avec les débris d'algue et les corpuscules minéraux que l'on observe entre les grains beaucoup plus gros du sable du Sahara (voy. les figures ci-dessus). Il y aurait donc là une véritable élection des substances les plus fines et les plus légères du sable du désert, opérée par le vent. En ne soulevant que les corpuscules les plus petits, et parmi ceux-ci les débris végétaux, les tourbillons aériens pourraient former une poussière riche en matière organique, tout en l'extrayant d'un sable qui en est pauvre, par le seul fait qu'il opérerait cette extraction sur des masses considérables [1].

Je trouve une confirmation à cette hypothèse dans les expériences suivantes. J'agite du sable du Sahara dans une petite quantité d'eau distillée : après quelques secondes de repos, le sable tombe au fond du vase où l'on opère ; mais l'eau reste trouble sous l'influence d'un fin limon qu'elle tient en suspension et qui, examiné au microscope, offre identiquement l'aspect des pluies terreuses tombées autour du continent africain. Je suis arrivé encore à reproduire la matière de ces pluies de poussière en entraînant, à l'aide d'un fort courant d'air, les substances les plus fines du sable du désert, qui traversait un tube en tombant d'un sablier. L'examen du sable du désert de Gobi, qui fournit sans doute la matière de fréquentes pluies de poussière de la Chine, m'a donné les mêmes résultats [2].

On voit par ces faits que les courants aériens intenses entraînent dans leur cours un véritable limon atmosphérique, et le déposent à des distances plus ou moins considérables, à peu près comme le font des masses d'eau en mouvement. Dans quelques cas, ces poussières sont portées régulièrement dans certaines localités et y déterminent de véritables formations géologiques, comme cela a lieu pour les trombes de poussière que M. Virlet d'Aoust a eu l'occasion d'observer sur le grand plateau mexicain (la Mesa d'Anahualc) [3].

Si l'on veut savoir comment sont soulevés les nuages de poussière, on peut lire de nombreuses descriptions de ces phéno-

[1] Les pluies de poussière renferment souvent 2 à 3 pour 100 de matière organique. La poussière tombée à Boulogne est plus riche en matière organique, parce que le sable de la mer, d'où elle me semble provenir, contient beaucoup plus d'algues que le sable du désert.

[2] *Comptes rendus de l'Académie des Sciences*, t. LXXXII, p. 1185. Séance du 11 décembre 1876.

[3] Voy. *la Nature*, 1874, 2e semestre, p. 26, et *Bulletin de la Société géologique de France*, t. XV, 2e série. — *Observations sur un terrain d'origine météorique ou de transport aérien.*

mènes, données par les voyageurs. En voici une des plus intéressantes que donne Thorburn dans son travail sur le Bannu, district de Penjab dans l'Indoustan.

Le Marwat, lac desséché, est aujourd'hui une vaste plaine dénuée d'arbres et couverte de sable onduleux, côtoyée par des couches d'une argile molle et visqueuse, sillonnée par des cours d'eau profondément encaissés, ayant à sa surface du gravier alternant avec des prairies, elle offre çà et là des pierres arrondies, que le peuple appelle pierre d'enfer, à cause de leur teinte noire et fuligineuse, due probablement au contact du sable et de la boue. Vue en automne ou par un temps de sécheresse, la plaine du Marwat ressemble à un désert triste et lugubre, patrie des vents mugissants ; dans les mois brûlants de l'été, sa surface est balayée par des vents furieux qui soulèvent des nuages de poussière. Mais à la fin du printemps, quand le sol a été humecté par les pluies, on dirait une mer de céréales verdoyante et tachetée, par intervalles, de lignes et d'îlots d'une teinte plus foncée.

C'est un spectacle grand et solennel que le commencement d'un orage de poussière, dans une journée d'été, pour l'observateur placé sur une des collines qui s'élèvent en amphithéâtre autour de la plaine de Marwat. D'abord apparaît un point noir au bout de l'horizon ; il s'allonge rapidement et ne tarde pas à s'étendre de l'est à l'ouest ; c'est alors une puissante et terrible muraille, épaisse de mille pieds et longue de 30 mille (48 kilomètres). Elle s'approche de plus en plus avec un bruit étourdissant. Tantôt une aile est poussée en avant, tantôt une autre ; mais la masse s'avance de plus en plus. Elle est précédée par une nuée d'oiseaux de proie, milans, aigles et vautours. Les villages, situés au bas de la colline d'où l'on observe ce phénomène, disparaissent les uns après les autres sous les nuages de poussière. Encore quelques minutes et le sommet du Shekhbudin, qui se baignait, un instant auparavant, dans les rayons du soleil ou dormait sous la chaleur accablante d'une journée de juin, est enveloppé de nuages jaunes, qui fuient et s'éloignent rapidement. Un moment suffit pour faire disparaître ce spectacle grandiose ; il n'en reste qu'une poussière étouffante, désordonnée, affluant et refluant dans toutes les directions, pénétrant dans toutes les fissures. Hors des demeures, on ne peut voir que des ténèbres palpables ; on n'entend que le sifflement du vent ; mais, dans l'intérieur des maisons, on allume les lampes et, au bout d'un quart d'heure, l'orage, qui a exercé

ses ravages sur les flancs des coteaux, s'apaise et se calme peu à
peu.

Le sable des déserts n'est pas la seule source de production des
pluies de poussière.

Les éruptions volcaniques projettent parfois dans l'atmosphère
des masses énormes de cendres qui s'en élèvent en nuages épais ;
la matière pulvérulente qui les constitue est souvent entraînée
au loin, et retombe sur des régions entières. Nous citerons quel-

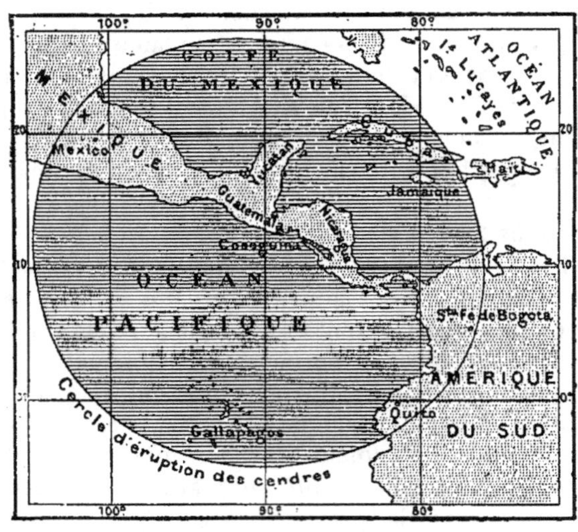

Fig. 87. — Carte des régions couvertes par la pluie de cendres du volcan Coseguina.

ques-uns des phénomènes les plus remarquables de ce genre.

Une des éruptions volcaniques qui ont causé le plus de terreur
dans les temps modernes est celle du volcan Coseguina, situé au
sud de la baie de Fonseca dans l'Amérique centrale. La quantité
de cendres vomie par le volcan atteignit des proportions formidables. Une immense nappe de poussière s'étendit dans le ciel ;
elle fut portée par le vent jusqu'à plus de 20 degrés de longueur
vers l'ouest. La superficie de terre et d'eau, sur laquelle s'abattit
la poussière, a été évaluée à 4 millions de kilomètres carrés, et

quant à la masse vomie, elle n'a pas été inférieure à 50 millions de mètres cubes (fig. 87).

En 1815, un volcan de l'île Sambava, le Timboro, recouvrit de cendres une surface de terre et de mer supérieure à celle de l'Allemagne (fig. 88). L'imagination populaire fut tellement frappée de ce cataclysme, qu'à Bruni, dans l'île de Bornéo, où les amas de la poussière vomie par le Timboro, à 1,400 kilomètres au sud, avaient été portés par le vent, on compte les années à dater de la « grande chute de cendres [1] ».

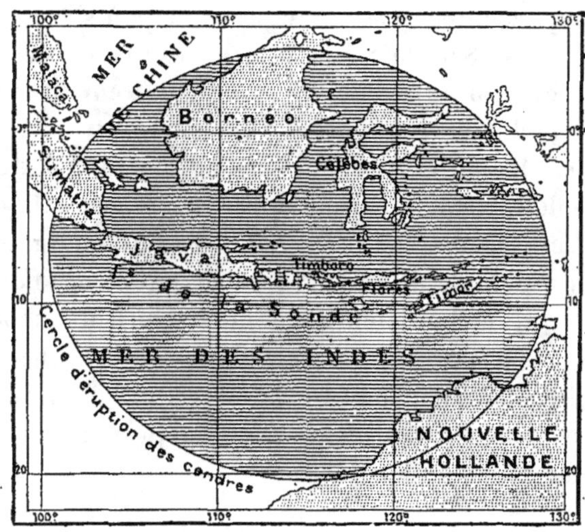

Fig. 88. — Carte des régions couvertes par la pluie de cendres du volcan Timboro.

Dans la nuit du 29 au 30 mars 1875, une poussière grise tomba en abondance avec de la neige sur une partie de la Suède et de la Norvège; M. Nordenskiold en informa immédiatement M. Daubrée par un télégramme. D'autre part, M. Kjérúlf, professeur à l'Université de Christiania, en adressa un échantillon au savant académicien, en même temps que M. le docteur Kars ajoutait que cette poussière était tombée en Norvège depuis

[1] Landgrebe, *Naturgeschichte der Vulcane*; et Élisée Reclus, *la Terre*, t. I, p. 668.

Soïrdmüre et la vallée de Romsdal, à l'ouest, jusqu'à Trynil (direction de Stockholm) vers l'est. M. Daubrée reconnut, par des analyses chimiques et micrographiques, que cette poussière offrait la plus grande ressemblance avec certaines pierres ponceuses d'Islande, notamment la ponce de Hrafftinurhur, et il en conclut qu'elle devait provenir d'une éruption de cette île [1].

Les nouvelles reçues postérieurement d'Islande ne tardèrent pas à montrer qu'il en était bien ainsi.

On apprit qu'il y avait eu toute une série de phénomènes volcaniques : d'abord des secousses de tremblement de terre, puis une éruption accompagnée d'une pluie de poussière et de cendres. Le 29 mars 1875, la chute de cendres fut si intense qu'elle couvrit la région orientale de l'île, particulièrement le Jökuldal, d'une couche de 15 centimètres d'épaisseur et, pendant toute cette journée, bien que la région occidentale fût baignée par les rayons du soleil, la région orientale resta plongée dans d'épaisses ténèbres. Les sources et les ruisseaux furent endigués par les cendres ; les torrents des montagnes roulaient des flots noirs et les rochers, qui les bordaient, étaient couverts de monceaux de poussière [2]. Les paysans se sauvèrent hors du pays jonché de cendres, avec leur bétail, pour trouver des pâturages qui ne fussent pas enterrés sous les scories ; on ignore jusqu'à quel point ils réussirent dans leur tentative.

« De nombreux exemples, dit M. Daubrée, témoignent du transport dans l'atmosphère jusqu'à de grandes distances, de cendres volcaniques, de sables et de poussières diverses, telles que les cendres provenant d'incendies. Je me bornerai à rappeler le sable qui s'est abattu, le 7 février 1863, sur la partie occidentale des îles Canaries, et qui avait été, selon toute probabilité, transporté du Sahara sur plus de 32 myriamètres [3]. Plus récemment, la cendre de l'incendie de la ville de Chicago est arrivée aux Açores, le quatrième jour après

---

[1] *Comptes rendus de l'Académie des Sciences*, t. LXXX, p. 994 et 1059.

[2] *Comptes rendus*, t. LVII, p. 363.

[3] M. Fouqué, à qui je dois cette communication, a vu cette cendre, qui avait été recueillie à Fayal par le consul américain, M. Dabney.

le commencement de la catastrophe ; en même temps, on avait senti une odeur empyreumatique qui avait fait dire aux Açoriens que quelque grande forêt brûlait probablement sur le continent africain...

« On sait que le célèbre brouillard sec qui, en 1783, couvrit pendant trois mois presque toute l'Europe, après avoir d'abord paru à Copenhague, où il persista cent vingt-six jours, avait pour cause une éruption de l'Islande, ainsi qu'on l'apprit plus tard [1]. En septembre 1845, un transport de même origine, mais moins considérable, fut observé aux îles Shetland et aux Orcades [2].

Il est probable que dans le cas de transport de poussière à grande distance, les parcelles dont celles-ci sont formées sont soutenues dans l'atmosphère par des mouvements rotatoires de l'air ; car le calcul démontre que des grains minéraux de très petites dimensions, 1/100 de millimètre de diamètre, par exemple, tombent encore avec une vitesse assez considérable ($0^m,66$ par seconde pour la silice, en supposant une forme sphérique).

Nous n'insisterons pas sur ce point et nous résumerons ces observations par les conclusions suivantes.

Les pluies terreuses tirent leur origine : 1° des parcelles les plus fines des sables des déserts, plaines ou plages, soulevées par les vents, elles sont entraînées par les courants aériens ; 2° des cendres provenant des éruptions volcaniques ; 3° les pluies de poussière peuvent provenir encore, dans certains cas particuliers,

---

[1] Ch. Martins, *Nature et origine des différentes espèces de brouillards secs.* (Journal de l'Institut, 19 février 1851.)

[2] D'après une obligeante communication de M. Des Cloiseaux, qui a lui-même vu cette poussière aux Orcades, en revenant d'Islande, on avait remarqué, dès le 2 septembre, à bord des bâtiments arrivant d'Islande et sur la mer, une poussière rouge qu'on avait déjà prise pour de la cendre de tourbe. Dans la nuit du 2 au 5 septembre, il en était tombé une grande quantité aux environs de Kirkwall (Orcades). Un article du *Journal de Kaithness* du 12 septembre la regardait comme de la cendre volcanique provenant d'Islande. Ce n'est toutefois que par les premières nouvelles de mai 1846 qu'on sut que les habitants de Reikiavik avaient constaté l'éruption et la coulée de lave de l'Hécla du 2 septembre 1845. Il est probable que la pluie de cendres avait dû commencer au moins le 1er septembre, puisqu'elle avait pu parcourir la distance de plus de 800 kilomètres, qui sépare la côte du sud d'Islande des Orcades.

de la combustion des météores, ou de leur division au sein de la pluie, quand elles sont friables.

Dans les recherches que j'ai entreprises depuis 1869 sur les poussières atmosphériques, j'ai démontré que les corpuscules en suspension dans l'air qui baigne la surface terrestre contiennent des proportions notables de fer [1] ; depuis cette époque, j'ai fait observer qu'une partie des parcelles solides aériennes pouvait

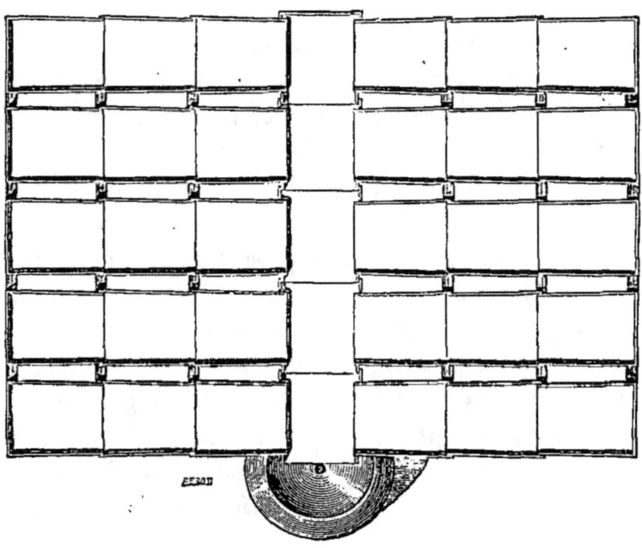

Fig. 89. — Plan d'un nouvel appareil installé à Sainte-Marie-du-Mont (Manche) pour recueillir les eaux météoriques. (Page 238.)

peut-être trouver son origine dans les débris de météores qui se brisent au sein de notre atmosphère. En continuant mes observations et mes expériences, je suis arrivé à démontrer que cette hypothèse était l'expression de la vérité ; je suis parvenu, en effet, à isoler de la masse de poussières atmosphériques des globules ferrugineux et magnétiques, dont l'origine ne peut être attribuée qu'à des débris de matière cosmique incandescente. Je com-

[1] Voy. *Comptes rendus de l'Académie des Sciences.* Séances du 23 mars 1874 et du 4 janvier 1875. — Voy. *la Nature,* 3e année 1875, 1er semestre, p. 83.

mencerai par dire quelques mots des procédés qui me permettent
de réunir une quantité notable de corpuscules aériens pour les
étudier, en reproduisant la note qui a été présentée par M. Dumas à l'Académie des sciences, dans la séance du 4 octobre 1874.

Je recueille les poussières atmosphériques au moyen de quatre méthodes différentes : 1° J'expose à l'air libre, à une certaine
hauteur du sol, une surface horizontale de 1 mètre carré en papier ou en porcelaine, pendant la durée de plusieurs jours. Je
rassemble, avec un pinceau, les poussières qui s'y trouvent déposées. Par un temps calme, et au milieu de prairies éloignées
de toute habitation, j'ai toujours obtenu de $0^{gr},010$ à $0^{gr},050$

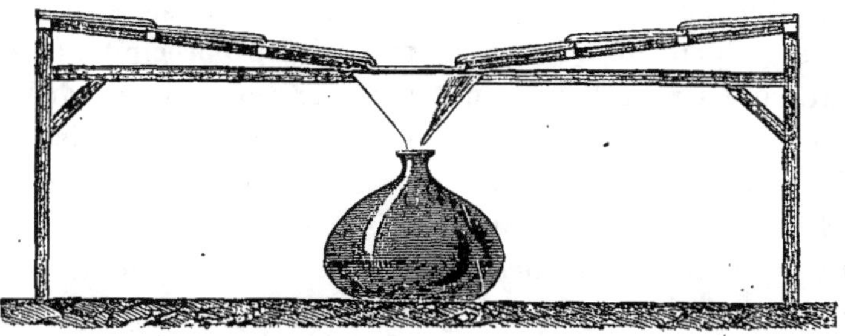

Fig. 90. — Coupe de l'appareil ci-contre. (Page 238.)

de sédiment aérien en 24 heures. 2° A l'aide d'un compteur
à gaz disposé pour opérer une aspiration constante et automatique, je fais passer bulle à bulle un volume de 10 mètres
cubes d'air dans un flacon contenant de l'eau chimiquement
pure. J'évapore le liquide dans le vide au-dessus d'acide sulfurique. Dans l'air le plus pur le résidu a toujours été très appréciable. 3° Je sépare des eaux météoriques, pluie ou neige, les
sédiments dont elles sont chargées en évaporant ou en filtrant un
volume de plusieurs litres de celles-ci. A la campagne, loin des
centres habités, ces sédiments sont considérables. Les pluies recueillies, notamment à Sainte-Marie-du-Mont (Manche), le 1er,
le 10 et le 12 juin 1875, m'ont successivement donné des résidus
secs de $0^{gr},0751$, $0^{gr},0231$; $0^{gr},0232$ pour 1 litre. Les eaux de pluie

ont pu être recueillies en grande abondance grâce à l'appareil que M. Mangon a installé à Sainte-Marie-du-Mont, et qui consiste en une série de plaques de porcelaine, disposées comme les tuiles d'un toit, et réunissant dans une grande fiole les eaux tombées sur une surface de $1^m,50$ de superficie (fig. 89 et 90).

4° Je prélève la poussière accumulée par le vent dans certaines parties inhabitées des monuments élevés.

, Les poussières aériennes recueillies•par l'une ou l'autre de ces méthodes sont placées sur une feuille de papier glacé ; j'y promène un aimant. dans tous les sens et à plusieurs reprises. Un grand nombre de corpuscules adhèrent à l'aimant. A l'aide d'un pinceau je les fais tomber sur une autre feuille de papier, puis, en m'aidant d'une loupe, j'approche de ces poussières un second aimant, et j'en vois un certain nombre qui s'y précipitent violemment, tandis que celles qui n'avaient été retenues que par l'adhérence due à leur ténuité, restent sur le papier. Je réunis les premières sur le porte-objet du microscope pour les examiner sous un grossissement de 500 diamètres.

Les parcelles aériennes attirables à l'aimant sont de natures très différentes, et peuvent se diviser ainsi : a fragments grisâtres amorphes, de $\frac{1}{10}$ à $\frac{1}{20}$ de millimètre ; b particules noires et opaques mamelonnées beaucoup plus petites, de $\frac{5}{100}$ à $\frac{1}{100}$ de millimètre ; c particules fibreuses de même grandeur ; d corpuscules noirs et opaques parfaitement sphériques, de $\frac{2}{100}$ à $\frac{1}{100}$ de millimètre de diamètre environ ; e corpuscules sphériques semblables, munis d'un petit goulot.

Ces corpuscules attirables à l'aimant sont essentiellement formés de fer, mais leur faible poids ne m'a pas permis d'y rechercher le nickel et le cobalt et d'en faire l'analyse complète. Je les ai rencontrés dans toutes les poussières atmosphériques que j'ai examinées, quels qu'aient été leur provenance et le mode employé pour les recueillir ; je les ai trouvés dans le sédiment de la neige des Alpes, prélevée par mon frère M. Albert Tissandier, lors de son ascension du mont Blanc en 1874, au col des Fours, à 2,710 mètres d'altitude ; dans les sédiments provenant de pluies

recueillies pendant plusieurs mois à l'Observatoire météorologique de M. Hervé-Mangon à Sainte-Marie-du-Mont (Manche) au
milieu de vastes herbages, et non loin du voisinage de la mer ;
dans plus de quarante échantillons de poussières aériennes recueillies depuis 1871 jusqu'à ce jour, dans des localités différentes et dans des monuments divers. Les dessins ci-contre (fig. 91)
reproduisent l'aspect le plus caractéristique de quelques-uns
de ces corpuscules, dont j'ai fait un grand nombre de prépara-
tions microscopiques.

Après avoir été conduit à reconnaître la présence constante
dans l'atmosphère de corpuscules ferrugineux et attirables à l'aimant, je me suis efforcé de rechercher leur origine. J'ai procédé
à l'examen méthodique de parcelles ferrugineuses magnétiques
de source terrestre, afin de savoir s'il n'y en aurait pas de comparables à celles que je trouvais dans l'atmosphère. Voici les substances que j'ai passées en revue au microscope : 1° minerai de
fer magnétique pulvérisé. Il offre l'aspect de grains à cassures
planes, tout à fait différents des globules aériens ; 2° minerais de
fer pulvérisé de provenances diverses, fer oligiste, sesquioxyde
de fer, etc. Ils ne donnent aucune parcelle attirable à l'aimant ;
3° oxyde des battitures de fer pulvérisé. Il offre l'aspect de fragments amorphes à cassures planes ; 4° rouille provenant de fer
oxydé, soit à l'air libre, soit dans l'eau de mer, soit dans l'eau
douce. Dans tous les cas, la rouille détermine des particules plus
ou moins abondantes attirées par l'aimant ; ces particules res-
semblent aux corpuscules précédemment mentionnés en *a*, mais
elles sont amorphes, grisâtres et ne présentent jamais une forme
fibreuse, mamelonnée ou sphérique, caractéristique des corpuscules des groupes *b*, *c*, *d*, *e*. Ces observations m'ont conduit à
conclure, comme je le supposais *à priori*, que ces derniers n'ont
pas une provenance terrestre et qu'ils sont constitués par de
l'oxyde de fer magnétique d'origine cosmique. Pour expliquer
leur présence dans l'atmosphère j'ai recours au phénomène des
météorites et des étoiles filantes ; je suppose que ces masses métalliques, dans leur passage au sein des espaces, se brisent en

nombreux fragments, font jaillir autour d'elles des parcelles incandescentes de fer métallique, dont les plus petits débris entraînés dans toutes les régions de l'air par les courants atmosphériques tombent à la surface entière du globe, sous forme d'oxyde de fer magnétique plus ou moins complètement fondu. La traînée lumineuse des étoiles filantes serait due à la combustion de ces innombrables particules offrant l'aspect des étincelles de feu qui jaillissent d'un ruban de fer quand on le brûle dans l'oxygène.

Pour confirmer cette hypothèse, il me restait à montrer que des parcelles de fer en brûlant prennent la forme sphérique et qu'une masse de fer volumineuse, en se combinant au rouge avec l'oxygène, peut se diviser en fragments globulaires microscopiques. J'ai fait tomber, à travers une flamme d'hydrogène, de la limaille de fer extrêmement fine ; dans ces circonstances elle brûle avec éclat ; j'ai reçu sur une plaque de porcelaine la limaille ainsi brûlée, et, l'examinant au microscope, je l'ai trouvée formée de globules parfaitement sphériques, de sphères munies d'un petit goulot, de globules allongés à la façon de larmes bataviques ou de masses mamelonnées et fibreuses incomplètement fondues. J'ai recueilli sur un porte-objet la poussière tombant d'un briquet à pierre, où je faisais étinceler le fer, et j'y ai retrouvé au microscope des globules de même nature. Enfin, en brûlant un gros fil de fer dans l'oxygène, j'ai constaté que les globules d'oxyde de fer magnétiques formés étaient bien plus nombreux et bien plus petits qu'on ne le croit communément. En outre de ceux que l'on voit à l'œil nu, il en existe d'autres, tombés au sein de l'eau placée au fond du vase, et qui ne peuvent être reconnus qu'à l'aide d'un fort grossissement. Ils sont sphériques, pour la plupart, et dans le nombre il en existe dont le diamètre n'excède pas $\frac{1}{100}$ de millimètre.

En présence des faits que je viens d'énumérer, on sera peut-être conduit à objecter que si la chute de parcelles cosmiques ferrugineuses est constante à la surface de la terre, ce phénomène doit y apporter dans la suite des temps des modifications importantes. Je ferai observer que les corpuscules sphériques dont j'ai reconnu la présence dans l'air sont d'un très faible volume; leur diamètre excède rarement $\frac{2}{100}$ de millimètre. En admettant, ce qui est au-dessus de la vérité, qu'ils aient tous cette dimension, il en faudrait 2500 pour couvrir la surface d'un millimètre carré, 125 000 pour former un volume de 1 millimètre cube. On

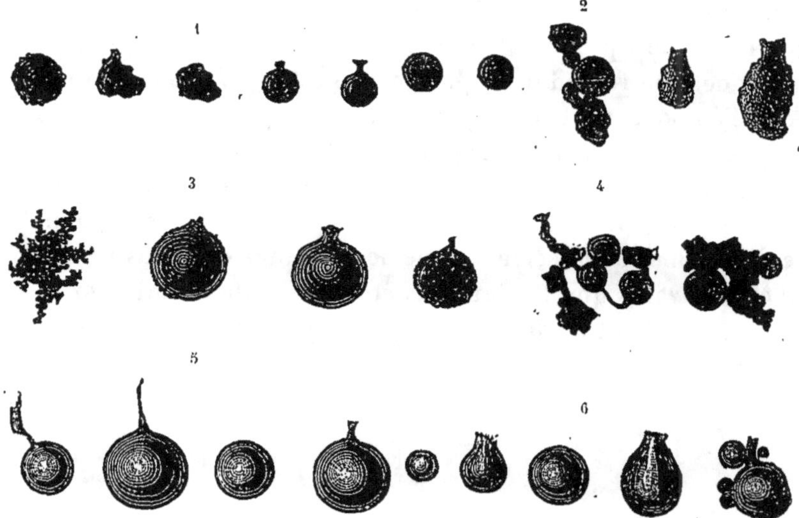

Fig. 91. — 1, Corpuscules attirés par l'aimant, recueillis dans le sédiment de la neige du Mont-Blanc, à 2710 mètres d'altitude (juillet 1874). 500 D. — 2, Corpuscules attirés par l'aimant, recueillis dans le sédiment de la pluie tombée à Sainte-Marie-du-Mont (Manche), le 11 juin 1875. 500 D. — 3, Corpuscules attirés par l'aimant dans la poussière déposée sur une surface de 1 mètre carré, à Saint-Mandé (Seine), 1er mai 1871. 500 D. — 4, Corpuscules attirés par l'aimant dans la poussière apportée par le vent, dans une des tours de Notre-Dame fermée aux visiteurs. 500 D. — 5, Globules sphériques d'oxyde de fer magnétique, obtenus en recueillant les parcelles de fer incandescentes d'un briquet à pierre. 250 D. — 6, Globules d'oxyde de fer magnétique, obtenus en faisant brûler de la fine limaille de fer dans une flamme d'hydrogène. 500 D. (Page 239.)

conçoit qu'il puisse se rencontrer, d'une façon générale, quelques semblables débris dans tout sédiment atmosphérique provenant d'une grande masse d'air, sans qu'il en résulte, dans des espaces de temps même considérables, un apport très appréciable de fer à la surface de notre globe.

Je ne terminerai pas ce résumé succinct sans rappeler que Erhenberg a précédemment examiné une poussière ferrugineuse

provenant d'un aérolithe éclaté près de la terre, et qu'il a constaté que les grains dont elle était formée avaient été fondus et
présentaient la forme des larmes bataviques. Je dois rendre hom-
mage à M. Nordenskïold, qui m'a ouvert la voie dans mes recherches, par ses belles observations de poussière cosmique tombée sur des régions polaires. L'illustre savant m'envoyait à la
date du 25 janvier 1875, au moment où je venais de lui faire
part de mes premiers résultats, une lettre d'un grand intérêt dont je reproduis la phrase suivante : « Je suis convaincu
que l'on pourra retrouver partout dans les poussières atmosphériques les indiscutables débris de matière cosmique. »

En outre des matières minérales pulvérulentes qu'il renferme,
l'air est rempli de germes microscopiques, de spores, d'animalcules même, et la science a démontré qu'il était aussi peuplé
d'êtres vivants que l'océan. Ces études, si intéressantes qu'elles
soient, touchent au domaine de la physiologie, et nous ne les
aborderons pas ici.

CHAPITRE VIII

INSTRUMENTS D'OBSERVATION MÉTÉOROLOGIQUE

Baromètres. — Thermomètres. — Hygromètres. — Pluviomètres. — Anémomètres. — Appareils enregistreurs. — L'emplacement d'un observatoire. — Les instruments de l'amateur.

PRESSION ATMOSPHÉRIQUE. — BAROMÉTRIE.

Nous n'insisterons pas sur les observations barométriques : les baromètres sont trop connus pour que nous croyions devoir en donner la description. Nous nous bornerons à dire qu'il est indispensable de recourir, pour des observations rigoureuses, à un bon baromètre à mercure (baromètre Fortin). On peut se servir, comparativement, d'un baromètre anéroïde. Enfin l'emploi d'un baromètre enregistreur, comme celui dont nous décrirons plus loin le mécanisme, est d'une grande utilité, puisqu'il permet non seulement d'apprécier, mais de fixer d'une façon permanente les plus petites variations dans les pressions atmosphériques.

Les variations barométriques sont de tous les instants. On peut s'en assurer, à l'aide d'un baromètre à air, que nous représentons (fig. 92) sous sa forme la plus simple. On remplit à moitié d'eau une fiole de verre, à laquelle on adapte un long tube, fixé au bouchon dont la fermeture est hermétique. On verse de l'eau dans le tube, de telle façon que le niveau du liquide se trouve au-dessus du bouchon, en A, par exemple. Dans ces conditions, si la pression extérieure varie, si elle augmente ou diminue, le volume de l'air contenu dans la bouteille va

changer aussi, en se contractant ou en se dilatant. Le niveau
de l'eau montera ou descendra dans le tube.

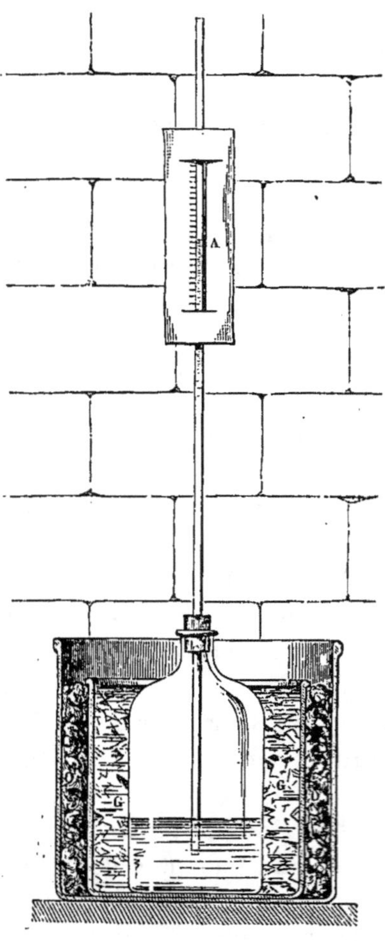

Fig. 92. — Baromètre à air. (Page 243.)

Si l'on a pris soin de faciliter les observations par un
indice de papier muni de
graduations, on reconnaîtra
que ce niveau A est soumis à
des variations continuelles,
qui parfois s'opèrent très sensiblement de minute en minute. Quand il y a une modification notable dans la
pression atmosphérique, l'ascension ou la baisse de l'eau
dans le tube sont alors si
considérables, que la longueur de celui-ci devient insuffisante, et qu'il est nécessaire de l'augmenter en y
adaptant un autre tube par
l'intermédiaire d'un caout-
chouc. Ce baromètre, tel
que nous venons de le dé-
crire, est soumis aux variations de la température qui
influent singulièrement sur
les changements de volume
de l'air qu'il contient. Pour
avoir, au sujet de la pression
atmosphérique, des observations tout à fait précises, il
faut maintenir la fiole de verre à une température constante,
la placer par exemple dans un vase contenant de la glace fon-
dante GG. Il est bon d'entourer le tout d'une enveloppe extérieure de ouate OO, afin d'éviter la fusion trop rapide de la glace.

Un autre genre de baromètre, qui indique d'une façon très sensible les changements de pression atmosphérique, est le baromètre à eau. Sa construction est très facile et il est regrettable que son emploi ne soit presque pas usité. La densité de l'eau est 13 fois 1/2 moindre que celle du mercure ; par conséquent, quand la colonne de mercure du baromètre est de 0^m,76, celle de l'eau, dans un tube barométrique, serait de 10^m,36. L'eau offre cependant un grave inconvénient ; elle se congèle pendant les froids de l'hiver, et ne saurait convenir à un instrument qui reste en plein air.

Ces appareils offrent un autre inconvénient parfois très grave ; les effets de la pression peuvent souvent être annulés par les varia-

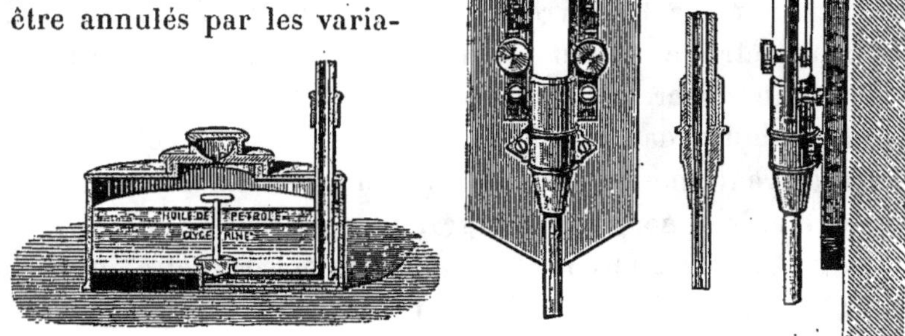

Fig. 93. — Le nouveau baromètre à glycérine de l'observatoire de Kew, en Angleterre. (Page 246.

tions dues à l'influence de la température sur la vapeur d'eau qui se trouve dans le vide de Torricelli. M. B. Jordan, membre du Bureau des Archives Minières d'Angleterre, s'est pendant des années entières appliqué à étudier le sujet qui nous occupe.

Le liquide qui paraît avoir donné de bien meilleurs résultats que l'eau n'est autre que la glycérine. Un baromètre à glycérine encore en usage fut construit par M. Jordan en 1870. La glycérine très pure, telle qu'elle sort des manufactures de MM. Price et Cie, possède une pesanteur spécifique de 1,26 ; à cause de son point élevé d'ébullition, sa vapeur n'a qu'une tension très faible aux températures ordinaires, et une température très basse est nécessaire pour la congeler. La hauteur minimum d'une colonne de glycérine est de $8^m,22$, et une variation d'un ou deux millimètres dans la hauteur d'une colonne mercurielle se transforme en une oscillation de plusieurs centimètres dans la colonne de glycérine.

Cette substance absorbe rapidement l'humidité quand elle est à l'air libre ; mais on évite cet inconvénient en couvrant la surface à découvert dans le bassin, d'une couche d'huile lourde de pétrole spécialement préparée pour cet usage.

Des baromètres à glycérine ont récemment été construits par M. Jordan pour les musées de South Kensington et Jermyn street et ont donné de bons résultats.

La figure ci-jointe (fig. 93) explique la façon dont un de ces instruments a été construit. La cuvette barométrique est un vase cylindrique de cuivre étamé à l'intérieur ; sa hauteur est de 15 centimètres et son diamètre de 25 centimètres. Ce vase est muni d'un couvercle vissé. L'air s'introduit par une petite ouverture pratiquée dans le chapeau qui est vissé au couvercle. Ce chapeau renferme une cavité contenant du coton servant de filtre pour retenir la poussière. Le grand tube barométrique est solidement fixé à cette cuvette comme le montre notre figure. Ce tube est fait à l'aide du métal ordinaire des tuyaux à gaz ; il a 2 centimètres de diamètre et est muni à son sommet d'une pièce

de bronze dans laquelle est cimenté un tube en verre de 1ᵐ,20
de longueur avec un diamètre intérieur de 2 centimètres; il se
termine enfin par un godet ouvert fermé d'une lame de caout-
chouc.

Les oscillations du niveau de la colonne de glycérine sont observées et lues sur des échelles graduées placées de chaque côté
du tube; ces échelles sont munies d'indicateurs et de verniers.
La graduation de droite indique les pouces et dixièmes de pouce;
l'échelle placée à gauche donne les mesures équivalentes d'une
colonne de mercure.

L'échelle graduée e t fixée à une plaque de chêne placée
contre le mur d'une chambre des étages supérieurs de l'observatoire; le grand tube barométrique descend au travers du
vestibule jusqu'à la chambre de l'étage inférieur, à une distance de 8ᵐ,22; la cuvette barométrique est placée contre le
mur nord.

La glycérine employée dans ce baromètre est colorée en rouge
par de l'aniline : elle a été préalablement chauffée à la température de 180 degrés environ, afin de la rendre plus limpide et
de la mieux débarrasser de l'air qu'elle contenait. L'air a été
extrait du tube barométrique au moyen d'une machine pneumatique adaptée à sa partie supérieure jusqu'au moment où la
pression de l'atmosphère fit monter le liquide à une hauteur
correspondant à celle de la pression de l'air.

Des observations quotidiennes sont maintenant régulièrement
faites à l'aide de cet instrument, à l'observatoire de Kew, sous la
surveillance du directeur, M. Whipple; elles montreront s'il
faut définitivement considérer cet appareil comme un instrument
scientifique de précision. En tout cas, on doit féliciter l'inventeur d'avoir simplifié un système qui nous donne un baromètre
avec échelle à grandes divisions, propre aux usages populaires,
et que l'on pourra utiliser dans les musées et les monuments
publics.

BAROMÈTRE ABSOLU DE MM. HANS ET HERMARY.

Un thermomètre ordinaire n'est sensible qu'à l'influence de la température; mais un thermomètre dont le réservoir contient une certaine quantité d'air (ou d'un gaz quelconque) est sensible, non seulement à cette influence, mais encore à celle de la pression que subit le gaz. L'observation simultanée d'un thermomètre ordinaire et d'un thermomètre à air peut donc faire ressortir les variations de pression.

Pour mettre ce principe en pratique, en évitant l'emploi du calcul, les inventeurs du baromètre absolu ont eu l'idée de déterminer la pression par une opération matérielle très simple qui est la traduction exacte d'un théorème de géométrie. En outre, en adoptant des dispositions nouvelles pour la construction du thermomètre à air, ils en ont fait un instrument qui ne se dérange nullement dans les transports et dont la durée est, pour ainsi dire, indéfinie. Par ces moyens, ils ont surmonté des difficultés devant lesquelles avaient échoué des tentatives antérieures et ils ont constitué un instrument précis, commode et original.

Le théorème de géométrie se résume en quelques mots : lorsque la température varie seule, les allongements des deux colonnes thermométriques sont constamment proportionnels entre eux; par suite, si les tiges des deux thermomètres sont disposées parallèlement, la ligne droite qui joint les extrémités des deux colonnes passera toujours par un même point que nous désignerons par P; si la pression varie, le point P se déplacera et décrira un lieu qui est précisément une ligne droite [1].

[1] Cette propriété se démontre aisément par la géométrie supérieure ou par l'analyse; mais elle peut être considérée comme étant simplement la conséquence de cette remarque : si l'on suppose les lois de dilatation des liquides et des gaz suffisamment prolongées, on peut imaginer que l'on ait tracé la droite qui joint les extrémités des colonnes à la température du 0 absolu; or, cette ligne reste la même, quelle que soit la pression, puisque le volume de l'air est nul ; elle passe donc par tous les points P.

Chaque position du point P sur le lieu correspond à une

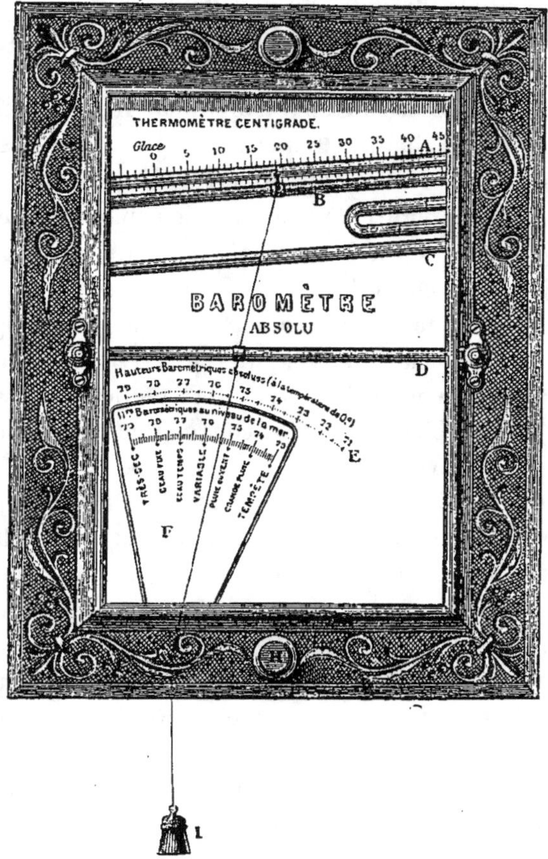

Fig. 94. — Nouveau baromètre absolu. — A. Thermomètre à air. — B. Tige métallique portant un curseur à aiguille qui se manœuvre au moyen d'un bouton placé sur le côté supérieur du cadre ; le mécanisme qui transmet le mouvement est dissimulé à l'intérieur de l'instrument. — C. Thermomètre à air. — D. Tige métallique portant un curseur qui se manœuvre au moyen d'un bouton placé sur le côté inférieur du cadre ; l'axe de cette tige représente le lieu des points P. — E, F. Graduations circulaires fixe et mobile. Un fil attaché au curseur supérieur traverse le curseur inférieur, passe par un point fixe au bas du cadre et tombe verticalement sous l'action d'un poids tenseur.

Manière de consulter l'instrument. — 1° Manœuvrer le bouton supérieur de manière que l'aiguille du curseur correspondant vienne affleurer l'extrémité de la colonne du thermomètre ordinaire ; 2° manœuvrer le bouton inférieur de manière que le fil vienne affleurer l'extrémité de la colonne du thermomètre à air ; 3° lire, en regard du fil, la hauteur barométrique ou le pronostic du temps.

pression déterminée qui peut être indiquée sur une échelle ; la ligne droite qui joint les extrémités des colonnes peut être représentée par un fil. On peut donc construire un baromètre dont les éléments essentiels seraient : un thermomètre ordinaire, un thermomètre à air, une échelle graduée et un fil. Les tiges des deux thermomètres seraient fixées suivant deux droites parallèles, et l'échelle serait disposée convenablement par rapport à ces lignes.

L'instrument est habituellement complété par des organes accessoires; il a été réalisé sous diverses formes dont l'une est représentée dans la figure 94. La légende explicative qui accompagne cette figure donne la description détaillée du baromètre et la manière de le consulter.

La hauteur barométrique absolue, c'est-à-dire celle qui serait donnée par un bon baromètre à mercure à 0°, se lit sur un arc de cercle gradué en regard du fil qui est assujetti à passer par le centre du cercle. L'échelle étant convenablement tracée, il est évident que cela revient au même que si la lecture se faisait sur le lieu géométrique dont il a été question. On remarquera que les divisions de cette échelle sont à peu près équidistantes [1]. Une deuxième graduation portée par un secteur mobile peut donner, pour un lieu déterminé, la hauteur barométrique ramenée à la valeur qu'elle aurait au niveau de la mer.

Dans la construction du thermomètre à air, une première question se présentait : c'était le choix d'un liquide pour former la colonne qui devait emprisonner la masse gazeuse dont on voulait observer les variations de volume. Dans les limites des températures qui se manifestent dans nos climats, ce liquide devait conserver une fluidité convenable; ne pas émettre de vapeurs sensibles, n'exercer aucune action sur l'air du réservoir et, enfin, donner lieu à des effets capillaires parfaitement constants. L'acide sulfurique a été choisi comme remplissant toutes ces conditions; mais comme il absorbe l'humidité de l'air, on a dû l'isoler de l'atmosphère par une deuxième colonne liquide qui

---

[1] On démontre que ces divisions déterminent des segments égaux sur les droites parallèles à une certaine direction (voir les prochains comptes rendus de l'Association française pour l'avancement des sciences. Congrès de Paris 1878). Cette direction est à peu près celle de la corde de l'arc gradué.

est formée d'une huile non siccative. Naturellement, pour éviter l'action chimique de l'acide sur l'huile, on a dû séparer ces liquides par une colonne d'air. On a coloré l'acide sulfurique au moyen de l'indigo.

Les deux liquides sont placés chacun dans un tube en U ; cette disposition présente différents avantages, mais elle est surtout essentielle pour la facilité de la construction parce qu'elle permet d'employer le mouvement de fronde pour chasser les bulles d'air qui pourraient former des séparations dans les colonnes liquides.

La figure 95 représente un thermomètre à air dont toutes les

Fig. 95. — B. Réservoir. — A. Tube en U contenant l'acide sulfurique. — C. Tube en U contenant l'huile. — D. Extrémité ouverte.

parties ont été ramenées sur un même plan pour faciliter l'intelligence du dessin.

Le baromètre absolu de MM. Hans et Hermary est très commode pour les personnes qui veulent faire des observations fréquentes dans le but de suivre les variations météorologiques. On pourrait croire que la nécessité de faire une manipulation pour consulter l'instrument constitue un inconvénient. Il n'en est rien : cette opération s'exécute avec la plus grande facilité et, comme elle laisse subsister l'indication de la dernière pression observée, elle présente l'avantage de fournir un moyen d'apprécier chaque fois le sens et la valeur de la variation barométrique.

Complété par un dispositif très simple qui obvie au balancement du poids, cet instrument peut rendre de grands services à terre comme à bord des navires.

Les mouvements de la mer, d'après des essais récents, ne nuisent nullement à la régularité de ses indications.

LE BAROMÈTRE ENREGISTREUR DE M. REDIER.

Voici en quoi consiste cet appareil ; un baromètre à siphon ordinaire BB (fig. 96), dont les deux branches sont bien calibrées, porte un flotteur F, en ivoire, très léger, sur lequel est fixée une tige verticale d'acier, très faible, terminée par une pointe. Une aiguille horizontale A, très légère aussi, vient reposer sur cette pointe ; son extrémité est terminée par un petit crochet.

Le baromètre est fixé sur une planche CC comme un baromètre ordinaire, et cette planche, munie de deux trous, est tenue sur l'instrument au moyen des deux boutons molletés XX. Un double rouage d'horlogerie MN est placé à côté du baromètre. Le rouage M est terminé par un échappement de chronomètre, et le rouage N par un volant V, très léger, tournant avec une grande rapidité. Ces deux rouages sont calculés de façon que la vitesse du volant soit le double de celle de l'échappement. Un rouage satellite réunit ces deux mouvements, et l'axe autour duquel tourne ce satellite porte la roue Y, qui engrène elle-même avec un pignon sur lequel est monté la poulie P.

La poulie P porte une chaîne qui entraîne le crayon enregistreur K, dans un sens ou dans l'autre suivant qu'elle tourne elle-même à droite ou à gauche. L'axe de la poulie P porte un second pignon, invisible dans notre figure, qui communique son mouvement, au moyen d'une crémaillère, à la plaque CC qui porte le baromètre. Ainsi, quand la poulie P, qui entraîne le crayon enregistreur, tourne, l'ensemble du baromètre à siphon se meut aussi verticalement.

Voici maintenant comment fonctionne l'instrument : L'aiguille A, terminée par un crochet, repose sur la petite tige verticale du flotteur F et est ainsi horizontale. L'une des ailes du volant V vient butter contre le petit crochet.

L'échappement E du rouage N marche toujours, et, par ce fait, tend à entraîner la poulie P de droite à gauche, et à faire remonter la plaque CC de bas en haut ; et comme cette plaque porte le baromètre, elle entraîne dans ce mouvement

Fig. 96. — Le baromètre enregistreur de M. Redier. (Page 252.)

l'aiguille A qui, étant ainsi soulevée, dégage le volant V.

Le volant V appartenant au rouage N tourne alors, et comme sa vitesse est 2, celle de l'échappement étant 1, il entraîne la poulie P de gauche à droite et fait mouvoir la plaque CC de haut en bas ; l'aiguille A suit le mouvement et vient de nouveau arrêter le volant V. On obtient ainsi une suite de petits mouvements successifs et très rapprochés, la partie de l'aiguille A qui retient le volant V étant plus petite qu'un vingtième de millimètre.

Quand la pression ne change pas, la trace laissée par le crayon est une ligne droite. Mais voyons comment se comporte l'appareil quand elle varie. Supposons que la pression augmente, le mercure baissera dans la petite branche du siphon : le flotteur descendra, entraînant l'aiguille A qui accrochera le volant V d'une quantité plus grande. Il faudra donc plus de temps à l'échappement E pour opérer le dégagement du volant ; par conséquent la poulie P tournera dans le même sens pendant un temps plus long, proportionnel, d'ailleurs, au changement de pression, et la trace laissée sur le papier indiquera ce mouvement. Si, au contraire, la pression diminue, le volant V sera dégagé, et l'écart entre le volant et le crochet sera d'autant plus grand que la baisse aura été plus considérable.

Le baromètre à mercure n'agit donc pas directement sur le curseur, comme dans les baromètres à cadran ; il ne sert qu'à indiquer, en quelque sorte, au rouage d'horlogerie, dans quel sens il doit tourner, et par suite à imprimer au crayon un mouvement à droite, ce qui correspond à une hausse, ou à gauche, ce qui accuse une baisse.

On voit que le baromètre enregistreur de M. Redier fonctionne à la façon des relais télégraphiques, mais toutes les fonctions en sont mécaniques.

Pour faire fonctionner l'instrument il suffit de remonter les deux ressorts moteurs chargés de communiquer leur mouvement au crayon enregistreur, et on a, sans s'en occuper autrement, des courbes de trois, dix, quinze jours et plus, suivant la longueur du papier qui se déroule. Ces courbes peuvent être faites à telle échelle que l'on désire, les proportions adoptées sont : l'heure ;

représentée par 4 millimètres et le millimètre de mercure par 5.

Nous n'entrerons pas dans les détails de construction du cylindre enregistreur, nous dirons seulement qu'un mouvement d'horlogerie RR' fait tourner le cylindre d'une quantité de 4 millimètres par heure et vient faire frapper tous les quarts d'heure, au moyen du marteau O, trois petits coups sur une planchette fixée sur la planche qui porte le baromètre, de manière à ébranler légèrement peu la colonne mercurielle.

M. Redier ne s'est pas contenté de faire concourir cet ingénieux mécanisme à l'enregistrement automatique ; en remplaçant la poulie P par une grande aiguille, il a pu obtenir des baromètres à grands cadrans, destinés à être vus à distance et très bien appropriés par conséquent à des monuments ou des places publiques. Le grand baromètre de la Bourse de Paris, construit d'après ce principe, fonctionne régulièrement depuis plusieurs années. La course de l'aiguille étant considérable, les indications sont très précises et très appréciables, même de loin. Nous espérons que nos ports de mer seront bientôt dotés de semblables instruments, et qu'ils ne tarderont pas à suivre l'exemple de la ville de Cherbourg, qui en possède un dont le cadran n'a pas moins de 1 mètre 50 de diamètre.

TEMPÉRATURE. — THERMOMÉTRIE.

Les thermomètres à mercure, bien calibrés, bien vérifiés, destinés aux observations de température de l'air, doivent être protégés d'un abri qui les tienne toujours à l'ombre, si l'on veut qu'ils puissent fournir des résultats exacts.

Les figures 97 et 98 représentent un appareil très fréquemment usité à cet effet.

Il se compose d'un double toit, formé de deux feuilles de tôle plombée, séparées entre elles par un espace de $0^m,10$ environ, où l'air circule librement. Ce toit est incliné, et sur une de ses faces il soutient trois montants de bois, qui servent de support aux thermomètres. Le système tourne sur un axe M, fixé à la partie supérieure d'un poteau CD ayant une hauteur de 2 mètres environ (fig. 98). La rotation se fait à la main aux différentes heures du jour, à l'aide d'une latte de bois L qui sert en même temps de contrefiche pour consolider l'appareil et le rendre immobile pendant les grands vents.

Cet abri doit être placé sur le gazon ; il comprend quatre thermomètres : 1° thermomètre à mercure à boule sèche ; 2° thermomètre à boule mouillée, dont le réservoir est entouré d'une mousseline sans cesse humectée d'eau à l'aide d'une mèche plongeant dans une petite fiole remplie de ce liquide ; 3° thermomètres à minima, donnant au matin la plus basse température de la nuit ; 4° thermomètre à maximum. Ces thermomètres sont ordinairement divisés en demis ou en cinquièmes de degré.

A l'Observatoire de Montsouris, le toit employé est immobile ; incliné, tourné vers le sud, il protège toujours du soleil les thermomètres qui y sont abrités, et que l'on lit en montant les quelques marches d'un escalier.

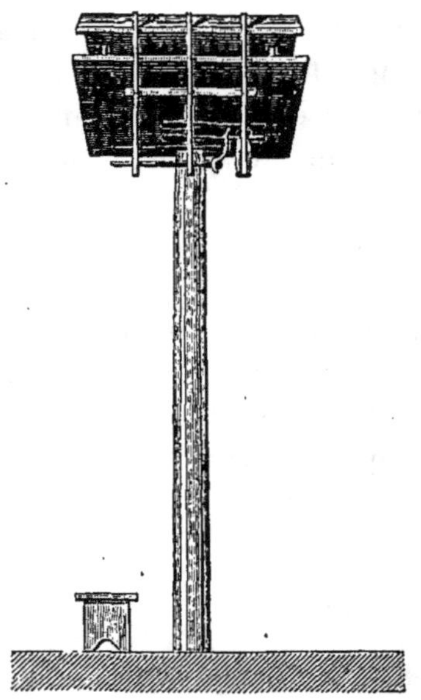

Fig. 97. — Abri pour l'installation des thermomètres. (Page 255.)

En Angleterre, l'abri employé, dans la plupart des observatoires, pour les observations thermométriques, est d'une forme spéciale ; il se compose d'une cage de bois, fermée sur le devant par trois volets et par une planche de bois à la partie postérieure (fig. 99).

Cette cage, dans le bas, n'a pas de fond. A sa partie supérieure elle est surmontée d'un double toit de tôle plombée qui permet la libre circulation de l'air. La cage est fixée contre un poteau ou contre un mur, tournés vers le nord. Les thermomètres sont soutenus horizontalement par des cordelettes, tendues vertica-

lement entre deux fils de fer, comme on le voit dans notre gravure
où l'appareil est représenté la porte ouverte.. Les observations
des thermomètres à l'abri doivent être complétées par celles des
thermomètres de radiation, exposés aux rayons solaires.

Ces instruments sont formés : 1° d'un thermomètre à boule
nue, que l'on compare au thermomètre semblable à l'ombre ;
2° d'un thermomètre à boule noircie, fixé dans un ballon de

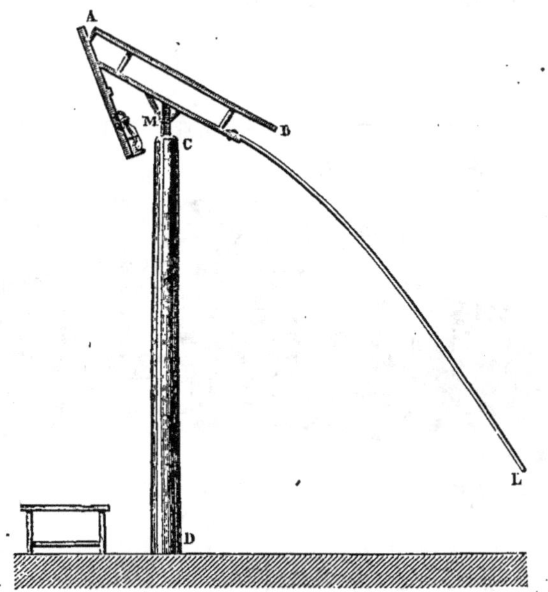

Fig. 98. — Même appareil, vu de profil. (Page 256.)

verre de 0^m,10 de diamètre environ, rempli d'air, ou dans lequel on a fait le vide ; 3° d'un thermomètre nu fixé dans un ballon semblable. Ils sont placés horizontalement sur des fourches
de bois B,C,D adaptées à des fils de fer M, N que tendent deux
montants de fer S, T (fig. 100).

Si l'on veut compléter les observations des températures de
l'air ambiant par celles des températures du sol, à différentes
profondeurs, il faudra pour ce dernier objet recourir au thermomètre électrique de M. Becquerel, dont on trouve la description

dans tous les traités de physique, ou à l'appareil imaginé par
M. Hervé Mangon.

Cet appareil se compose d'un petit réservoir métallique A
(fig. 101) rempli d'air et terminé à sa partie supérieure par un tube
de cuivre très mince et d'une longueur considérable qui peut devenir pour ainsi dire illimitée. Ce réservoir est placé au point
dont on veut avoir la température ; il est enfoui par exemple à
1 mètre dans la terre si l'on veut étudier la chaleur du sol.

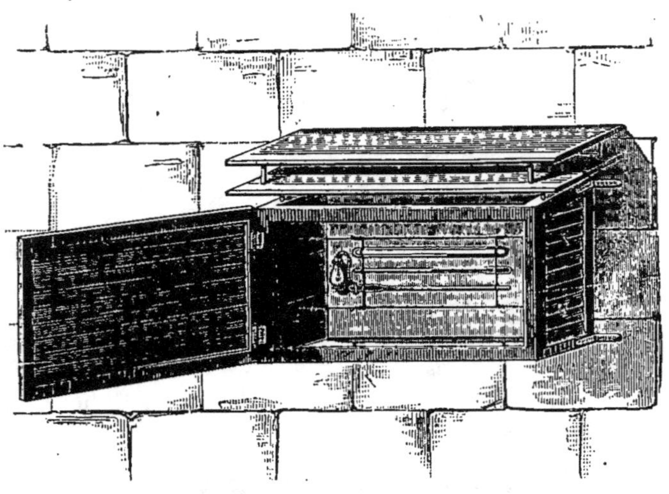

Fig. 99. — Cage anglaise servant d'abri aux thermomètres. (Page 256.)

Le tube de cuivre qui le surmonte aboutit au dehors, jusque
dans le cabinet de l'observateur, et s'adapte à l'extrémité d'une
des branches de verre d'un tube en U, contenant du mercure.
L'autre branche du tube en U reçoit un tube métallique mince
semblable au premier, ayant la même longueur, et dont l'extrémité fermée a été placée à côté du réservoir enfoui dans le
sol.

Si la température du réservoir enfoui dans le sol varie, elle
se traduira par des dilatations ou des contractions du volume
qu'il contient, et le mercure du tube en U indiquera par ses

mouvements la valeur de ces variations qui correspondent à celles des températures. Cet appareil, bien gradué par des expériences préliminaires, donne des résultats très précis.

On peut modifier sa disposition de la façon suivante : le réservoir A (fig. 101) est en communication par le tube de cuivre qui le surmonte non plus avec un tube en U, mais avec un tube droit de verre T de 0^m,40 de hauteur environ et placé sur une cuve à mercure.

Un deuxième réservoir B plongé dans un bain d'eau est situé dans le cabinet de l'opérateur, et communique à un tube V tout

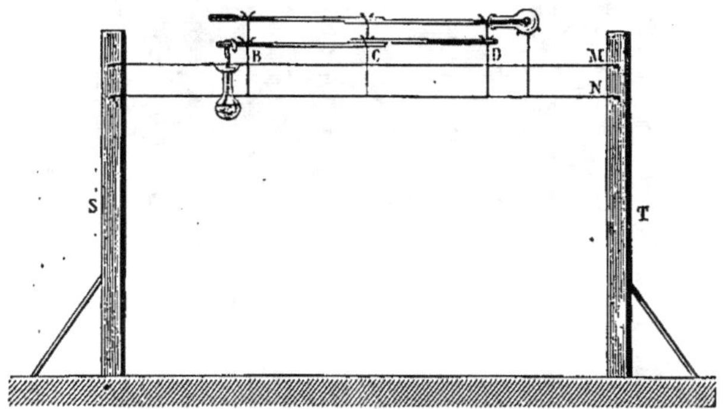

Fig. 100. — Disposition des thermomètres de radiation. (Page 257.)

à fait semblable au tube T et retourné comme lui dans la cuve à mercure ; ce tube contient aussi une certaine quantité de mercure.

La partie supérieure du tube V est mise en outre en relation avec un tube RS placé à côté du tube de communication du réservoir qui doit donner la température du sol.

Le mercure du tube T va osciller suivant les variations de la pression atmosphérique et de la température du réservoir A. Quand il sera stationnaire, on fera varier la température du réservoir B, en chauffant ou en refroidissant artificiellement le bain où il est plongé, afin de ramener, par tâtonnement, le niveau du mercure dans le tube V à la hauteur de celui du tube T.

Dans ces conditions, le réservoir B sera plongé dans un milieu ayant même température que celui où est placé le réservoir A.

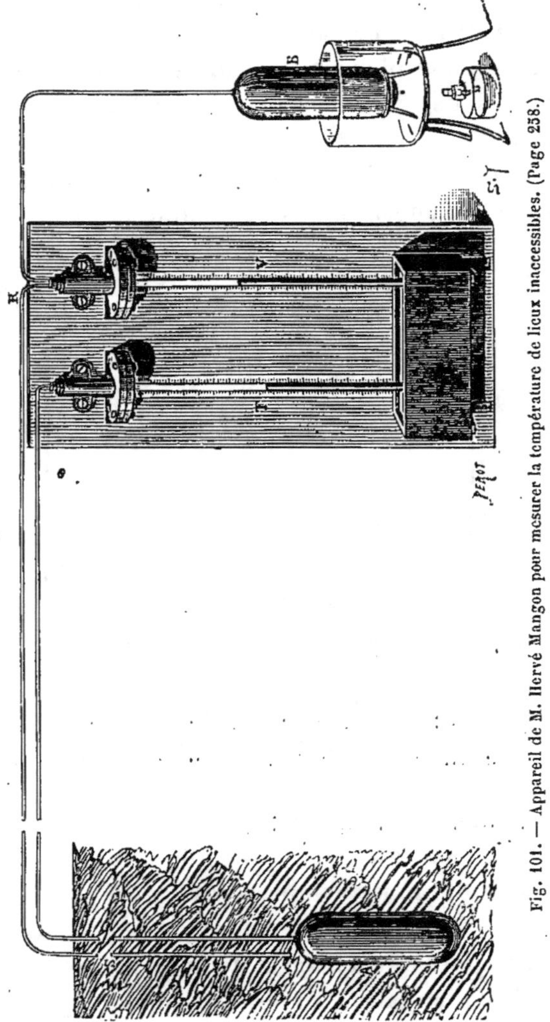

Fig. 101. — Appareil de M. Hervé Mangon pour mesurer la température de lieux inaccessibles. (Page 258.)

Il suffira de prendre la température de ce milieu, c'est-à-dire de l'eau du bain-marie, à l'aide d'un thermomètre, et l'on aura ainsi la température du sol à l'endroit où est enfoui le premier réservoir A.

Nous représentons (fig. 101) l'aspect d'un réservoir à air, et celui de la planchette où sont fixés les deux tubes à mercure, servant à donner les températures de lieux inaccessibles.

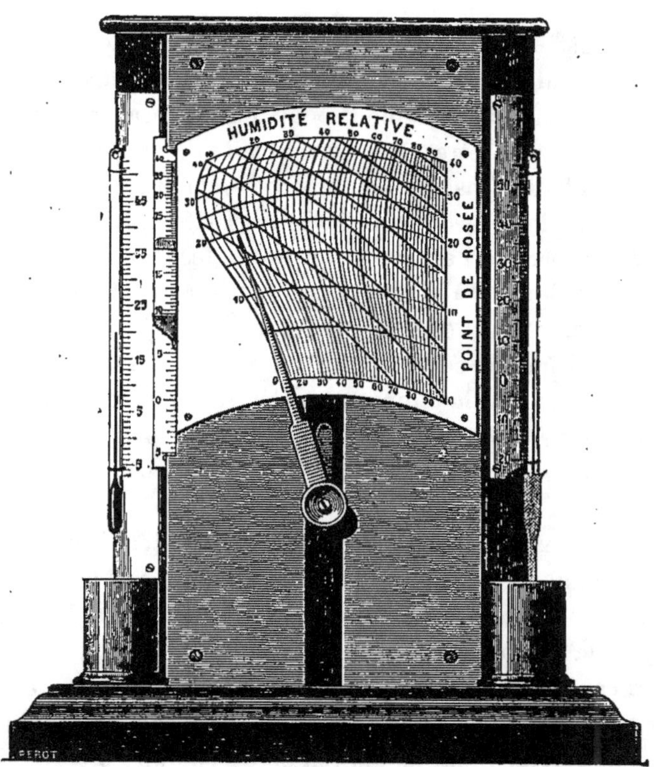

Fig. 102. — Hygromètre graphique de M. Lowe (de Boston). (Page 262.)

Cette disposition permet d'obtenir des instruments dont les divisions sont aussi grandes qu'on le désire selon le degré de sensibilité à obtenir. Tous les instruments à air doivent contenir des gaz parfaitement secs. Si le réservoir et le tube sont en argent on peut employer l'air ; s'ils sont en cuivre, il faut recourir à l'azote. Les appareils que nous venons de décrire s'emploient aussi pour mesurer les températures de l'air, au sommet d'un arbre, ou dans tout autre lieu inaccessible.

HYGROMÈTRE GRAPHIQUE DE M. LOWE.

Un constructeur américain, M. Lowe, de Boston, a trouvé une solution pratique pour l'emploi du psychromètre, et qui permet d'utiliser cet instrument pour tous les usages industriels.

Deux thermomètres, l'un sec et l'autre mouillé, sont placés de chaque côté de l'instrument, comme on peut s'en rendre compte par la simple inspection de la figure 102. Un diaphragme peint sur émail occupe l'espace situé entre les deux thermomètres, laissant seulement à sa gauche un petit vide, dans lequel vient s'appliquer une échelle auxiliaire.

Les divisions de cette échelle sont inégales, et vont en décroissant à mesure que la température s'élève, suivant une progression déterminée. Cette inégalité ne sert d'ailleurs qu'à faciliter la construction du diaphragme et à rendre certaines parties plus lisibles.

Nous n'entrerons pas dans le détail du mécanisme très simple d'ailleurs qui fonctionne sous la plaque d'émail ; en donnant la manière de se servir de l'instrument, il sera facile de se faire une idée de la façon dont les résultats sont obtenus.

On commence par faire la lecture du thermomètre sec, on met alors l'index supérieur qui se meut sur l'échelle auxiliaire à la division correspondante à la température que l'on vient de lire ; pour cela il suffit d'imprimer au bouton situé à la base de l'aiguille un mouvement vertical, jusqu'à ce que la position de l'index supérieur corresponde exactement à la température observée.

On lit la température du thermomètre mouillé, et on amène l'index inférieur de l'échelle auxiliaire sur le degré correspondant à la lecture que l'on vient de faire. Pour cela, il suffit de faire tourner le bouton dont on s'est déjà servi précédemment autour de son centre, jusqu'à ce que la position de l'index soit bien exacte.

En manœuvrant ainsi ce bouton, on déplace l'aiguille indicatrice du diaphragme, et lorsque la position des deux curseurs est ainsi bien déterminée, la pointe de l'aiguille donne l'humidité relative dans le sens vertical des divisions et, dans le sens diagonal, elle donne la température à laquelle aurait lieu le point de rosée.

M. Lowe s'est servi pour la construction des courbes du diaphragme de son instrument à l'échelle centigrade des tables de M. E. Renou.

Il est inutile d'insister sur les avantages d'une telle disposition qui dispense de l'emploi des tables, et permet ainsi au premier venu l'usage d'un instrument si utile à bien des industries, ainsi qu'aux observations météorologiques.

Nous croyons devoir rappeler, au sujet de l'ingénieux appareil de M. Lowe, que c'est le physicien Leslie qui, le premier, s'est efforcé de déterminer l'état hygrométrique de l'air, à l'aide de la rapidité d'évaporation de l'eau, rapidité déduite elle-même de l'abaissement de température qu'elle détermine, comme Hutton l'avait fait remarquer auparavant. Leslie a construit le premier psychromètre, en enveloppant d'une toile fine, constamment mouillée, une des boules de son thermomètre différentiel. Gay-Lussac a savamment étudié le même sujet, et, plus tard, August de Berlin a construit l'appareil qu'il a désigné sous le nom de psychromètre, et qui consiste, comme on le sait, en deux thermomètres identiques, dont l'un est enveloppé d'une mousseline constamment humectée d'eau. L'abaissement de température est d'autant plus considérable que l'évaporation de l'eau est plus active, et que, par conséquent, l'air est plus sec.

ÉTUDE DE LA PLUIE. — PLUVIOMÉTRIE.

La première condition de l'étude de la pluie est la mesure de l'épaisseur d'eau qu'elle a produite en tombant à la surface du sol.

L'appareil le plus simple et le plus précis est le pluviomètre ordinaire où l'on pèse le volume de l'eau tombée sur une surface déterminée. La pluie est recueillie, par l'intermédiaire d'un entonnoir, dans une bouteille enfermée dans une boîte de bois, contenant de la ouate O. La figure 103 représente ce pluvio-mètre, dont on a retiré une des parois pour laisser voir sa disposition intérieure.

L'entonnoir en cuivre A représente à sa partie supérieure une

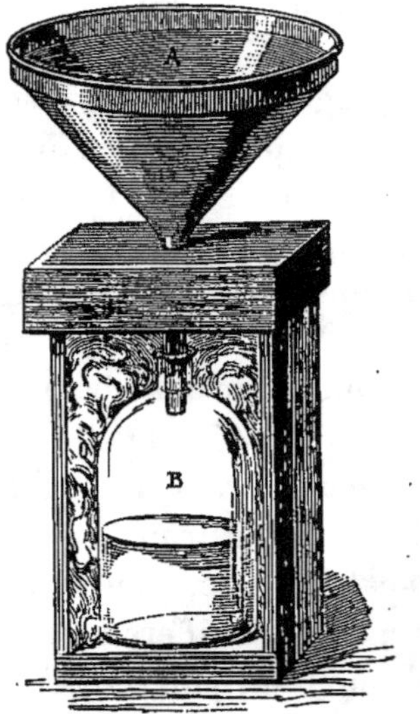
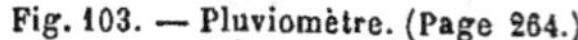

Fig. 103. — Pluviomètre. (Page 264.)   Fig. 104. — Pluviomètre totaliseur. (Page 266.)

surface de 4 décimètres carrés, ou $0^m,2249$ de diamètre. L'eau de pluie qui y tombe est recueillie à sa partie inférieure dans la bouteille B, dont on connaît le poids. Quand la pluie a cessé, on pèse cette bouteille avec l'eau qu'elle contient : on a ainsi par différence le poids de cette eau. Connaissant la surface de l'entonnoir à sa partie supérieure, il est facile de déduire de cette pesée l'épaisseur de la couche d'eau tombée sur le sol. Cette surface étant, comme nous l'avons dit, de 4 décimètres carrés, une quantité d'eau de :

400 gr. représente une épaisseur de pluie de 0ᵐ,010
40   —   —   0ᵐ,001
4   —   —   0ᵐ,0001

Une balance ordinaire pèse facilement le gramme. Ce pluviomètre permet donc d'avoir exactement la hauteur de pluie à 1/4

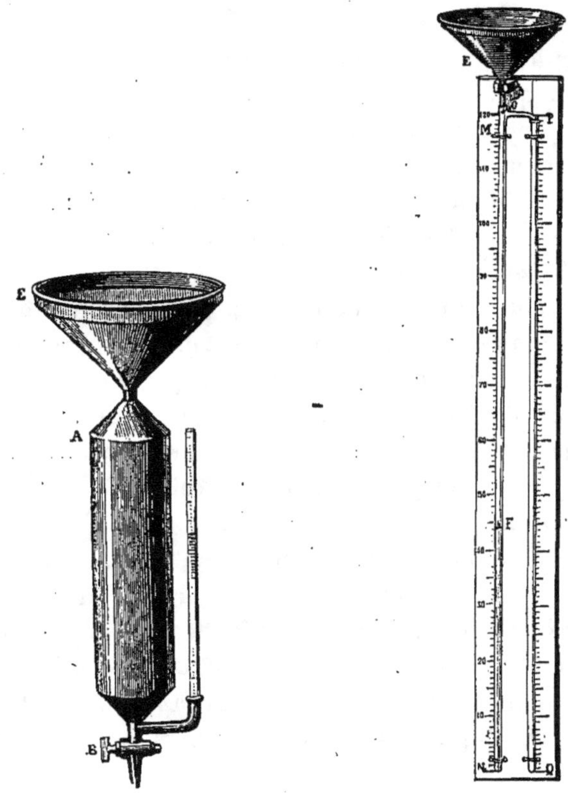

Fig. 105. — Pluviomètre de Babine. (Page 266.)   Fig. 106. — Pluviomètre de Symons. (Page 266.)

de dixième de millimètre près. L'anneau de l'entonnoir doit être
parfaitement circulaire ; on peut le confectionner en laiton tourné
pour éviter toute déformation qui réduirait la surface. La bouteille de ce pluviomètre est pesée chaque fois qu'il tombe de la
pluie. A la fin du mois, on additionne la hauteur de pluie, et on

obtient un total que l'on vérifie directement par le *totaliseur* que nous allons décrire.

Le totaliseur (fig. 104) est composé d'une grande bouteille de verre vert B, ayant au moins vingt litres de capacité, et surmontée d'un entonnoir E, dont l'ouverture supérieure correspond à une surface de 4 décimètres carrés. Le vase et l'eau qu'il contient sont pesés une fois par mois.

Si la bouteille B est entourée d'herbes élevées elle peut rester à l'air parce qu'elle s'échauffe peu. Sur un sol ordinaire, il faudrait l'envelopper d'une caisse en bois pour la préserver du soleil qui déterminerait une évaporation du liquide. Les résultats des lectures quotidiennes et du totaliseur concordent à moins de 1/2 p. 100, quand l'installation est bien faite, et lorsque les observations ont été suivies avec soin.

Dans les pluviomètres que nous venons de décrire on ne peut se rendre compte de la quantité d'eau tombée sur le sol qu'après la chute de la pluie, et après avoir fait la pesée du récipient collecteur. Il est d'autres instruments où l'eau de pluie, amenée dans des vases jaugés, monte dans un tube gradué, et peut être mesurée à chaque instant par l'opérateur. Tel est le *pluviomètre à tube de Babinet.*

L'eau de pluie tombée dans l'entonnoir E (fig. 105) arrive dans le réservoir A, dont la surface est moindre que celle de l'entonnoir. Des expériences préliminaires font connaître le rapport qui existe entre les sections de l'entonnoir et du réservoir. Le niveau de l'eau contenu dans celui-ci est mesuré à l'aide d'un tube communiquant. Le liquide peut être vidé après l'observation par le robinet B.

On peut construire un petit appareil analogue, plus sensible et que représente la figure 106.

Un entonnoir E, dont l'ouverture supérieure a $0^m,20$ de diamètre, est fixé à la partie supérieure d'un long tube MN, de $1^m,20$ de hauteur et de $0^m,01$ de diamètre intérieur. Dans ces conditions le tube a une section qui représente $\frac{1}{400}$ de la surface de l'entonnoir ; il multipliera donc singulièrement l'épaisseur de la couche

d'eau tombée. S'il tombe une pluie de 1 millimètre on aura dans
le tube une hauteur d'eau de 400 millimètres. Cet appareil est
fort intéressant ; rien n'est plus curieux que de voir l'eau de pluie
monter rapidement dans le tube vertical. On peut rendre ce
mouvement très manifeste en plaçant dans le tube un petit flotteur de liège F très mince et de couleur visible, rouge par exemple, qui suit les mouvements d'ascension de la surface de la
colonne intérieure. Si la pluie est abondante, si le tube MN se
remplit, l'eau en arrivant à sa partie supérieure se déverse par
l'orifice O, dans un deuxième tube PQ. L'appareil est fixé à une
planchette graduée. L'entonnoir peut être éloigné du tube gradué
par l'intermédiaire d'un tuyau recourbé, placé par exemple au
dehors, tandis que la planchette est fixée au dedans, sous les yeux

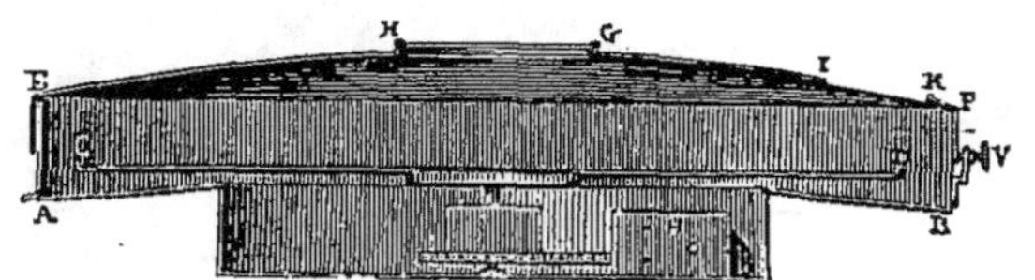

Fig. 107. — Coupe du pluvioscope de M. Hervé Mangon. (Page 268.)

de l'observateur qui voit monter l'eau pluviale, tout en se trouvant à l'abri.

Les pluviomètres donnent l'épaisseur de la couche de pluie
tombée, mais il y a une limite aux déterminations fournies par
ces appareils. La surface du sol est parfois humectée d'une pluie
dont les gouttelettes sont extrêmement fines, et dont la durée est
très faible. L'épaisseur de la couche d'eau qu'elle produit est tout
à fait inappréciable ; le pluviomètre ne l'accuse en aucune façon.
Cependant elle a pu agir sur la végétation ; il est utile de mesurer
la valeur de cette pluie, si minime qu'elle soit. Le pluviomètre
offre un autre inconvénient ; il se tait sur les interruptions qui
marquent la chute d'une pluie intermittente ; il ne dit rien non
plus sur la nature des gouttelettes d'eau météorique, sur leur
volume, sur leur nombre dans une surface déterminée.

Le pluvioscope de M. Hervé Mangon donne, avec une remarquable précision, ces renseignements intéressants. Cet appareil est basé sur ce fait, qu'une feuille de papier imbibée de sulfate de fer, et saupoudrée postérieurement d'une poudre de noix de galle, se colore en noir au contact d'une goutte d'eau qui y forme de l'encre.

Le papier servant à l'expérimentation de l'appareil est circulaire ; un double cadran portant les heures y a été préalablement imprimé.

Ce papier est plongé dans une solution aqueuse de sulfate de fer, puis séché. On y frotte, à l'aide d'un tampon, de la noix de galle finement pulvérisée, et additionnée d'une petite quantité de

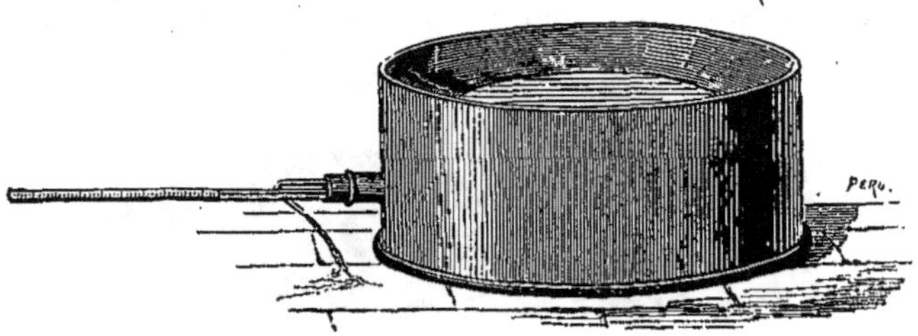

Fig. 108. — Appareil destiné à mesurer la température de la pluie. (Page 270.)

sandaraque, qui le fait adhérer à sa surface. Une fois préparé, ce papier est placé sur un disque métallique horizontal très mince, qui est fixé dans une boîte métallique et qui, sous l'influence d'un mouvement d'horlogerie, accomplit en 24 heures un mouvement de rotation sur un axe central.

L'appareil est représenté en coupe dans la figure 107 : CD est la feuille de papier imbibée de sulfate de fer et de noix de galle. AB est la boîte métallique qui le contient, H le mouvement d'horlogerie qui le fait tourner. Le couvercle EF est fixe ; il est retenu sur la boîte au moyen de la vis V. Il porte au centre une ouverture GH, où est adaptée une glace transparente, permettant de lire les graduations du cadran central imprimé sur le papier. IK est une ouverture longitudinale à travers laquelle les gouttes de pluie tombent à la surface du papier, sur la zone portant les graduations du grand cadran excentrique. Chaque goutte de pluie qui a touché le papier reste imprimée en noir. Quand ce papier a' accompli sa rotation, on y trouve donc marquées les gouttes de pluie, leur grandeur, leur nombre, sur une surface déterminée. On voit l'heure à laquelle elles ont tombé ; on voit enfin les interruptions dont leur chute a été marquée. Celles-ci sont indiquées par l'absence de taches à la surface du papier.

A défaut de cet appareil, on peut se contenter, pour des expérimentations moins rigoureuses, de simples feuilles de papier, ayant exactement un décimètre carré de surface, et imbibées, comme nous l'avons indiqué, de sulfate de fer, où l'on frotte de la noix de galle en' poudre. On prépare à l'avance un certain

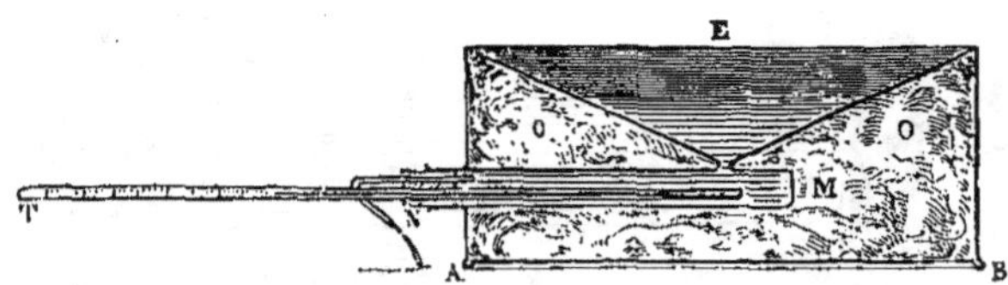

Fig. 109. — Coupe de l'appareil précédent. (Page 270.)

nombre de ces papiers ; on les enferme dans une petite boîte de fer-blanc plate que l'on tient dans sa poche à la façon d'un portefeuille. Partout où l'on se trouve, on peut se rendre compte, à l'aide de cet appareil, de l'intensité de la pluie qui tombe. On place une des feuilles du papier préparé, sur le couvercle de la boîte, on l'expose à la pluie pendant 15, 30 secondes ou une minute même, suivant l'abondance des gouttes d'eau météoriques ; quand cela est fait, on remet dans sa boîte le papier qui porte désormais les traces de chaque goutte d'eau de pluie, et une fois rentré, on en compte le nombre. Par une multiplication, on arrive ainsi à obtenir exactement le nombre de gouttes qui sont tombées pendant un temps donné sur une surface d'un hectare.

Il ne suffit pas de recueillir les eaux de pluie, de mesurer leur volume, etc., il est intéressant de prendre leur température au moment de leur chute. Ces déterminations donnent quelques indications précieuses sur l'état thermométrique des régions supérieures d'où proviennent les eaux météoriques. L'appareil, représenté dans les figures 108 et 109, permet d'obtenir à ce sujet des résultats très exacts.

L'eau de la pluie tombe dans l'entonnoir métallique E (fig 109), et remplit le tube cylindrique MN, où un thermomètre T a été fixé à l'aide d'un bouchon. Le réservoir du thermomètre est baigné dans l'eau de pluie ; on lit extérieurement la température. Les cavités intérieures O, O de la boîte sont remplies d'un corps

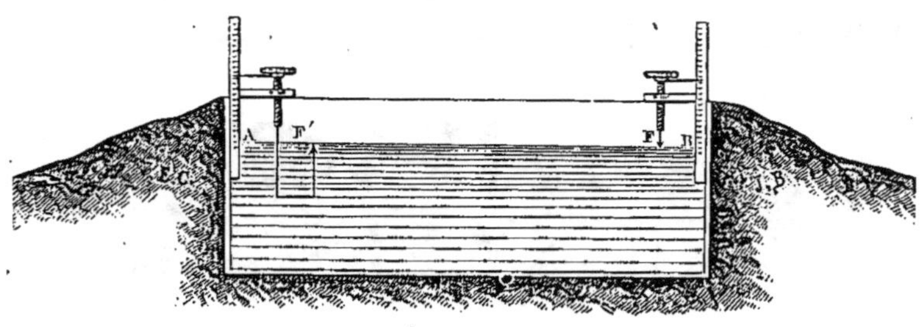

Fig. 110. — Évaporomètre. (Page 270.)

isolant, tel que la ouate, que l'on introduit facilement par le couvercle inférieur AB dont l'appareil est muni.

Après avoir rapidement passé en revue les différents pluviomètres et pluvioscopes, nous examinerons les appareils qui permettent d'apprécier la quantité d'eau qui s'évapore d'une surface déterminée dans l'atmosphère, et qui portent le nom d'évaporomètres.

Une grande cuve remplie d'eau AB, de $0^m,60$ de profondeur et de $1^m,20$ de large, est enfouie dans le sol (fig. 110).

Une petite flèche métallique F, dont on peut abaisser ou élever la pointe fixée à une vis, est placée à la surface du liquide. Après un espace de temps appréciable, après 12 heures par exemple, une certaine quantité d'eau a disparu par l'évaporation ; on la mesure en ramenant la flèche au niveau de l'eau,

et en comptant, à l'aide d'un vernier fixé à l'appareil, la longueur dont on l'a fait descendre.

Cet appareil offre un inconvénient : il est difficile de bien
apprécier la position où la pointe de la flèche affleure exactement
la surface du liquide. Il est préférable de plonger la flèche dans
l'eau en la contournant deux fois à angle droit, et de faire les
mesures en faisant paraître hors de l'eau son extrémité pointue.
Cette disposition est représentée en F′, à gauche de notre
figure 110.

M. Hervé Mangon a étudié le plan d'un nouvel évaporomètre,
où la quantité d'eau évaporée sera mesurée très exactement à

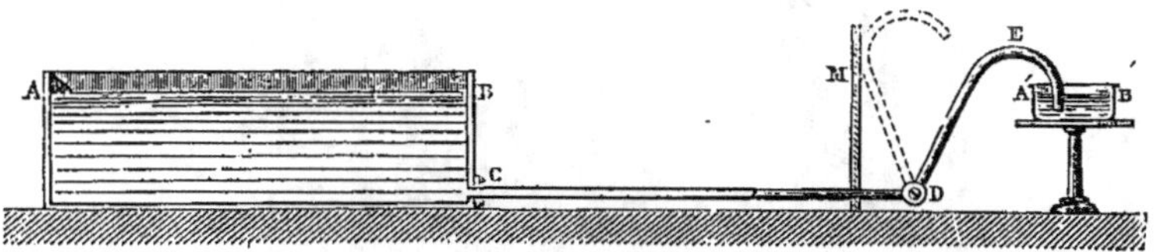

Fig. 111. — Disposition d'un nouvel évaporomètre. (Page 271.)

l'aide de la balance, et au moyen d'un artifice ingénieux que
nous allons décrire.

AB est le vase extérieur, destiné à fournir une surface d'eau à
l'évaporation (fig. 111). Il est mis en communication au moyen
d'un tuyau de plomb CD, avec un petit vase A′B′ placé dans le
cabinet de l'observateur. Un tube E, mobile autour d'un genou D,
peut être relevé ou abaissé à volonté. Le vase A′B′ est construit
de manière à offrir une surface ayant $\frac{1}{200}$ de celle du grand vase
AB. Par le principe des vases communicants, les niveaux des
deux vases seront toujours situés sur le même plan horizontal ;
si le niveau du vase AB a baissé par l'évaporation, celui du vase
A′B′ s'abaissera dans la même proportion. On mesurera exactement l'abaissement du niveau de l'eau du vase A′B′ en le pesant
avant et après l'évaporation du liquide contenu dans le vase AB.

LE PLUVIOMÈTRE ENREGISTREUR DE M. HERVÉ MANGON.

Les instruments que nous venons de décrire, tout en donnant des indications très précieuses et très utiles, ne permettent pas

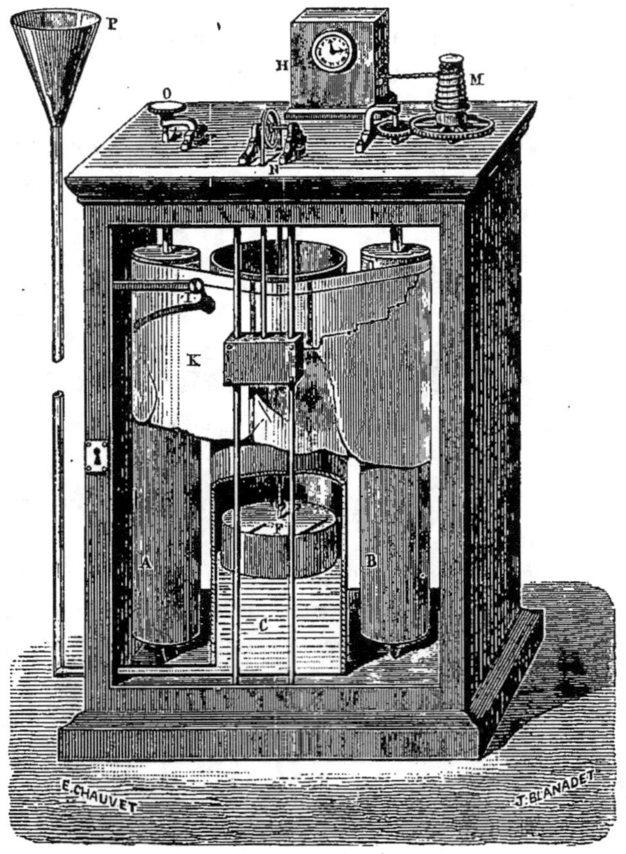

Fig. 112. — Le nouveau pluviomètre enregistreur de M. Hervé Mangon.

cependant de suivre toutes les particularités qui peuvent se produire pendant la durée de la pluie ; ils se taisent au sujet des différences d'intensité dont la chute d'eau a été marquée, et des heures pendant lesquelles ces différences se sont produites. Le *pluvioscope*, déjà décrit, donne l'heure à laquelle la pluie

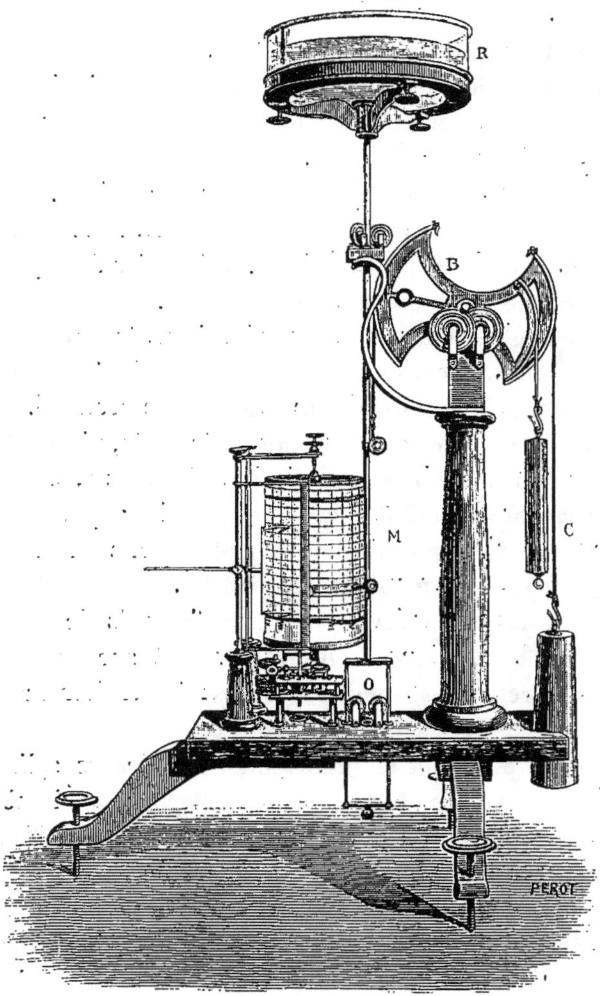

Fig. 113. — Évaporomètre enregistreur de M. Ragona. (Page 275.)

commence à tomber, l'heure de la fin de la chute d'eau, la grosseur des gouttes, mais il n'indique pas la quantité d'eau.

G. Tissandier. — L'Océan aérien.   18

Divers genres de pluviomètres enregistreurs ont été construits pour répondre à toutes ces questions. Nous allons décrire un de ces nouveaux instruments, exécuté par M. Redier, d'après les plans de M. Hervé Mangon, et qui fonctionne actuellement à l'observatoire de Sainte-Marie-du-Mont.

Un cylindre C (fig. 112) reçoit l'eau de la pluie qui lui est amenée du pluviomètre P, au moyen d'un conduit. Dans ce cylindre se trouve un flotteur F en cuivre, auquel on donne le plus grand diamètre possible de façon à augmenter sa stabilité. Une corde très fine, passant dans la gorge de la poulie N, relie ce flotteur à la boîte K. Les choses sont d'ailleurs disposées de façon que la boîte K pèse un peu moins que le flotteur F.

La boîte K glisse entre deux fils métalliques tendus comme des cordes de pianos, et contient un porte-crayon dont la pointe vient frotter contre la paroi extérieure du cylindre creux C. Un petit trembleur électrique, contenu dans cette boîte, vient, toutes les fois que le courant lui est envoyé d'un régulateur, frapper avec son marteau sur le bout du crayon et produit les points indiqués sur la courbe qui servent à contrôler la marche du mouvement d'horlogerie qui fait mouvoir les cylindres.

Deux cylindres en cuivre A et B sont placés de chaque côté du cylindre C. Ces deux cylindres pivotent sur des pointes et peuvent se retirer à volonté, de façon à faciliter la pose du papier.

Une horloge H met en mouvement l'un de ces cylindres et une fusée régulatrice M compense la différence du diamètre que donne l'enroulement de plusieurs tours de papier. Un crayon fixe I trace une ligne horizontale qui sert de base.

Après cette description, il est facile de comprendre comment fonctionne l'appareil. Le papier sans fin, enroulé sur le cylindre A, passe sur le cylindre C qui fait saillie et vient s'enrouler sur le cylindre B. Le cylindre A est tendu par un petit poids mouflé dans la cage même de l'instrument et le cylindre B est mené par l'horloge.

Le papier une fois en place et tendu, on introduit dans le

cylindre C une quantité d'eau suffisante pour faire flotter complètement le flotteur F.

Si la pluie tombe, le flotteur F est soulevé, la boîte K suit le mouvement et avec elle le crayon, qui, frottant sur le papier, trace une courbe qui donne en millimètres la hauteur correspondante de pluie. Si, au contraire, il ne tombe aucune pluie, la trace laissée par le crayon est une ligne droite parallèle à celle tracée par le crayon I.

Avec ce pluviomètre on peut enregistrer jusqu'à 1000 millimètres d'eau, quantité qui dépasse la moyenne annuelle en France. En donnant au papier une longueur suffisante, on peut enregistrer les observations d'une année sur la même feuille.

ÉVAPOROMÈTRE ENREGISTREUR DE M. RAGONA.

L'appareil de M. Ragona (fig. 113) se compose d'un vase de verre R contenant de l'eau. Ce vase forme en quelque sorte le plateau d'une balance dont le fléau est figuré par la pièce B. Un contre-poids suspendu à la corde C maintient le vase d'eau en équilibre. Mais dans ces conditions, l'équilibre est instable si le poids du vase R vient à varier, à diminuer par exemple, comme cela a lieu constamment sous le jeu de l'évaporation, aussi un second contre-poids adapté à un excentrique a-t-il dû être disposé comme le montre la figure de façon à maintenir le vase R en équilibre à mesure qu'il diminue de poids. Ce contre-poids n'empêche pas le vase d'eau de s'élever avec la tige M qui le supporte au fur et à mesure de sa diminution de poids par l'évaporation, et cela, nous le répétons, à la façon du plateau délesté d'une balance. En s'élevant, la tige M entraîne un porte-crayon qui trace une courbe continue à la surface d'un cylindre de papier, auquel le mouvement d'horlogerie O imprime une rotation régulière autour de son axe.

Nous n'entrérons pas ici dans les détails de construction du système ; ils s'expliquent suffisamment aux yeux du lecteur compétent, par l'inspection de notre gravure.

ÉTUDE DES COURANTS AÉRIENS. — GIROUETTES. — ANÉMOMÈTRES.

L'observation des courants aériens, de leur direction, de leur vitesse, offre une importance capitale au point de vue météorologique : les instruments que l'on emploie à cet effet sont la girouette et l'anémomètre.

La girouette, plus que tout autre instrument peut-être, a be-

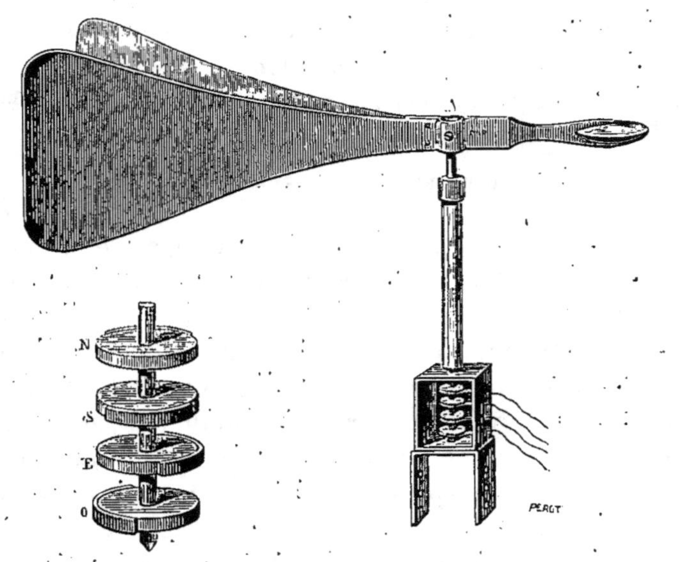

Fig. 114. — Girouette pourvue d'un commutateur et de fils électriques, destinés à l'enregistrement.
(1/10 d'exécution.)

soin d'être observée d'une manière continue. Aussi recommanderons-nous l'emploi d'appareils enregistreurs, qui fixent d'eux-mêmes tous les mouvements que leur a communiqués le vent, et cela à toute heure, à tout instant, pendant le jour comme pendant la nuit.

Notre figure 114 représente un très bel appareil de ce genre, installé à l'Observatoire de Sainte-Marie-du-Mont. Deux lames de cuivre mince de 0^m,56 de longueur environ, légèrement évasées pour donner prise aux courants aériens, et séparées l'une de l'autre, forment la girouette.

Elles sont équilibrées par un contre-poids, et soutenues sur un pivot par une suspension à la Cardan A, qui permet au système d'osciller dans tous les sens avec la plus grande facilité. La girouette fait tourner avec elle l'axe qui la supporte : cet axe traverse quatre disques de cuivre, qu'il entraîne dans sa rotation, et qui forment un commutateur électrique. [Ces disques sont représentés isolément à la gauche de notre gravure 114 N., S., E., O.

Chaque disque est entaillé à sa circonférence de telle manière que, pendant sa révolution, une partie seulement de sa surface cylindrique soit en contact avec un ressort métallique. Cette partie formant saillie représente les $\frac{6}{16}$ de sa circonférence.

Pour faire comprendre le mécanisme de cet appareil, nous examinerons d'abord le premier disque : On y trace les lignes de la rose des vents : N., O., S., E., avec les quatre subdivisions de chaque vent. Le disque et sa circonférence sont

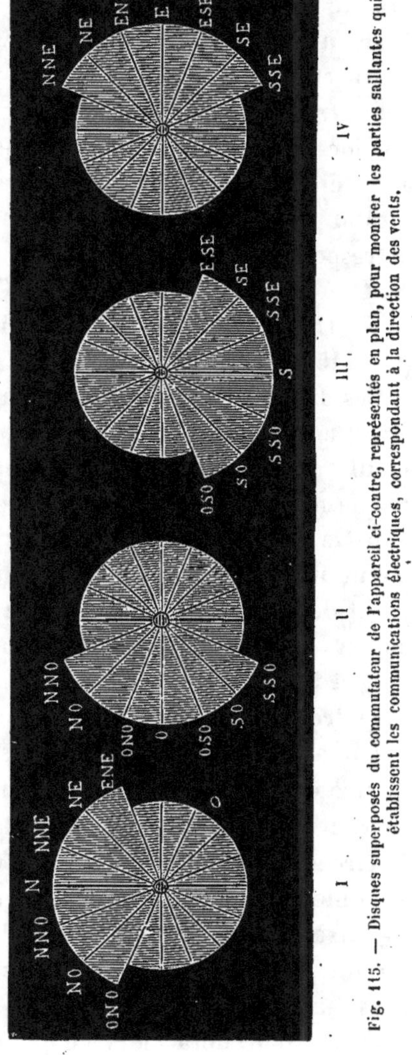

Fig. 115. — Disques superposés du commutateur de l'appareil ci-contre, représentés en plan, pour montrer les parties saillantes qui établissent les communications électriques, correspondant à la direction des vents.

ainsi divisés en 16 parties égales. On l'a entaillé sur sa circonférence de telle façon qu'une de ses parties forme saillie, et comprenne les $\frac{6}{16}$ suivants de la rose des vents : E.-N.-E. à N.-E., N.-E. à N.-N.-E., N.-N.-E. à N., N. à N.-N.-O., N.-N.-O. à N.-O. et N.-O. à O.-N.-O. (fig. 115). Le disque en tournant ne peut être en contact avec le frotteur métallique placé en regard, que lorsqu'une de ces subdivisions passe devant lui. Le contact ainsi établi ferme un circuit électrique, le courant passe. Le second disque ne fait passer le courant que sur les parties correspondant aux $\frac{6}{16}$ de la rose des vents : N.-N.-O. à N.-O., N.-O. à O.-N.-O., O.-N.-O. à O., O. à O.-S.-O., O.-S.-O. à S.-O., et S.-O. à S.-S.-O. et ainsi de suite pour les deux autres disques (fig. 115 III et IV).

Ces disques sont montés sur la tige, en gardant les positions que représentent leurs coupes, dessinées ci-contre. Chacun d'eux, nous le répétons, interrompt le passage d'un courant électrique quand la portion entaillée de sa circonférence passe devant le frotteur, en supprimant le contact. Les fils électriques communiquant avec les quatre disques sont amenés dans le cabinet de l'observateur. Quand le courant passe, ils mettent en action un électro-aimant, font mouvoir un trembleur, qui marque sa trace sur une bande de papier, se déroulant autour d'un cylindre que fait tourner un mouvement d'horlogerie.

On a ainsi quatre systèmes semblables correspondant aux quatre disques, ou aux quatre vents, nord, ouest, sud, est. Quand le vent soufflera du nord, entre le N.-N.-E. et le N.-N.-O. ($\frac{2}{16}$ de la circonférence), le disque n° 1 fera seul passer le courant, le trembleur n° 1 fonctionnera seul. Du N.-N.-O. au O.-N.-O. ($\frac{2}{16}$ suivants de la circonférence), le disque n° 1 fermera encore le circuit, mais le disque ouest n° 2 commencera à fonctionner aussi, avec le trembleur n° 2 correspondant. — Le trembleur N. marchera alors en même temps que celui de l'O. On saura que le vent est compris entre le N.-N.-O. et le O.-N.O. — Pour les $\frac{2}{16}$ suivants de la circonférence, O.-N.-O. à O. et O. à O.-S.-O., le trembleur ouest n° 2 fonctionnera seul. Pour les $\frac{2}{16}$ qui suivent encore : O.-S.-O. à S.-O. et S.-O. à S.-S.-O., le trembleur ouest n° 2 fonctionnera en même temps que le trembleur sud n° 3, et ainsi de suite.

L'examen des bandes enroulées sur les quatre tambours donnera d'une façon continue et permanente la variation des vents à tous les instants du jour et de la nuit.

On obtient ainsi les documents les plus complets sur la direction des courants aériens superficiels. Il faut y joindre ceux qui concernent la vitesse de ceux-ci.

L'appareil enregistreur le plus complet que l'on puisse employer à cet effet est l'anémomètre de Robinson (fig. 116). Cet appareil se compose de quatre demi-sphères creuses, A,B,C,D, adaptées aux extrémités de quatre rayons horizontaux rectangulaires entre eux et égaux, mobiles autour d'un axe. Les demi-sphères creuses sont disposées de telle façon que la partie convexe de l'une quelconque soit en regard de la partie concave de la suivante. Le grand cercle qui termine chacune d'elles est situé dans un plan vertical, de telle sorte que ce moulinet étant exposé dans un courant aérien, le vent rencontre toujours devant lui deux demi-sphères concaves et deux demi-sphères convexes. Il va sans dire qu'il aura plus d'action sur les premières que sur les secondes, à la surface desquelles il glissera : il devra donc imprimer un mouvement de rotation à tout le système. M. Robinson a démontré que le nombre des tours de ce moulinet est toujours proportionnel à la vitesse du vent quelle que soit cette vitesse ; en d'autres termes, que le chemin parcouru par le centre des sphères est toujours une fraction constante du chemin parcouru par le vent. On a trouvé que le nombre 3 peut être considéré d'une manière suffisamment exacte, comme le rapport entre le chemin parcouru par le vent et celui parcouru par les demi-sphères. Pour avoir le chemin parcouru par le vent il suffira donc de multiplier par 3 la longueur de la circonférence parcourue par le centre des hémisphères.

L'axe M du moulinet tourne dans un tube creux E. Il porte à sa partie inférieure une vis tangente (fig. 117) qui engrène sur

·une roue dentée R munie de 100 dents. Chaque tour de l'axe
fait avancer la roue d'une dent. A chaque demi-révolution, correspondant à 50 tours du moulinet, la roue dentée mise en
communication avec une pile ferme le circuit, en établissant
un contact avec le ressort en cuivre S, par l'intermédiaire de
deux tiges métalliques saillantes a a'. Le courant passe et fait
agir un enregistreur électrique disposé dans le cabinet de l'observateur. Cet appareil consiste en un trembleur qui perce de

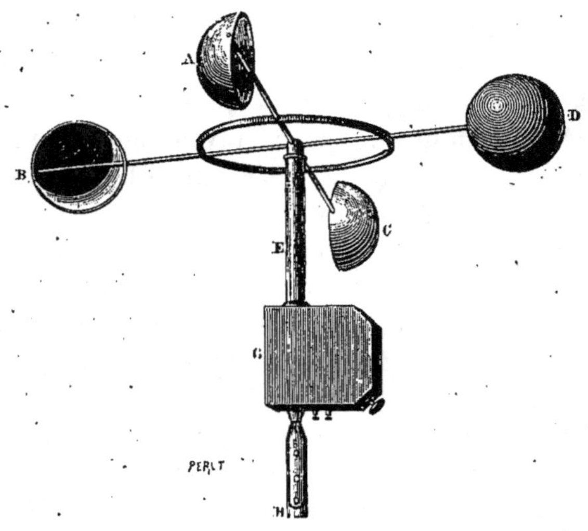

Fig. 116. — Anémomètre de Robinson. (1/10 d'exécution.) (Page 279.)

sa pointe une feuille de papier se déroulant autour d'un tambour,
chaque fois que le circuit a été fermé par la demi-rotation de la
roue correspondant à 50 tours de l'axe du moulinet.

Plus le vent est rapide, plus le nombre des contacts est fréquent, et plus les points marqués sur le papier sont rapprochés
les uns des autres. Des calculs fort simples permettent d'obtenir exactement la vitesse du courant aérien dans lequel l'anémomètre est placé.

Un certain nombre d'autres systèmes ne nécessitant que des
dispositions beaucoup plus simples peuvent fournir des rensei-

gnements précis sur l'effort et la vitesse du vent. Nous en passerons en revue quelques-uns que recommande notre savant météorologiste M. Renou.

« On a essayé quelquefois une plaque carrée, suspendue par son arête horizontale supérieure, et que le vent fait dévier de la position verticale qu'elle prend naturellement dans un air calme. On n'a jamais jusqu'ici tiré grand parti de cette disposition si simple, parce que la plaque oscille continuellement, mais on pourrait sans doute la rendre pratique en rendant ses mouvements lents. »

Voici la description de l'appareil qui pourra être essayé.

« Une plaque carrée, qu'on forcera à rester verticale par un parallélogramme articulé, tourne à l'extrémité d'une tige métallique dont l'autre extrémité portera son système de plaques croisées présentant la plus grande résistance possible à l'eau où il est plongé : on connaît les poids et les distances à l'axe de la plaque et du système qui plonge dans l'eau ; le vent faisant dévier la plaque de la direction verticale, son effort en kilogrammes est proportionnel à la tangente de l'angle de déviation indiqué par un cercle gradué. On peut placer sur ce cercle des index à frottements, qui indiquent les limites de l'excursion de la plaque. On y appliquerait facilement aussi l'enregistrement continu.

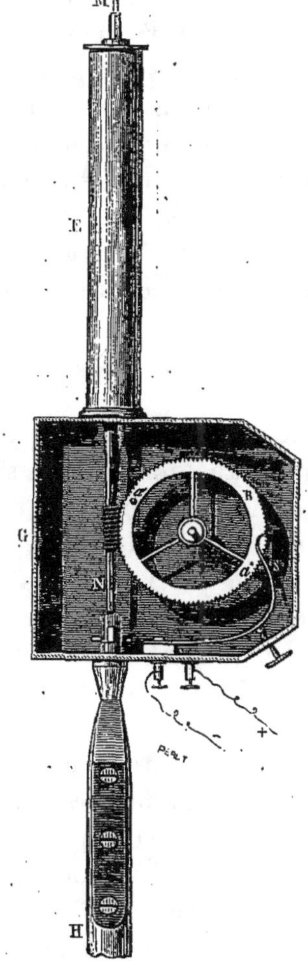

Fig. 117. — Détail de la figure ci-contre, montrant le système d'engrenage de l'axe de l'anémomètre contenu dans la boîte. (Page 279.)

« On a employé aussi un dynamomètre, c'est-à-dire un ressort dont la force est déterminée en poids, et que le vent comprime par l'intermédiaire d'une plaque verticale, qui le presse horizontalement. La manière la plus directe et peut-être la plus commode serait d'employer un petit ballon rempli de gaz d'éclairage, et à très peu près en équilibre avec l'air, de manière qu'il marche horizontalement ; on l'attache avec un fil de soie de 100 mètres de longueur, par exemple, et on compte combien il emploie de temps à arriver à l'extrémité de ce fil. »

Ces procédés, on le voit, quoique ne pouvant donner des renseignements continus et absolument rigoureux, n'en sont pas moins dignes d'être signalés aux observateurs.

ANÉMOMÈTRE MULTIPLICATEUR DE M. EUG. BOURDON

L'appareil dont nous allons donner la description offre, à première vue, une certaine similitude avec les girouettes employées à indiquer la direction des courants aériens, mais il possède des avantages absolument étrangers à ces instruments comme à tous ceux jusqu'ici employés au même usage. Il a notamment la propriété d'indiquer exactement la vitesse des vents les plus impétueux, et peut servir à prédire avec plus de précision qu'on n'a pu le faire jusqu'à présent l'arrivée d'une tempête dans un point déterminé.

Cette mesure précise des vents violents offre en dehors du domaine de la météorologie d'autres intérêts de premier ordre.

Les ingénieurs qui président à la construction des ponts suspendus, des viaducs métalliques, des phares, des cheminées d'usine, sont fort incertains, lorsqu'ils doivent appliquer des formules pour calculer à quel effort par mètre de surface doit pouvoir résister telle ou telle construction pour ne pas être renversée par un vent violent. Tout calcul de ce genre a évidemment pour base la poussée maxima qu'un vent animé d'une vitesse connue peut exercer sur la surface plane, polygonale ou rectiligne qui s'oppose à son passage.

L'épouvantable catastrophe du pont de la Tay et bien d'autres
du même génre, mais de moindre importance, sont trop récents
pour qu'il y ait lieu d'en donner le récit. On saura se prémunir
contre de pareils dangers, quand on aura le moyen de calculer
avec certitude les proportions à donner aux pièces résistantes qui
ont pour but d'assurer la solidité de la construction. Pour les
phares et les cheminées, ce n'est pas seulement à quelques mètres au-dessus du sol qu'il faut connaître la poussée du vent,
c'est à une hauteur plus considérable, parce que le vent est généralement d'autant plus fort que l'on s'éloigne de la surface du
sol.

L'anémomètre multiplicateur est basé sur des principes nouveaux que nous allons faire connaître.

Au cours d'expériences variées sur les tubes convergents-divergents, désignés généralement sous le nom de *tubes de Venturi*,
M. Eug. Bourdon a reconnu la possibilité d'augmenter dans une
proportion considérable la puissance accélératrice que possède
cette forme particulière d'ajutage, appliqué à l'écoulement de
l'air ou d'un liquide. L'appareil avec lequel le savant ingénieur
obtient cette puissance accélératrice d'un courant liquide ou gazeux est fort simple, et sa construction est des plus faciles.

Dans un premier tube, établi suivant les proportions déterminées par Venturi, M. Bourdon en fixe un deuxième A (fig. 118),
concentriquement au premier, mais de dimensions assez réduites
pour qu'il n'occupe que la partie centrale de la petite section du
tube qui l'enveloppe. Pour une raison que nous expliquerons
plus loin, il place l'extrémité divergente du tube intérieur exactement au point où les sommets tronqués des cônes du grand
tube viennent se réunir.

Si l'instrument doit être appliqué à mesurer de très petites
vitesses, un troisième tube, encore plus petit, est fixé dans l'intérieur du deuxième.

Enfin, pour que l'instrument ainsi constitué puisse être employé
pour mesurer la vitesse des courants liquides ou gazeux, M. Bourdon réunit par leurs petites bases, dans un manchon creux, les

extrémités tronquées des deux cônes qui forment le dernier tube de l'appareil. Ces deux extrémités doivent laisser entre elles un petit intervalle libre pour établir une communication avec l'intérieur du manchon et, par suite, avec un manomètre à eau, sur

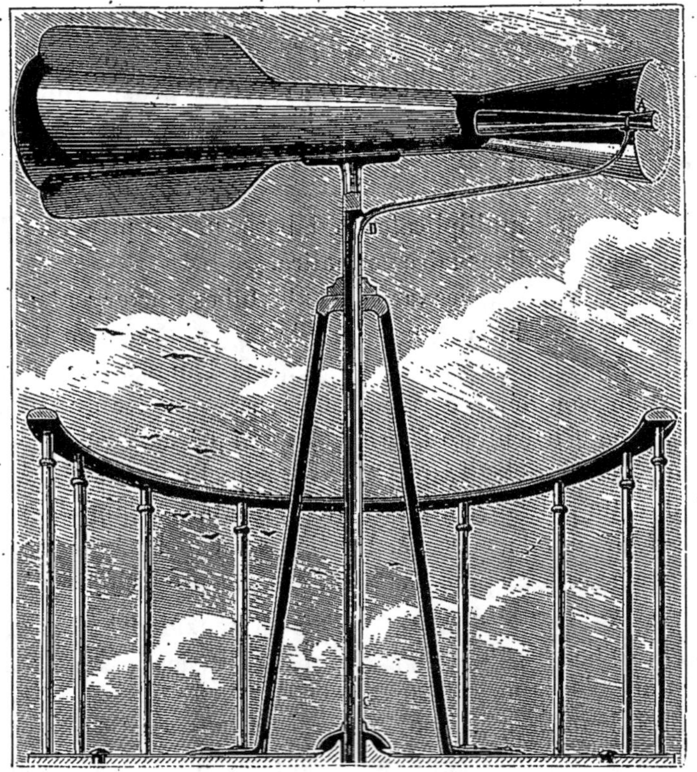

Fig. 118. — Anémomètre multiplicateur de M. Bourdon. Partie supérieure de l'appareil. (Page 282.)

lequel on lit, non pas directement, comme avec le tube de Pitot, mais par différence, la vitesse du courant qu'on se propose de mesurer.

Pour bien fixer les idées sur le phénomène physique que cet appareil a pour but de mettre en évidence, il convient de considérer d'abord ce qui se passe lorsqu'on expérimente avec un seul

tube disposé comme l'indique le dessin (fig. 118). Si, par le jeu
d'un ventilateur ou par tout autre moyen analogue, on y insuffle
de l'air et qu'on observe la hauteur des colonnes d'eau des deux
manomètres appliqués, l'un à l'orifice d'entrée du tube biconi-

Fig. 110. — Anémomètre multiplicateur de M. Eug. Bourdon. Vue des appareils d'enregistrement
à la partie inférieure de l'appareil. Direction et vitesse du vent.)

que, l'autre à sa petite section, on constatera que, la colonne
d'eau soulevée par la pression due à l'action du ventilateur
étant 1, celle indiquée par le deuxième manomètre sera 6; mais,
à l'inverse du premier manomètre, ce dernier marque une pres-

sion négative, due à.l'accélération de la vitesse du courant lancé dans le tube par le ventilateur [1].

Cette action pneumatique des tubes convergents-divergents se manifeste à son plus haut degré juste au point de jonction des deux cônes qui forment le tube; or, si l'on fixe à la suite l'un de l'autre un deuxième et, au besoin, un troisième tube de même forme, mais de dimensions décroissantes, ils auront pour effet d'augmenter à chaque échelon le degré de vide et par suite la vitesse d'écoulement produite par le premier tube.

Ce fait singulier s'explique facilement, si l'on considère que, chacun des tubes successifs ayant son orifice de sortie placé au centre de la petite section du tube qui le précède, l'écoulement de l'air se fait dans chacun d'eux, non seulement par l'action propulsive dont le courant tout entier est animé, mais plus encore par l'influence de la pression atmosphérique qui pèse de tout son poids sur l'orifice d'entrée, tandis que l'orifice de sortie débouche dans un milieu où l'air est de plus en plus raréfié.

Les résultats d'expériences sur un manomètre à deux tubes donnent en moyenne pour l'écart entre la hauteur de la colonne d'eau, soulevée par la pression directe du courant et la hauteur due à l'accélération produite par les actions successives des deux tubes, le rapport :: 1 : 20, ce qui donne pour les vitesses le rapport 1 à 4,5. En employant un anémomètre à trois tubes, l'écart est beaucoup plus considérable, il est :: 1 : 80 pour les hauteurs de colonne d'eau, et :: 1 : 8,7 pour les vitesses.

Dans une expérience où la pression mesurée à la bouche de sortie du ventilateur était de 3 centimètres d'eau, le vide, au troisième tube de l'anémomètre, tenait en équilibre une colonne d'eau de $2^m,70$ de hauteur, soit quatre-vingt-dix fois celle due à

---

[1] Le rapport 1 : 6, qu'on observe lorsqu'on expérimente sur un tube dont l'intérieur est entièrement libre, s'abaisse à 1 : 4 dans l'application à l'anémomètre multiplicateur. La cause en est facile à comprendre.

Les tubes de diamètres décroissants, placés à la suite du premier, forment obstacle au passage du courant, et par suite ralentissent sa vitesse d'écoulement dans une certaine mesure, d'où résulte une diminution proportionnelle dans le degré de vide produit à chaque échelon de l'anémomètre.

la vitesse du courant à son entrée dans le premier tube de l'a-
némomètre.

Les avantages qui sont propres à ce système d'anémomètre
sont les suivants :

Il ne comporte, dans sa construction, ni mécanisme délicat
ni pièce mobile dont le jeu soit influencé par le défaut de soins
apportés à son entretien.

Il est facile à transporter et peut être installé à peu de frais
dans les galeries de mines.

Combiné avec un appareil enregistreur, il fournit un moyen
sûr de contrôle du fonctionnement des appareils employés pour
la ventilation.

Il peut, par des moyens très simples, mettre en jeu des sonne-
ries ou autres appareils avertisseurs, pour tenir en éveil l'attention des ouvriers chargés du service de l'aérage.

La propriété qu'il possède, d'amplifier considérablement l'é-
chelle des variations de la vitesse, permet d'obtenir par son emploi une grande exactitude dans les résultats d'expériences [1].

D'après des nombres obtenus par des expériences multiples,
M. Bourdon a reconnu que la proportionnalité entre les hauteurs
de colonnes d'eau augmente à mesure que la vitesse du courant
s'accélère. Cette augmentation d'effet utile paraît devoir être attribuée à l'action croissante qu'exerce la vitesse dans les appareils où les gaz et les liquides s'entraînent l'un par l'autre sous
l'influence du contact latéral.

Les principes de l'anémomètre multiplicateur étant bien posés,
nous décrirons spécialement l'emploi que M. Bourdon a fait de
cet ingénieux appareil pour la détermination et l'enregistrement
de la vitesse et de la direction des courants aériens.

Les gravures qui précèdent (fig. 118 et 119) représentent l'anémomètre multiplicateur tout monté dans une station météorologique. Le tube muni d'ailettes et monté sur un axe mobile s'oriente
de lui-même à la façon d'une girouette dans le sens de la direc-

---

[1] D'après la note présentée par M. Bourdon à l'*Académie des sciences,* le
30 janvier 1882.

tion du vent régnant. Le vent, en traversant le petit tube de succion A, détermine un mouvement d'aspiration dans le tube BD,
et l'aspiration est d'autant plus énergique que la vitesse du courant aérien est plus intense. Le tube BD, quoique oscillant autour
de son axe, se trouve dans toutes ses positions en communications
en D avec un tube E (fig. 119), qui aboutit à un vase de verre
cylindrique relié à sa partie inférieure à un autre réservoir tout
semblable : ces deux vases communicants sont montés sur une

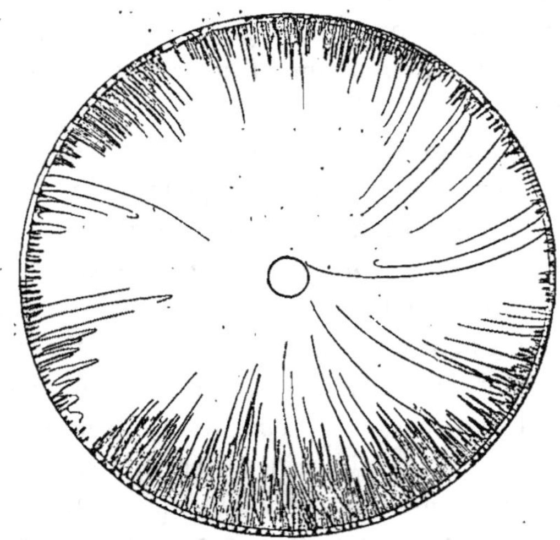

Fig. 120. — Spécimen d'un tracé de la vitesse du vent obtenu avec l'anémomètre multiplicateur
(9 octobre 1880). (Page 289.)

pièce de métal qui oscille comme le fléau d'une balance. L'aspiration qui se produit par le tube E fait monter l'eau dans le vase de
droite, et détermine l'abaissement de ce vase comme le montre
notre gravure. En s'abaissant ainsi, le vase fait mouvoir un
crayon F, porté à l'extrémité d'une tige fixée au milieu du fléau
de la balance. Ce crayon inscrit ainsi des lignes courbes sur un
disque de papier vertical qu'un mouvement d'horlogerie fait régulièrement mouvoir autour de son axe. Les amplitudes des tracés sont d'autant plus grandes que le vase a fait baisser davantage le fléau, c'est-à-dire que la vitesse du vent a été plus consi-

dérable et a opéré un effet de succion plus énergique. La figure 120 donne la reproduction d'un tracé donné en vingt-quatre heures pour la vitesse du vent.

La direction du vent est enregistrée par le même appareil au moyen du système représenté au milieu de la table, à la partie inférieure de notre gravure (fig. 119). Le tube supérieur est monté, comme nous l'avons vu, au sommet de l'axe tournant BD,

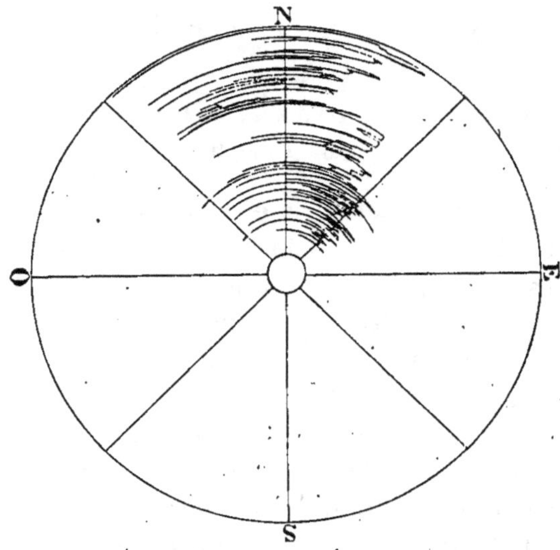

Fig. 121. — Spécimen d'un tracé de la direction du vent obtenu avec l'anémomètre multiplicateur (1er décembre 1875). (Page 290.)

sur le pied duquel se trouve embranché un bras muni d'un crayon H, qui trace sur un disque horizontal S.

Ce bras se trouve à chaque instant dans le même plan que le tube BD; il tourne donc comme le vent. Un mouvement chronométrique G, porté sur le pied de l'axe, en tournant avec lui, fait avancer uniformément, pendant vingt-quatre heures, ce bras depuis un point rapproché de l'axe jusqu'à une région voisine de la circonférence du disque de papier. Pour faire la lecture du diagramme, on lui superpose un rapporteur en verre, qui a la forme d'un disque et sur lequel sont tracées les vingt-quatre circonférences correspondant aux diverses heures. La figure 121 représente un de ces tracés.

L'anémomètre multiplicateur de M. Bourdon, comme nous l'avons déjà dit, n'est pas seulement utile aux météorologistes ; l'ingénieux principe sur lequel cet appareil est construit permet de l'appliquer à la mesure exacte des courants aériens très intenses, comme à la détermination de la vitesse des cours d'eau. C'est un système d'une utilité générale qui fait le plus grand honneur à l'habileté et au talent bien connus de son inventeur.

TOUR EN FER A CLAIRE-VOIE POUR LES OBSERVATIONS MÉTÉOROLOGIQUES

Les observatoires météorologiques d'une certaine importance possèdent en général une tour massive, en maçonnerie ou en charpente, à surfaces planes ou cylindriques, destinée à placer à diverses hauteurs les instruments d'observation. Ce mode d'installation laisse beaucoup à désirer. La masse de la construction s'échauffe au soleil et rend illusoires toutes les indications thermométriques ou hygrométriques ; les surfaces murales produisent des remous qui troublent de la manière la plus grave les observations relatives à la pluie, à la neige et surtout à la brume et à la rosée, faites dans un rayon même assez étendu.

L'influence perturbatrice des murs et des toits sur les girouettes et les anémomètres est telle que tous les observateurs soigneux cherchent à placer ces instruments à d'assez grandes hauteurs au-dessus du sol et absolument libres dans l'espace. Les mâts à bascule, employés à cet effet, présentent certaines difficultés de manœuvre pour visiter les instruments. Les mâts à échelons de quelques observatoires nécessitent à chaque nettoyage de l'instrument des tours de force de gymnastique que peu d'observateurs sont en état d'accomplir.

La nouvelle tour en fer (fig. 122) que M. Hervé Mangon a fait construire à Sainte-Marie-du-Mont ne présente aucun inconvénient des tours pleines en maçonnerie ou en charpente ;

elle offre les plus grandes facilités pour la mise en place et la visite des anémomètres et pour l'installation des divers instruments météorologiques.

La faible dimension des fers d'angle employés à sa construction offre peu de résistance au passage du vent, et la masse métallique est si faible que sa température, par le plus grand soleil, n'excède jamais de plus d'un demi-degré celle de l'air ambiant. La tour est peinte en blanc, sa hauteur n'est que de 16 mètres, mais en augmentant la force des fers on pourrait lui donner facilement une hauteur beaucoup plus grande. Les échelles en fer qui relient les paliers permettent de monter et de descendre avec la plus grande facilité.

L'anémomètre est placé au sommet d'un mât en bois d'une hauteur égale à celle de la tour, c'est-à-dire à 30 mètres environ au-dessus du sol. Ce mât glisse le long d'une coulisse en fer fixée à un côté de la tour. Il pèse environ 300 kilogrammes. On l'élève ou on l'abaisse, pour visiter l'anémomètre, au moyen d'une corde passant dans une poulie inférieure et qui s'enroule sur un treuil placé sur la plate-forme. Le brin de corde qui s'enroule sur le treuil exerce un effort de 150 kilogrammes, et comme le treuil décuple à peu près la force, on peut tourner la manivelle d'une seule main, moyennant le faible effort de 15 kilogrammes. La manœuvre est donc rapide et facile à faire par une *seule* personne. Des haubans fixés au sommet du mât assurent sa stabilité par les plus grands vents. Les indications de l'anémomètre sont transmises électriquement, à 150 mètres, à l'enregistreur situé dans le laboratoire.

La tour a été construite sur le projet de M. Hervé Mangon, par M. Lechauve, à Levallois-Perret, avec beaucoup de soin et d'habileté ; elle a été mise en place, sans aucun appareil de levage, en trois jours, par trois personnes seulement. Le fer travaille à 8 kilogrammes environ par millimètre carré dans les grands vents exceptionnels. Cette tour communique par un câble métallique souterrain avec une pièce d'eau pour prévenir les décharges électriques. Outre l'anémomètre, la tour et le mât recevront des thermomètres, des appareils pour l'étude de la pluie, de la rosée et de l'électricité. Elle se prête en un mot à un grand nombre d'études délicates et intéressantes que les tours massives ne permettraient pas d'aborder, et elle est assurément destinée à rendre de grands services aux observations météorologiques. Il serait vivement à désirer que les observatoires richement dotés fissent établir des constructions de ce genre pouvant sonder l'atmosphère sur une hauteur de 70 à 100 mètres.

LE PRONOSTIC, BAROSCOPE OU STURM-GLASS DES ANGLAIS.

Le baroscope consiste en un tube de verre hermétiquement fermé, et fixé à une petite planchette que l'on peut adapter à un mur. Le tube de verre contient un liquide transparent au sein duquel on aperçoit des cristaux en aiguilles d'un aspect nacré. Ces cristaux varient fréquemment d'aspect, ils se forment tantôt au fond du tube, tantôt au milieu, tantôt à la surface (fig. 123). On leur voit prendre parfois la forme d'étoiles délicates, parfois celle d'un fin duvet, etc. Au dire des constructeurs de l'appareil, et sur l'affirmation de l'illustre amiral Fitz-Roy, chacune de ces variations de forme et de situation des cristaux présagerait des modifications atmosphériques, annoncerait des variations de température, des tempêtes, des orages, etc. Nous allons voir si l'efficacité du tube des tempêtes est justifiée par l'observation, mais nous dirons auparavant quelques mots de l'histoire de son invention.

D'après M. Poëy, l'inventeur de cet instrument serait un Italien nommé Malacredi, qui aurait construit le premier un de ces instruments en Angleterre, où il était connu sous le nom de *sturm glass*; il y a environ quarante ans [1].

M. le D* Grellois, de son côté, a trouvé dans les archives de l'Académie de Metz des observations météorologiques recueillies de 1776 à 1781, par Le Gaux, avocat au Parlement, qui donnait

[1] Voy. *Comptes rendus de l'Académie des sciences*. Séance du 29 juillet 1861.

Fig. 122. — Tour en fer à claire-voie de l'Observatoire de Sainte-Marie-du-Mont (Manche) construite par M. Lechauve, sur le dessin de M. Hervé Mangon. (Page 290.)

l'indication d'un instrument appelé *pronostic* et en tout semblable au *sturm glass*. La description de l'appareil se trouve encore d'autre part, dans une brochure publiée en 1782, sans nom d'auteur, et en 1783, sous le nom de Fiorini, Italien, constructeur de pièces physiques, qui s'associa avec un nommé Bianchi, chez lequel se trouvait le pronostic.

Quoi qu'il en soit de l'origine de l'instrument, il ne tarda pas à être délaissé jusque vers 1864, époque à laquelle deux constructeurs de Londres, MM. Negretti et Zambra, le tirèrent d'un oubli qu'il paraissait si bien mériter. Ils construisirent un grand nombre de *sturm glass*, qui obtinrent un certain succès sous le haut et scientifique patronage de l'amiral Fitz-Roy.

Voici les substances qui, d'après Fiorini, entrent dans la composition de l'instrument : camphre, alun de Rome, sel ammoniac, dans un tube scellé hermétiquement et presque rempli d'esprit-de-vin, avec un peu d'éther vitriolique ; suivant MM. Negretti et Zambra : camphre, 2 parties ; nitrate de potasse (salpêtre), 1 partie ; sel ammoniac, 1 partie. Le tout dissous dans l'alcool pur et précipité partiellement avec de l'eau distillée. L'extrémité du tube est ouverte ou soudée.

« Un chimiste de mes amis, M. Tripier, a bien voulu, dit le Dr Grellois, me préparer un certain nombre de *pronostics*, d'après la formule suivante qu'il a reconnu être la plus sensible :

Alcool à 80 degrés	80	grammes.
Nitre (salpêtre)	6	—
Chlorure ammoniacal (sel ammoniac)	6	—
Camphre	6	—
Eau distillée	200	—

Bianchi et Fiorini ont publié les indications que l'on peut attendre de l'instrument. Nous nous bornerons à reproduire celles que donne à son sujet l'amiral Fitz-Roy, dans son *Weather Bock*.

« Depuis plus d'un siècle, on connaissait dans notre pays cet instrument, sous le nom de *sturm glass*. On est incertain sur son inventeur, mais on en vendait au vieux pont de Londres, à l'enseïgne du *Miorir.* Jusqu'en 1825 nous avons eu de cès verres comme de simples objets de curiosité, considérant leurs variations comme étant sans importance, jusqu'à ce qu'il nous parût démontré que si l'on fixait cet instrument en plein air, sans le déranger, soustrait à la radiation solaire, mais exposé à la lumière diffuse, le mélange chimique offrait des apparences diffé-

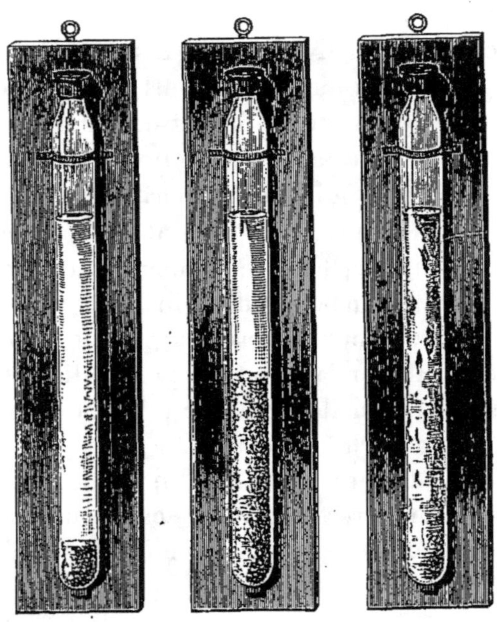

Fig. 123. — Le Pronostic figuré avec trois aspects différents de ses cristaux. (Page 292.)

rentes suivant la direction, non suivant la force du vent; ces apparences ne semblaient dépendre que de la tension électrique de l'atmosphère. Si le courant vient du nord ou d'une direction voisine, en regardant le mélange à la loupe, on le voit, d'abord uni, se concréter et prendre l'aspect d'une feuille de sapin, d'if ou de fougère; ou bien ce sont de grandes mais délicates cristallisations offrant l'apparence d'une gelée blanche. Si le vent souffle du côté opposé, tout cela diminue et s'évanouit. Cependant, sous l'influence d'un vent du sud continu, le mélange prend l'aspect de sucre en dissolution.

« Quand le vent passe à l'est, il se forme des étoiles plus ou moins nombreuses; le liquide est pesant et peu clair. Par le vent d'ouest, au contraire, le liquide est limpide, et les cristallisations bien définies. Lorsque les linéaments solides et inégaux paraissent en bas ou en haut du liquide (ce qui a lieu par

Fig. 124. — Le Caméléon de M. Lenoir. (Page 298.)

les vents polaires), c'est l'indice d'électricité positive dans l'atmosphère; un mélange confus indique la coexistence d'un courant du nord avec un courant du sud dans la même localité. Des flocons sales, dans ce mélange confus, ou des étoiles en mouvement, indiquent un vent du sud, probablement fort, ou coup de vent. Quand on ne voit dans le tube qu'une substance d'apparence molle, ressemblant à du miel ou à du sucre, c'est l'indice d'un faible courant du sud, avec de l'électricité négative. La connaissance de ces faits est le résultat d'expériences répétées avec un galvanomètre délicat pour mesurer la tension électrique de l'air.

. « La température de l'air affecte le mélange; mais non la température seule, ce qu'ont démontré de nombreuses comparaisons de changements de température en hiver et en été.

« On a fait de cet instrument de nombreuses imitations, toutes plus ou moins incorrectes; les meilleurs sont préparés par MM. Negretti et Zambra. »

Pendant une année d'observations assidues, M. le Dr Grellois a soumis l'instrument à une analyse rigoureuse, que nous regrettons de ne pouvoir développer. Nous renverrons à ce sujet le lecteur à l'*Annuaire de la Société météorologique de France* (t. XIII, p. 145, séance du 13 juin 1865), nous nous bornerons à dire ici que les observations de M. le Dr Grellois sont décrites avec beaucoup de méthode, et conduisent logiquement à des résultats qui infirment complètement les anciennes assertions de l'amiral Fitz-Roy. M. Poëy, en même temps que M. Grellois, observait le *sturm glass* à la Havane pendant deux années consécutives et arrivait, comme le premier, à des résultats négatifs.

Le *sturm glass*, d'après ce qui précède, ne jouirait d'aucune propriété météoroscopique. Ce sont les variations de température qui exerceraient principalement leur influence sur les cristallisations de l'instrument; mais elles ne paraissent les affecter que dans leurs grands écarts. Cet instrument constitue donc un objet de simple curiosité, plutôt qu'un appareil scientifique.

Les renseignements qui précèdent permettront du reste au lecteur d'éprouver lui-même la valeur de ces assertions.

LE CAMÉLÉON DE M. LENOIR

Le petit appareil que nous représentons ci-contre (fig. 124) a été imaginé par M. Lenoir, l'inventeur du moteur à gaz qui a vivement attiré jadis l'attention des ingénieurs. L'auteur le recommande comme un instrument météorologique, capable de donner des indications sur les variations atmosphériques.

Cet appareil se compose d'un cadran circulaire divisé en quatre parties. La première division VILAIN TEMPS est de couleur rose-violette; la seconde VARIABLE de couleur vert clair; la troisième BEAU TEMPS de couleur bleu-verdâtre foncée. Un thermomètre indépendant du système occupe la division inférieure.

L'espace circulaire central représente un petit caméléon dessiné sur fond noir. Ce caméléon change de couleur, suivant l'état de l'atmosphère. Il est tantôt rose, tantôt vert-clair, tantôt bleu-verdâtre foncé, et prend ainsi successivement une des nuances des trois divisions qui l'entourent. Si on place l'appareil au dehors, quand l'air est humide, le petit caméléon rougit très rapidement; si on le rentre à l'intérieur, où l'air est plus sec et plus chaud, et qu'on le tienne par exemple auprès du feu, il bleuit immédiatement.

Il n'y a pas assez longtemps que j'ai entre les mains l'instrument qui m'a été donné, pour émettre une opinion précise sur sa véritable valeur scientifique : il m'a paru être particulièrement sensible à l'action de la chaleur, et je ne crois pas qu'il soit susceptible de donner autre chose que des indications assez vagues.

J'ai cherché comment ce caméléon était obtenu. J'ai d'abord pensé que le papier sur lequel il était imprimé avait pu être imbibé de manganate de potasse vert, qui, sous l'action de l'eau, se transforme en manganate violet, sel que cette propriété a fait appeler, comme on sait, caméléon minéral.

Mais j'ai reconnu par un essai, qu'il n'en était pas ainsi. La substance qui colore le caméléon me paraît être le chlorure de cobalt. Si l'on dissout du chlorure de cobalt dans l'eau, on a une solution rose violette qui colore de cette nuance le papier qu'on y a trempé. Ce papier, soumis à l'action de la chaleur, devient bleu, ou bleu verdâtre si le sel de cobalt est additionné d'une petite quantité de chlorure de fer.

M. Lenoir aurait mis à profit une des substances qui constituent l'*encre sympathique* la plus usitée. J'ai pu préparer

quelques bandes de papier ainsi colorées par le chlorure de
cobalt, et leurs variations de nuances étaient tout à fait semblables à celles du caméléon, soumis aux mêmes conditions de
milieu ambiant.

M. Lenoir a imaginé, en outre, de confectionner des fleurs ar-
tificielles, dont les pétales sont imbibées de chlorure de cobalt.
On a ainsi un bouquet qui change de couleur suivant que l'air
au milieu duquel il se trouve est humide ou sec.

Quand on se reporte à l'explication que Thénard a donnée des
changements de nuances du chlorure de cobalt, on reconnaît
que ce sel peut, en effet, donner des indications hygroscopiques.
Le chlorure de cobalt est bleu quand il est en dissolution aqueuse
très concentrée ; il est, au contraire, d'un rose tendre quand il
est additionné d'une grande quantité d'eau. Quand on soumet
à l'action de la chaleur le papier imbibé de cette dissolution,
elle se concentre et devient bleue ; par le refroidissement, elle
attire l'humidité de l'air et devient rose. Dans le cas de l'encre
sympathique, la solution primitive est assez étendue, pour que
le rose soit si clair qu'il est à peine visible.

On conçoit que l'air sec peut agir à peu près de la même
façon que la chaleur, puisqu'il active aussi l'évaporation du sel,
détermine sa concentration, et amène par conséquent son changement de couleur.

Fig. 125. — Observatoire du Pic du Midi (Dessin d'après nature par M. Albert Tissandier). (Page 303.)

CHAPITRE IX

LA CONQUÊTE DE L'ATMOSPHÈRE

La navigation aérienne et la géographie de l'air. — Les observatoires de montagnes. — Les stations des régions polaires. — Les services météorologiques et la prévision du temps.

L'océan aérien sera conquis à la science quand les stations d'observation couvriront la surface entière du globe, depuis les régions polaires jusqu'à l'équateur dans les deux hémisphères, et surtout lorsque la navigation aérienne sera créée. Quand les navires aériens de l'avenir permettront à l'homme de parcourir sur de grandes étendues les diverses régions de l'atmosphère, de suivre les grands courants aériens, et de traverser les mers au-dessus des nuages, la géographie de l'air sera fondée pour le grand bien de l'humanité.

En attendant que de si grands événements s'accomplissent, on a compris depuis longtemps l'importance des observations des hautes régions de l'océan aérien. Les stations météorologiques élevées situées sur le sommet des montagnes sont appelées à rendre les plus importants services à la science : chaque nation, aujourd'hui que l'élan est donné, prend à cœur de ne pas rester en arrière, et les observatoires de montagnes se multiplient à la surface du globe.

Nous ne donnerons pour la France qu'un exemple de ces intéressantes installations, en signalant l'observatoire du Pic du Midi, que la science doit au dévouement et à la persévérance du général de Nansouty et de son collaborateur M. Vaussenat.

Notre gravure (fig. 125) montre l'ensemble du nouvel obser-

vatoire tel qu'il apparaît au sommet du pic. A droite on aperçoit,
perché sur une plate-forme, l'abri des instruments d'observation.
Au centre est la maison d'habitation dont nos plans (fig. 126 et
127) donnent les dispositions ; à gauche se dresse le paratonnerre
destiné à garantir le monument de la foudre qui frappe très fréquemment le sommet du Pic. Ce paratonnerre, avec son câble
qui plonge à 500 mètres plus bas dans le lac d'Oncet, a coûté
2800 francs. Le déblai du creux où est assise la construction a né-

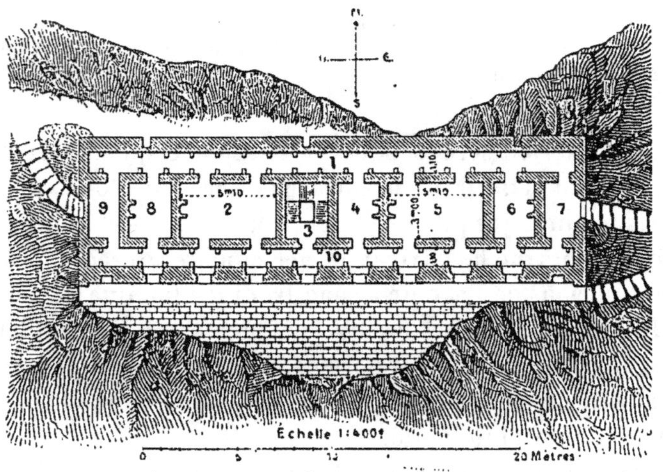

Fig. 126. — Plan de l'observatoire du Pic du Midi. — 1, couloir, magasin ; 2, salon ; 3, escalier ; 4, salle
à manger ; 5, cabinet de travail ; 6, chambre d'ami ; 7, télégraphe ; 8 et 9, chambres à coucher.

cessité une dépense de 2500 francs. Ce qui est construit de l'observatoire, c'est-à-dire la moitié, a coûté 22 000 francs.

L'exemple donné par le général de Nansouty a déjà porté ses
fruits. On a récemment installé un observatoire au fort de l'In-
fernet. En Provence, il est question d'en établir un au mont
Ventoux. Ce sera une situation unique et qui rendra les plus
grands services.

Avec le bel observatoire du Puy-de-Dôme, la France se trouvera dotée d'un important réseau de stations météorologiques
aériennes ; les services que ces observatoires rendront, se multi-

plieront par le concours mutuel qu'ils apporteront à la science.

Les observatoires des stations élevées, reliés avec les observatoires de la plaine, répartis sur la surface entière des continents, envoient aux stations centrales les renseignements sur l'état du temps, et permettent de formuler des prévisions à courte échéance qui sont de nature à apporter de précieux renseignements à l'agriculture et à la marine.

Nous croyons intéressant de donner la liste des stations de tous

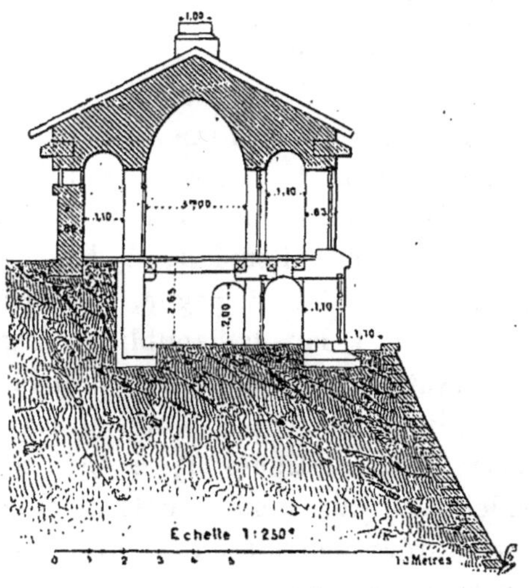

Fig. 127. — Coupe de l'observatoire du Pic du Midi. (Page 304.)

les pays situées à plus de 2000 mètres d'altitude au-dessus du niveau de la mer :

Pike's Peak (Montagnes Rocheuses)	4308 m.
Pic du Midi de Bigorre (France)	2880
Fleiss, Goldzeche (Autriche)	2799
Bogota (Nouvelle-Grenade)	2660
Dodabetta (Inde Anglaise)	2633
Toluca (Mexique)	2625
Colle di Valdobbia (Italie)	2548
Stelvio (Italie)	2543
Zacatecas (Mexique)	2496
Grand Saint-Bernard (Suisse)	2478

Il existe en outre 113 stations à une distance comprise entre
1000 et 2000 mètres dont 21 en Autriche, 17 aux États-Unis,
14 en Italie, 12 au Mexique, 10 en Suisse, 9 aux États-Unis, 6 en
France, 6 en Algérie, 5 en Allemagne, 4 dans l'Empire russe,
2 dans l'Inde, 1 en Écosse, 1 en Espagne, 1 à Ceylan, 1 au Guatemala, 1 au Costa-Rica, 1 dans la République Argentine [1].

A côté des observatoires de montagnes, citons les stations des
régions polaires qui ne seront pas moins utiles à la science ;
celles-ci sont spécialement destinées à faire connaître les lois générales qui président soit aux mouvements magnétiques, soit à
la formation des aurores boréales, soit enfin à la marche des
vents et des courants, à l'état et à la débâcle des glaces.

Pour établir des stations d'étude autour des régions polaires,
il fallait l'adhésion et l'accord de toutes les puissances maritimes;
c'est au regretté lieutenant Weyprecht et à M. le comte de
Wilczek que revient l'honneur d'avoir été les promoteurs de cette
belle entreprise.

Voici les noms et les positions géographiques de ces missions
scientifiques des régions polaires [2] (fig. 128 et 129).

OCÉAN ARCTIQUE. — 1° *États-Unis.* — Mission à Ooglalanné, à 5

---

[1] D'après F. Denza, *La Meteorologia e le più recenti sue applicazioni* (Torino,
1883) et diverses autres sources.

[2] Nous empruntons les documents qui suivent à un remarquable travail
publié par M. A. Bellot, lieutenant de vaisseau, dans la *Revue maritime*.

milles à l'ouest de la pointe Barrow (côte nord d'Alaska) par 70°18′ nord et 158°44′ ouest.

2° *Etats-Unis.* — Mission au fort Conger, baie de Lady-Franklin (détroit de Robeson, côté est de la terre de Grinnel), par 81° 20′ nord et 67° 18′ ouest.

3° *Angleterre.* — Mission du fort Raë (grand lac des Esclaves, Canada), par 62° 30′ nord et 118° ouest.

Fig. 128. — Carte des observations scientifiques circumpolaires. Océan Arctique.

4° *Allemagne.* — Mission au golfe de Cumberland (détroit de Davis) par 63° 30′ nord et 68° 20′ ouest.

5° *Danemark.* — Mission à Godthaab (côte ouest au Groënland), par 64° 10′ nord et 54°05′ ouest; composée de 6 personnes sous les ordres de M. Paulsen.

6° *Autriche.* — Mission à l'île Jean-Mayen (entre la Norwège et le Groënland), par 70° 50′ nord et 10°55′ ouest.

7° *Suède.* — Mission à la baie Mossel (Spitzberg), par 70° 53′ nord et 13° 40′ est.

8° *Norwège.* — Mission à Bossekop, cap Nord de Finmark (Norwège), par 69° 45′ nord et 20° 40′ est.

9° *Hollande.* — Mission à Dicksonshaven (embouchure de l'Yénisséi), par 73° 20′ nord et 49° 40′ est.

10° *Russie.* — Mission à Sodankyla (Finlande) par 67° 24′ nord et 24° 16′ est.

11° *Russie.* — Mission à la baie Karmakuli (côte nord de la Nouvelle-Zélande), par 27° 30′ nord et 50° 40′ est.

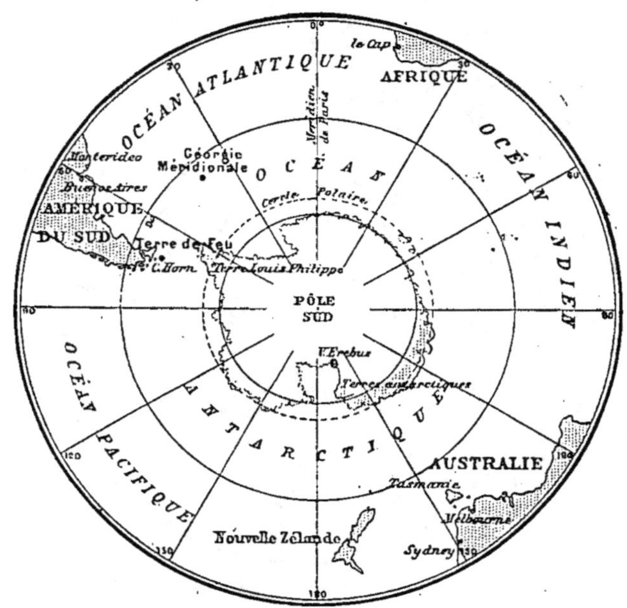

Fig. 129. — Carte des observations scientifiques circumpolaires. Océan Antarctique.

12° *Russie.* — Mission au cap Borchaya (à l'est du delta de la Léna), par 73° nord et 122° 20′ est.

OCÉAN ANTARCTIQUE. — 13° *France.* — Mission à la baie Orange (cap Horn), par 56° sud et 69° 34′ ouest.

14° *Allemagne.* — Mission à l'île Géorgie du Sud, par 34° 40′ sud et 39° ouest.

15° *Italie et République Argentine.* — La corvette *Cap-Horn* et le côtre *Patagones* doivent gagner le Cap Horn.

Si l'on ajoute à toutes ces stations celles qui existent déjà d'une, manière pour ainsi dire permanente en Russie, en Sibérie, dans la presqu'île d'Alaska, dans les possessions anglaises de l'Améri-

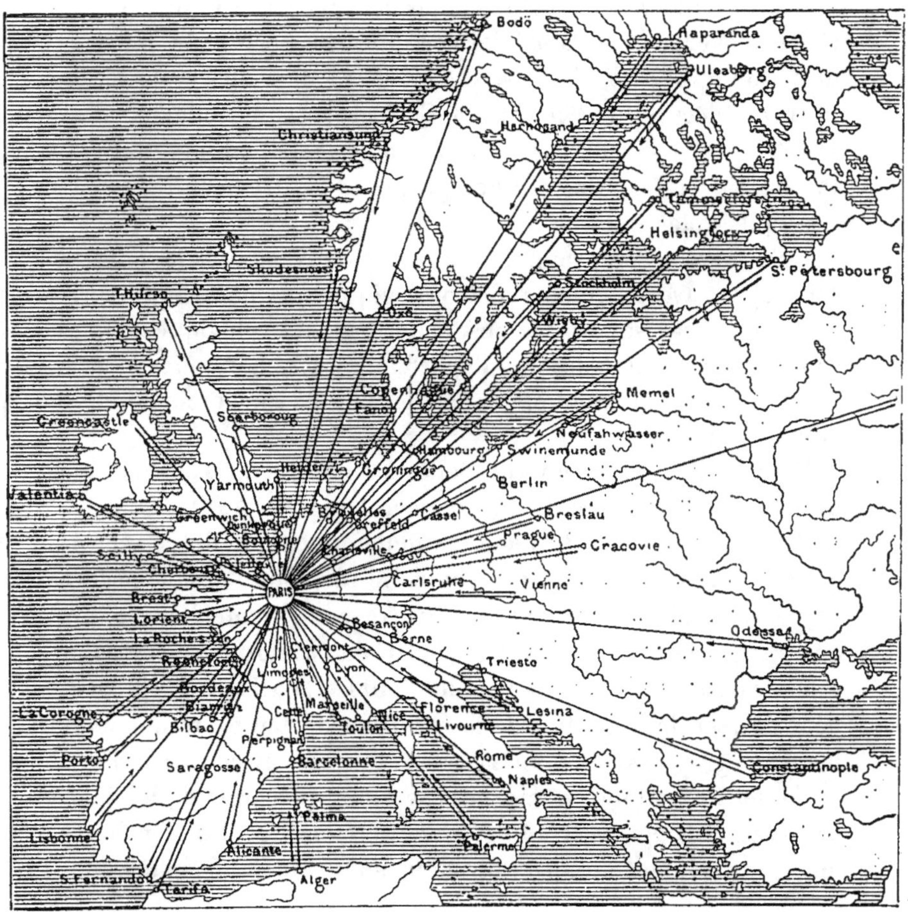

Fig. 130. — Carte montrant la provenance des dépêches quotidiennes reçues par le Bureau central météorologique de France. (Page 310.)

que du Nord, etc., on voit que tout autour de la ceinture polaire arctique existe un vaste réseau d'observatoires où s'amassent actuellement des documents pour un grand travail d'ensemble.

En dehors de ces études permanentes, n'oublions pas les services météorologiques qui fonctionnent régulièrement dans toutes les nations civilisées du monde.

Nos lecteurs savent qu'en ce qui concerne la France, le service des avertissements météorologiques aux ports et à l'agriculture, fondé par Le Verrier, a été séparé de l'Observatoire de Paris par décret du 14 mai 1878. Ce décret est ainsi conçu :

« Art. 1er. — La division météorologique de l'Observatoire de Paris forme un service distinct qui prend le titre de bureau central météorologique.

« Ce service comprend l'étude des mouvements de l'atmosphère, les avertissements météorologiques aux ports et à l'agriculture, l'organisation des observatoires météorologiques et des commissions régionales ou départementales, la publication de leurs travaux et l'ensemble des recherches de météorologie et de climatologie. »

M. Mascart, professeur au Collège de France, a été nommé directeur de bureau central de météorologie.

On aura une idée du mode de fonctionnement de ce service en consultant la carte qui donne l'indication des dépêches reçues tous les matins dans le bureau central météorologique de France. Les observations de l'état de l'atmosphère sur l'Europe entière, centralisées tous les jours à Paris, sont utilisées pour dresser des bulletins de la prévision du temps, immédiatement télégraphiés à nos ports et à nos stations agricoles (fig. 130).

Toutes les nations ont ainsi des services météorologiques bien organisés ; ils permettront de connaître un jour les véritables lois qui président aux grands mouvements de l'atmosphère.

TABLE DES MATIÈRES

CHAPITRE V

L'ÉLECTRICITÉ ET LE MAGNÉTISME

CHAPITRE VI

LA LUMIÈRE ET LES PHÉNOMÈNES LUMINEUX

CHAPITRE VII

LES POUSSIÈRES DE L'AIR

CHAPITRE VIII

INSTRUMENTS D'OBSERVATION MÉTÉOROLOGIQUE

CHAPITRE IX

LA CONQUÊTE DE L'ATMOSPHÈRE

CORBEIL. — Typ. et Stér. Crété.

9 782019 303433